# 존경하는 서울대학교 총장님께
# 교수님들과의 공개토론을 청원합니다.

존경하는 서울대학교 총장님, 안녕하셨습니까? 송구스럽지만, 이것이 최선의 길이라고 생각되어, 물리학과 교수님들과의 공개토론을 주선하여 주기를 청원합니다.

"자연은 시스템이다."
"하나의 기본 원리가 자연을 지배한다."

저는, 이 두 가정은 부정될 수 없는 진리라고 확신하고, 여기에 기초하여 자연을 구성하는 기본 단위를 유추하여 보게 되었습니다. 그 결과, 자연의 기본 단위는 자연의 축소판들인 '기본 시스템들'이고, 기본 시스템들을 지배하는 '하나의 기본 원리'인 '순환법칙'이 있다는 사실을 발견했고, 이것으로 모든 자연현상들을 설명할 수 있다고 주장하게 되었습니다.

순환법칙에 의하면, 자연에서 확인되는 모든 것들은 수축된 기본 시스템들의 결합체들이고, 우주 공간에는 팽창한 기본 시스템들이 가득 차 있다는 사실이 밝혀집니다. 기본 시스템들 하나하나는 자연의 축소판이어서 자연에 필요 충분한 기본 4힘이 있습니다. 이 기본 4힘이 순환법칙을 따라 교대로 증감하므로, 기본 시스템들은 수축과 팽창을 끊임없이 반복하고 그 과정에 기본 4힘의 세기에 따라 특성이 변하여 이합집산을 하게 되어 자연의 모든 것들이 형성됩니다. 하나의 빛도 기본 시스템들의 결합체입니다. 빛들은 이동하는 힘을 잃고 정지하면, 우주 공간이 갖고 있는 진공의 확산력에 의해 팽창되어 우주 공간에 있게 됩니다. 이렇게 된 빛들이 우주 공간에 팽창하여 가득 차 있는 기본 시스템들이 '량(48쪽 참조)'들입니다.

순환법칙에 의하면, 량들은 팽창된 상태이어서 수축되면 인력이 증가하는 특성이 있고 공간 어디에나 가득 차 있어 모든 자연현상들에 관여하여 중요한 역할을 하므로, 이 역할을 활용하면 거시세계와 미시세계의 모든 자연현상들이 설명될 수 있습니다. 그래서 순환법칙은 '모든 것의 이론'이 됩니다.

순환법칙을 처음 접하면 헛소리로 들리지만, 비판하기 위해 연구하게 되면, 간단하면서도 오묘한 순환법칙의 원리를 인정하지 않을 수 없게 됩니다.

현대 자연과학은 기술적으로는 엄청난 발전을 이루었지만, 이론적으로는 모순투성이입니다. 20세기 물리학을 이끌었던 '표준모형 이론'과 '초끈 이론'은 깊어질수록 혼란스러운 이론들이어서 종말에 봉착했고, '양자역학'은 이 분야의 거두이신 '스티븐 와인버그'가 "나는 이제 양자역학을 확신할 수 없다." 라고 고백한 것처럼 대대적인 개혁이 필요합니다.

상대성이론은 '시공간'을 앞세워 한때 관심을 끌었지만, 뿌리가 없는 이론이어서, 더 이상 발전할 수 없습니다.

현대물리학의 기존 이론들이 성장하지 못하고 있는 근본 원인은 현대물리학이 '중력, 전자기력, 강력, 약력'을 자연을 지배하는 기본 힘들로 선정했기 때문입니다. 이것들은 기본 힘들이 아니고 자연현상들이므로 모든 자연형상들을 설명할 수 있는 순환법칙의 기본 4힘으로 교체되어야 합니다.

그래서 순환법칙의 발견은 현대물리학이 이룩한 역학체계의 근간을 개혁하는 중대한 사건이므로, 존경하는 서울대학교 물리학과 교수님들과의 공개 토론을 청원합니다.

혹시나 지난번 답장처럼(2012.01.27.총무과-436) '우리 대학과는 관련이 없는 사항으로 공개토론에 임하지 않기로 결정'을 이번에는 하지 않으시기를 바랍니다. 당시의 순환법칙은 부족한 점이 많았지만, 지금은 전보다 더 발전하였습니다. 모든 학교에서 가르치는, 현대과학이 공인하는, 자연을 지배하는 기본 힘들에 잘못이 있음을 지적하고 대안을 제시하는 새로운 이론을 비판하지도 않고, 수용 하지도 않고, 회피하면, 학생들이 어떻게 생각하겠습니까?

실험과 관찰을 통해 귀납적으로 얻은 기존의 이론들은 원인을 찾아 문제를 해결하는 방법으로는 훌륭하지만, 자연을 지배하는 하나의 기본 원리를 모르기 때문에, 숲을 보듯이 전체를 보고 문제를 해결하는 방법으로는 활용될 수 없습니다. 그래서 기존의 이론들은 원인이 밝혀진 문제들을 잘 해결할 수 있지만, 원인을 모르거나 원인이 밝혀졌어도 해결 방법을 찾지 못하는 문제들의 경우에는 많은 시행착오를 겪게 됩니다. 이럴 때는 시스템 전체의 균형과 조화를 추구하는 '시스템 이론의 순환법칙'이 진가를 발휘할 수 있습니다.

그러나 시스템 이론의 순환법칙은 숲을 보는 방법이어서 나무를 보기가 어렵습니다. 그래서 나무를 보고 문제들을 해결하는 기존의 귀납적 방법과, 숲을 보고 문제들을 해결하는 새로운 연역적 방법인 시스템 이론의 순환법칙은 공존하며 함께 발전해야 됩니다. 거시세계의 천문학과 미시세계의 양자역학이 공존하며 함께 발전할 수 있는 것과 같은 원리입니다. 하나의 기본 원리가 거시세계와 미시세계를 다 지배하기 때문입니다. 그러므로 자연과학은 시스템 이론의 순환법칙을 수용해야 바르게 발전할 수 있습니다

서울대학교에 공개토론을 신청한 이유는 순환법칙의 가치를 공개적으로 평가해야 할, 능력 있는 대표 기관이기 때문입니다. 정부기관들, 학술단체들, 전문학술지들, 대중매체들 등은 이런 혁신적이고 모험적인 주장을 달가워하지 않았습니다.

증명을 요구하지만, 증명은 사실의 확인이고 결과일 뿐이므로 진리가 되는 것은 아닙니다. 진리는 증명되는 것이 아니고 부정될 수 없는 것입니다. 태양에 근접하게 지나가는 빛들은 중력에 끌려 휘어지며 이동한다는 이론을 발표하고 증명되어 유명해진 상대성이론의 '시공간' 개념은 그럴듯하지만 중력

이 공간에서 전달되는 원리를 설명하지 못하고 있어, 부정될 수 있어, 진리가 될 수 없습니다. 증명될 수 없어도 자연현상들을 설명할 수 있는 과학철학은 과학적 진리가 되지만, 새로운 과학철학에 의해 부정되면 바뀌는 것이 과학 역사입니다.

순환법칙에 기초하여 밝혀지는, 공간에 팽창하여 가득 차 있는 기본 시스템들인 '랑'들은 빛이 중력에 끌려 휘어지는 원리와, 중력이 공간에서 전달되는 원리를 설명할 수 있고, 빛이 빠르게 진동하며 입자와 파동이란 상반되는 특성들을 갖는 이유를 설명할 수 있고, 이 랑들이 암흑 물질의 실체라는 것이 자연히 밝혀집니다. 그래서 순환법칙은 증명될 수 없지만 부정될 수 없는 과학적 진리인 과학철학이어서, 새로운 과학철학에 의해 부정되지 않는 한, 모든 이론들을 이끌어갈 수 있는 패러다임이 됩니다.

2007년 신동아 8월호에 소개되었던 '제로존 이론'에 대해 한국물리학회가 '과학적 가치가 전혀 없는 주장'이라고 공식 논평하였듯이 '순환법칙'에도 논평해 줄 것을 기대했지만, 답변이 없었습니다. 회원님들의 이해가 걸린 문제이어서 공식 답변하기가 어려울 것이므로, 기대하지 않습니다.

'시스템 이론의 순환법칙'은 '모든 것의 이론'이므로 암과 코로나19를 비롯하여 만성질환들을 예방하고 치유하는 방법으로 활용될 수 있습니다. 잘못된 식생활로 인해 산성으로 기울어진 체질을 순환법칙에 기초한 식이요법과 운동요법 등을 활용하여 정상상태로 회복되게 하면, 암과 코로나19를 비롯하여 만성질환들이 예방 · 치유될 수 있다는 것이 이론적으로 가능하기 때문입니다.

자연법칙은 모든 분야에 적용될 수 있으므로, 시스템 이론의 순환법칙은 물리학만이 아니고 모든 학문들을 상호 연계시키는 중심축이 됩니다. 그래서 순환법칙은 코로나19 이후, 21세기 인류문명은 시스템들의 균형과 조화를 추구하게 될 것이고, 이러한 추세를 이끌어갈 새로운 패러다임입니다.

이제, 서울대학교는 순환법칙을 박살내든가 수용하든가 택일해야 됩니다. 과학의 침묵은 무능입니다.

현대문명이 병들고 있는 원인은 학계가 올바른 길을 찾지 못하고 있기 때문이고, 그 뿌리는 현대물리학이 자연의 기본 단위와 기본 힘들에 대한 잘못된 과학철학을 갖고 있는 것입니다. 우리 학계는 세계4대 고대문명들을 탄생시킨, 중앙아시아의 아랄 해 일대에서 발생한 알알 문명(264쪽 참조)의 전통을 이어오다, 어쩌다 이론의 수입과 모방에 의존하게 되었지만, 다시 세계 학계를 이끌어갈 기회가 왔습니다. 순환법칙을 엉터리라고 반박할 수 있게 심도 있게 연구하게 되면, 반드시 수용하게 될 것입니다. 그러므로 순환법칙의 수용은 세계의 중심 대학으로 도약하는 기회가 될 것입니다.

좋은 소식을 기대하겠습니다. 감사합니다.

2020년 11월 오광길 올림

# 자연은 시스템이다.

그러므로
자연을 구성하는 기본 단위는 기본 시스템들이다.
자연의 모든 것들은 기본 시스템들의 결합체들이다.
기본 시스템들은 순환법칙을 따라 수축과 팽창을 반복한다.
기본 시스템들 각각은 순환법칙을 주관하는 기본 4힘이 있다.
확인되는 모든 것들은 수축된 기본 시스템들의 결합체들이다.
우주 공간에는 팽창한 기본 시스템들인 랑들이 가득 차 있다.
랑들은 수축되면 인력이 증가하여 결합하는 특성이 있다.
랑들은 모든 자연현상들에서 중요한 역할을 한다.
이것이 시스템 이론이다.
시스템 이론의 순환법칙에 기초하여
문제들을 해결하는 것이 시스템 힐링이다.

순환법칙의 발견자 오광길

씨와알

*****

# 자연은 시스템이다.

## 차 례

머리말 : 숲도 보고 나무도 보고 ........................ 13

자연은 시스템이다. [요약]

시스템 이론과 시스템 힐링, 가치와 미래 ....... 18

제Ⅰ부 시스템 이론

1. 자연은 수축과 팽창을 반복하는 시스템이다. ......... 29
2. 자연은 '시스템 속 시스템'이다. ........................... 35
3. 자연을 지배하는 하나의 기본 원리, 순환법칙 ....... 38
4. 기본 시스템의 순환운동 과정 .............................. 44
5. 우주 공간에 가득 차 있는 '랑'들 ........................ 48
6. '시스템 이론'은 '모든 것의 이론'이다. .................. 52

제Ⅱ부 시스템 힐링

제1장 현대물리학, 시스템 힐링

1. '중력, 전자기력, 강력, 약력'은 자연현상들이다. ..... 60
2. '랑'들은 모든 자연현상들에 관여한다. .................. 66
3. 물질과 반물질은 공존한다. ................................. 70
4. (+)와 (+)는 서로 끌어당긴다. ............................ 73

5. 원자들은 극도로 수축되면 자화된다. .................. 77
6. 우주 공간의 '량'들이 '암흑물질'이다. ................ 80
7. 팽창은 왼손 자전, 수축은 오른손 자전 ............... 83
8. 미시세계의 대폭발, 보스노바(bosenova) ............ 85

제2장 현대의학, 시스템 힐링

1. 체질론
1) 인체는 정신과 육체의 공존체다. ....................... 92
2) 기본 4힘에 기초한 기본 체질 .......................... 96
3) 항상성들에 기초한 기본 체질 .......................... 101
(1) 수소이온농도의 항상성(pH 7.40) ................. 102
(2) 체온의 항상성(36.5℃) ................................. 103
(3) 수소이온농도와 체온에 기초한 기본 체질 ....... 104
4) ABO혈액형에 기초한 기본 체질 ...................... 108
5) 식품에도 체질이 있다.
(1) 식품의 기본 4종류 ........................................ 114
(2) 식품의 색과 맛에 따른 분류 ........................ 118
(3) 체질에 적합한 식품 ....................................... 120

2. 암, 시스템 힐링
'암, 시스템 힐링'이란? ........................................ 126
1) 암은 선과 악의 이중성이 있다. ...................... 132
2) 암세포는 정상세포의 먹이가 되게 설계되었다. ... 135

3) 산성으로 기울면 암이 생긴다............................ 139
4) 암세포와 정상세포는 구조가 다르다. ............... 142
5) 암세포와 정상세포는 복제 방식이 다르다. ......... 146
6) 암세포들에도 체질이 있다. ......................... 150
7) 암세포들이 좋아하는 것, 싫어하는 것.............. 153
8) 기존 항암요법들과 '암, 시스템 힐링' ............... 162
9) 식이요법 : 인아랑 다이어트.............................. 172
10) 운동요법 ................................................... 191
11) 심리요법 ..................................................... 201
12) 수면요법 ..................................................... 208
13) '암, 시스템 힐링'의 하루 일정 ......................... 216
(1) 아침 ........................................................... 216
(2) 점심 ........................................................... 222
(3) 저녁 ........................................................... 225
(4) 취침 ........................................................... 228

3. 바이러스, 시스템 힐링
1) 바이러스의 특성 ............................................ 230
2) 코로나19 : 식초가 답이다. ............................... 233

## 제3장 민주주의, 시스템 힐링

1. 민주주의는 자유진보를 추구한다. .................... 246
2. 국민과 함께하는 정부 ...................................... 254

## 제4장 대한민국, 시스템 힐링

1. 아리랑과 쓰리랑의 어원 ........................................ 264
2. 그리스 알파벳은 한국어다. ........................................ 267
3. 대한민국의 정체성 ........................................ 289
4. 자유진보민주주의가 가야할 방향 ........................ 297

## 〈 참고 〉

1. 진리는 입증될 수 없으나 부정될 수 없는 존재다. ... 312
2. 중력, 전자기력, 강력, 약력은 기본 힘들이 아니다. .. 315
3. 원자의 순환운동 과정 ........................................ 323
4. 빛이 입자성과 파동성을 갖는 이유 ........................ 328
5. 자기장에서 전기가 발생하는 이유 ........................ 329
6. '열, 자기, 전자, 빛, 랑'의 차이점 ........................ 330
7. Seoul is Soul. ........................................ 332
8. 고대 한국어의 보고 '일본서기' ........................ 351
9. 현대 문명, 시스템 힐링 ........................................ 357

............... * ...............

머리말 :

# 숲도 보고 나무도 보고

'종교, 철학, 문학'은 인류문명을 이끌어 온 주체들이다. 그러나 지금은 과학이 그 역할을 은연중에 하고 있다. 자연과학의 힘이 커지면서, 자연의 본질을 탐구하는 이론물리학이 이룬 결과는 과학적 사실에 근거하여 자연의 본질에 대한 결론이어서, 학문의 모든 분야에 지대한 영향을 주기 때문이다. 그러므로 이론물리학의 이론들이 자연의 본질을 올바르게 설명하고 있어야, 인류문명은 건전하게 발전할 수 있다. 이론들에 잘못이 있어 헛된 꿈을 키우고 뒷감당을 하지 못하게 되면, 실망이 증폭되어 경제가 불안해져 배고파지게 되고, 이렇게 되면 줄을 서야 하므로, 민주주의는 사라지게 되고, 사회주의는 전제주의를 지향하게 되어, 인류문명의 미래가 독재의 지배 체제로 전락될 수 있기 때문이다.

현대는 과거 어느 때보다 배고픔이 감소하였지만, 더 불확실한 미래를 갖고 있다. 이렇게 된 여러 가지 원인들이 있을 것이지만, 근본 원인은 현대물리학을 지탱하는 기본 이론들이 자연의 본질에 맞지 않기 때문이다. 이로 인해, 학문의 기본 체계들이 자연의 본질에 맞지 않는 가치관들을 갖게 되어, 충돌이 많이 발생하고 불확실성이 증가하고 있는 것이다. 이 문제를 해결하기 위해서는 '자연을 지배하는 하나의 기본 원리'를 찾아 모든 가치의 기준으로 수용해야 된다.

지금은 기준이 없어 현대물리학의 이론들 중에 자연의 본질에 맞지 않는 것들이 어떤 것들인지를 찾아낼 방법이 없다. 그러나 현대물리학이 주장하는 자연의 기본 힘들에 잘못이 있다는 것이 간접적으로 밝혀진다.

현대물리학은 '중력, 전자기력, 강한 상호작용(강력), 약한 상호작용(약력)'을 자연의 기본 힘들이라고 주장한다. 기본 힘들은 자연의 모든 운동을 지배하므로 모든 자연현상들을 설명할 수 있어야 한다. 그러나 과학이 발전할수록 이 4힘으로는 해결되지 않는 자연현상들이 많이 발견되고 있다. 이것은 이 4힘에 문제가 있다는 뜻이다. 이 4힘은 귀납적 방법으로 모아 놓은 힘들이어서, '자연을 지배하는 하나의 기본 원리'와는 거리가 멀어 한계가 있다. 그래서 자연을 지배하는 하나의 기본 원리를 연역적 방법으로 찾아내어, 이 하나의 기본 원리로 모든 자연현상들을 설명할 수 있어야 한다. 이것을 위한 새로운 과학철학이 '시스템 이론'이다.

시스템 이론은 "자연은 시스템이다."에서 시작한다. 그러므로 자연을 구성하는 기본 단위는 기본 시스템들이다. 기본 시스템들은 자연의 축소판들이므로, 하나하나에는 자연을 지배하는 기본 힘들이 공존한다. 기본 힘들이 '하나의 기본 원리'를 따라 증감하므로, 기본 시스템들은 수축과 팽창을 반복하는 순환운동을 하고, 그 과정에 특성이 변하여 이합집산을 하므로 모든 자연현상들이 발생한다. 그래서 자연의 모든 것들은 시스템들을 이루고 있고, 모든 시스템들은 기본 시스템들의 결합체들이어서, 하나의 기본 원리가 모든 시스템들을 지배하므로, 모든 시스템들은 동질성을 갖고 있다.

이 '하나의 기본 원리'가 '순환법칙'이다. 순환법칙이 모든 자연현상들을 지배하므로, 여기에 기초한 '시스템 힐링'은 모든 문제들을 해결하는 새로운 패러다임이 된다.

'시스템 이론'과 '시스템 힐링'은 자연과학의 근간을 교체하는 혁신이어서 성큼 받아들이기 어려운 부분들이 있지만, 시스템 이론의 순환법칙은 모든 자연현상들을 설명할 수 있어 완전하므로, 여기에 기초한 시스템 힐링은 계속 보완되며 발전할 것이다. 그러나 시스템 힐링은 전체를 보는 방법이어서 부분을 보기가 어렵다. 그래서 원인이 확실한 문제는 원인을 제거하면 되고, 원인이 불확실한 문제의 해결은 전체의 균형과 조화를 추구하는 시스템 힐링이 최선이 될 것이다.

이 책에는 필자가 전에 발표한 책들의 주요 내용들이 수정 보완되어 담겨 있다. 1997년 '알알문명', 1998년 '순환법칙', 2003년 '역사의 키워드 아리랑과 알파벳', 2008년 '물리학의 혁명', 2015년 '학문의 허브 순환법칙'. 책을 새로 낼 때마다 자연을 구성하는 '기본 단위, 기본 4자료, 기본 4힘'의 용어들이 일부 바뀌는 혼란이 있었다. 이번에는 자연의 기본 4자료를 '공간, 질량, 반공간, 에너지'로, 기본 4힘을 '공간의 확산력, 질량의 인력, 반공간의 폭발력, 에너지의 척력'으로 표기했다. 우주 공간에 팽창하여 가득 차 있는 기본 시스템들 하나하나를 '랑'(Rang)으로 표기했다.

'순환'(Soonwhan)은 기본 4힘이 교대로 돌아가며 증감하는 현상과, 기본 시스템들이 수축과 팽창을 반복하는 현상을 포함한다. 그래서 순환은 평면성과 입체성이 공존하는 개념이어서, 기존 어휘들 중에는 비슷한 것이 없다. 그렇다고 '랑'처럼 새로운 말로 표기하기에는 완전히 새로운 개념은 아니어서 비슷한 말인 '순환'을 택했다. 시스템 이론의 순환법칙에는 '공간의 확산력, 질량의 인력, 반공간의 폭발력, 에너지의 척력'이란 새로운 개념이 있으므로, '순환'과 '랑'은 순수성이 있어 번역되지 않는 공통 용어로 활용될 수 있을 것이다.

"자연은 시스템이다."에 기초한 '시스템 이론의 순환법칙'과 여기에 근거한 '시스템 힐링'은 계속 발전해야 할 새로운 분야이고, 모든 분야에 적용될 새로운 패러다임이다. 새로운 시작이므로, 이 책에는 잘못된 것들과 부족한 것들이 많을 것이지만, 수정, 개선, 보완되고, 새로운 내용들이 추가되며, 시스템 이론의 순환법칙과 시스템 힐링은 계속 발전할 것이다.

이 책의 발간에 도움을 주신 모든 분들에게 감사드립니다.

2020년 10월 27일 오광길

추서 : 인용된 정보들은 인터넷에서 주로 취한 것들이어서 원전의 출처를 밝히지 못해 죄송합니다. 잘못된 것들을 지적하여 주면, 다음 기회에 반영하겠습니다.

# 자연은 시스템이다.

[요약]

# 시스템 이론과 시스템 힐링, 가치와 미래

21세기 인류문명은 자연과학의 발달과 더불어 변화의 속도가 빨라지면서 사회 조직들이 전문화되며 세분되고 있다. 좋은 방향으로 가는 것이지만, 전문가들은 자기 분야에 대하여는 잘 알고 있어도 다른 분야들을 잘 모르게 되어, 상호 대화가 어려워지고 있다. 그래서 전체가 균형과 조화를 이루지 못해, 목소리 큰 쪽이 흐름을 지배하게 되어, 저마다 목소리가 높아져, 집단이기주의가 팽배하여 불협화음이 증가하고 있어도 조정할 방법이 없어, 인류문명에 큰 혼란이 생길 가능성이 점점 증대하고 있다.

전체의 균형과 조화를 추구할 수 있는 전문성이 필요하지만, 전체를 총괄하기에는 영역이 너무 넓고, 분야들마다 이해가 다를 수 있어, 이 문제는 전문성으로 해결될 수 있는 것이 아니다. 그래서 자연법칙에 기초되어 있어 누구도 부정할 수 없고, 모든 문제들을 해결하는 기준이 될 수 있는 새로운 패러다임을 찾아야 할 시대다. 이 새로운 패러다임을 찾기 위한 방법이 '시스템 이론'이다.

시스템 이론은 "자연은 시스템이다."라는 가정에서 시작한다. 그러므로 시스템 이론은 추론에 근거한 연역적 방법이어서 실험으로 입증되기 어렵다. 그래서 자연과학은 시스템 이론의 수용을 거부할 수 있다.

그러나 "자연은 시스템이다." 이것이 자연의 본질이라면, 모든 자연현상들을 설명할 수 있는, 자연을 지배하는 '하나의 기본 원리'는 이것을 입증할 수 있을 것이다. 자연을 지배하는 기본 원리가 둘 이상이라면 자연현상들에 관한 정답이 둘 이상이 될 수 있어, 자연과학은 설자리를 잃게 되므로, 자연을 지배하는 하나의 기본 원리는 존재할 것이다.

그래서 시스템 이론은 모든 자연현상들을 설명할 수 있는 하나의 기본 원리를 찾는 것이 목표이다. 하나의 기본 원리가 모든 자연현상들을 설명할 수 있다면, 자연에 존재하는 모든 것들은 동질성을 갖고 있어야 한다. 이질성을 갖고 있다면 하나의 기본 원리로는 설명될 수 없기 때문이다. 그렇다면 자연을 구성하는 기본 단위는 기본 시스템들이고, 기본 시스템들이 결합하여 모든 것들을 이루게 되므로, 자연에 존재하는 모든 것들은 기본 시스템들이 결합한 시스템들이다. 그러므로 모든 시스템들은 동질성을 갖고 있어, 하나의 기본 원리가 모든 시스템들을 지배하게 된다.

그러나 '하나의 기본 원리'는 가정에 기초되어 있어서, 실증에 기초한 귀납적 방법으로는 찾아질 수 없다.

자연과학은 과학적으로 검증된 사실들에 기초하여 자연현상들을 설명하고 그 결과들을 활용하고 있다. 하지만, 인간의 능력으로는 검증할 수 없는 근본적인 문제들이 있어, 자연과학은 이것들을 과학철학으로 해결하고 있다.

과학철학은 완전을 추구하지만, 검증될 수 없는 가정이어서 틀릴 수 있다. 그래서 기존의 과학철학을 새로운 과학철학으로 바꾸는 과학혁명은 언제나 진행형이다. 오늘의 자연과학을 이끌고 있는 과학철학은 무엇이고, 완전할까?

현대물리학은 '중력, 전자기력, 강력(강한 상호작용), 약력(약한 상호작용)'을 자연의 기본 힘들이라고 주장한다. 이 4힘은 존재하지만, 상호 연관성이 없어, 자연현상들에 불과하고, 밝혀지지 않은 기본 힘들이 만드는 종속적인 힘들일 수 있다. 그러므로 현대물리학이 이 4힘을 기본 힘들이라고 주장하는 것은 귀납적 방법으로 포장한, 가정에 기초한 과학철학이다.

기본 힘들은 모든 자연현상들을 설명할 수 있어야 한다. 그러나 기존의 이 4힘으로는 설명할 수 없는 자연현상들이 많이 발견되고 있다. 이것은 이 4힘이 자연의 기본 힘들이 아니거나 부족하다는 뜻이다.

그래서 기존의 과학철학은 자연현상들을 바르게 설명할 수 없으므로, '시스템 이론'에 기초하여 '순환법칙'이 '하나의 기본 원리'로 등장했다. '순환법칙'은 '기본 시스템'들을 지배하는 기본 4힘이 순환하며 증감하는 운동 법칙이다. 시스템 이론의 순환법칙은 모든 자연현상들을 설명할 수 있으므로 새로운 과학철학이다. 이것은 현대과학이 이루어 놓은 역학체계의 근간을 허물고 기초부터 다시 시작하는 과학혁명이다.

시스템 이론의 순환법칙은 모든 자연현상들을 상식으로 이해되게 설명할 수 있다. 그래서 시스템 이론의 순환법칙에 부합되지 않는 이론은 자연과학이 될 수 없다.

예를 들면, 수학은 그 자체는 완전하지만, 자연에 적용할 때는 수축과 팽창을 반복하는 시스템들의 상호 작용을 완전하게 설명할 수 없어, 수학에 기초한 이론들은 활용을 위한 수단은 되어도 자연의 본질을 설명하는 자연과학이 될 수 없다.

'시스템 이론의 순환법칙'은 현대물리학과 천문학이 실험과 관측을 통해 밝혀낸 모든 결과들과 모든 자연현상들을 통합하여 상식으로 이해되게 설명할 수 있다. 그래서 '시스템 이론의 순환법칙'은 '모든 것의 이론'이므로 전문성에 기초한 독선적인 기존의 과학을 상식에 기초한 보편적인 새로운 과학으로 바꾸는 과학혁명이다.

자연은 완전한 시스템이므로, 모든 자연현상들은 완전하다. 그러나 사람들이 관계된 시스템들은 의지가 반영되므로 잘못이 발생할 수 있다. 그래서 시스템들의 잘못들을 '시스템 이론의 순환법칙'에 기초하여 찾아서 바로잡기 위한 방법이

'시스템 힐링'이다.

'시스템 힐링'은 시스템 이론의 순환법칙에 기초하여 시스템들 속 기본 4힘의 균형과 조화를 추구하여 문제들을 해결한다. 원인을 알고 있는 문제들은 원인을 제거하면 해결될 수 있지만, 원인이 다양하거나 확인되지 않은 경우에는 어디서부터 시작해야 되는지를 몰라 고민하게 된다. 이때 필요한 것이 시스템 전체의 균형과 조화를 추구하는 '시스템 힐링'이다.

시스템 이론의 순환법칙에 의하면, 하나의 시스템을 형성하는 전체와 부분들은 동질성을 갖고 있어, 전체를 지배하는 기본 4힘의 세기에 생긴 불균형과 부조화를 찾아 바로잡으면, 전체의 문제가 해결되며 부분의 문제도 해결될 수 있다.

"숲을 보고 나무를 보라."는 속담이 있지만, 숲을 보는 방법이 없다. 동양 과학은 숲을 보는 방법에서 출발하였지만 정체되어 있다. 서양 과학은 나무를 보는 방법이어서 원인을 찾아 해결하는 방법이 발달하여 각광을 받고 있지만, 원인을 모르는 경우에는 해결의 실마리를 찾지 못해 많은 시행착오를 겪게 된다.

그러나 자연과학에 새로운 지평이 열리게 되었다. 현대과학은 귀납적 방법에 기초하여 나무를 보는 방법이고, 시스템 힐링은 연역적 방법에 기초하여 숲을 보는 방법이므로, 이 두 방법이 공존하면 숲도 보고 나무도 볼 수 있기 때문이다.

시스템 힐링은 시스템 이론의 순환법칙에 기초하여 시스템들의 문제점들을 찾아 시정하는 방법이므로, 모든 시스템들에 적용될 수 있다. 그러므로 시스템 힐링은 현대물리학을 비롯하여 현대의학의 문제들을 찾아 해결할 수 있고, 다른 분야에도 적용될 수 있다.

그래서 '현대물리학, 현대의학, 민주주의, 대한민국'에 대한 '시스템 힐링'을 시도하여 보았다. 문외한이 전문 분야에 새로운 이론을 시도하는 것은 무모한 도전이다. 역사적으로 전문가들은 문외한의 관여를 배척하는 전통이 있기 때문이다. 이런 전통은 잘못된 것이 아니고 자연의 본질이다. 자연현상들에서 새로운 변화는 내부에서 자연 발생하는 것이 아니고 외부의 힘이 작용해야 발생하기 때문이다. 그래서 변화를 추구하기 위해서는, 전문가들의 지지를 얻는 데는 많은 시간이 필요하므로, 일반 대중의 지지를 받아 입소문이 나야 가능하다.

그래서 시도한 것이 '암, 시스템 힐링'과 '바이러스, 시스템 힐링'이다. 새로운 시도이지만, 기존의 식이요법들을 활용하고, 스스로 효과를 판정하여 최적건강을 추구하므로 안전하고, 예방 목적으로도 활용될 수 있으므로 시도해 볼 가치가 있다.

'암, 시스템 힐링'은 암에 대한 새로운 정의를 시도했다. 시스템 이론의 순환법칙에 의하면, 자연에 우연은 없고, 모든 것은 필연이므로 이유가 있다. 그러므로 정상세포가 변형되어 암세포로 되는 것은 우연이 아니고, 이유가 있다. 암세포들은 필요해서 생긴다. 인체는 정상세포들과 암세포들이 상호 공존하며 균형과 조화를 추구하는 시스템이다. 그러나 인체를 지배하는 기본 4힘의 순환운동이 정상세포들의 기능을 약화시키는 쪽으로 기울어져 지속되면, 인체의 항상성들에 불균형과 부조화가 생겨, 정상세포들은 기능이 약해지고 암세포들은 기능이 강화되어, 정상세포들이 암세포들을 제압하지 못해, 암세포들이 계속 증식하게 되어 암이 발생한다. 무너진 항상성들을 바로잡아 정상세포들의 기능을 강화시키면, 암세포들은 기능이 약화되고, 면역체계가 정상화되어, 정상세포들이 암세포들을 제압하게 되므로, 암은 자연적으로 치유될 수 있다. 이것이 '암, 시스템 힐링'이다.

'암, 시스템 힐링'은 하나의 가설이지만, 일상생활에서 사용하고 있는 '식이요법, 운동요법, 심리요법, 수면요법'을 활용하는 자연요법이므로 누구나 시도할 수 있는 방법이다. '암, 시스템 힐링'은 모든 자연현상들을 설명할 수 있는 '시스템 이론의 순환법칙'에 기초한 방법이므로, 암을 치유하는 훌륭한 방법으로 발전할 것이다.

'바이러스, 시스템 힐링'은 현재 세계적으로 대유행하고 있는 바이러스 질환인 코로나19를 예방하고 퇴치하는 방법으로 '식초를 음식에 비벼 먹는 식초요법'을 제안한다. 효과가 입증되지 않았지만, 이 이론이 추구하는 기본 원리는 지금까지의 결과들을 분석하면 통계적으로 유효성이 인정되고, 일상에서 활용해 온 식초와 식품들을 먹는 것이어서 위험성이 거의 없으므로 시도해 볼 가치가 있다.

'암, 시스템 힐링'과 '바이러스, 시스템 힐링'이 효과를 인정받게 되면, 이것은 '시스템 이론의 순환법칙'이 인정을 받게 되는 것이므로, '시스템 힐링'은 자연과학을 넘어 철학과 문학의 영역으로도 확대될 수 있다.

철학과 문학은 상상력에 기초하지만, 인간은 자연법칙의 지배를 받으므로, 상상력은 자연법칙에 적합해야 공감을 얻어 생명력을 갖게 된다. 그래서 '시스템 이론의 순환법칙'과 여기에 기초한 '시스템 힐링'은 '현대물리학, 현대의학, 민주주의, 대한민국'을 포함하여 모든 영역의 시스템들이 갖고 있는 문제들을 해결하는 기준이 되는 '새로운 패러다임'이 되어 계속 발전할 것이다.

기본 시스템들 하나하나가 갖고 있는 기본 4힘은 독립성이 있고, 공존하며, 하나가 증가하면 다른 것은 감소하는 대립성을 가진 두 쌍이 있고, 한 방향으로 돌아가며 서로 돕는 상생성이 있다. 둘 사이의 상생(相生)은 주고받는 거래가 되고, 셋 사이의 상생(相生)은 집단이기주의가 되고, 넷 사이의 상생(相生)은 수축과 팽창이 반복되는 사랑이 된다.

이런 사랑이 있어 기본 4힘이 증감하므로 기본 시스템들은 수축과 팽창을 반복하며, 상호 결합하여 큰 시스템을 형성하고, 큰 시스템들이 모여 더 큰 시스템들을 형성한다. 그래서 자연의 모든 것들은 시스템 속 시스템을 이루고 수축과 팽창을 반복하는 시스템들이어서, 상호 입체적으로 연관되어 있어, 이것들을 선형적으로 기술하기에는 부족함이 많다. 항목마다 서로 연관되어 있어, 반복 설명되는 내용들이 많고, 계속 발전하는 과정이어서, 새로운 것이 다시 새로운 것으로 수정되고 있다.

'시스템 이론'과 '시스템 힐링'은 이제 시작에 불과하므로 독자와 더불어 계속 발전할 것이다.

제 I 부

# 시스템 이론

자연에 관한 모든 이론들은

하나의 시스템 이론으로 귀결된다.

# 1. 자연은 수축과 팽창을 반복하는 시스템이다.

## * 하나의 기본 원리가 자연을 지배한다.

자연과학은 실험과 관찰을 통해 입증된 결과에 기초하여 자연현상들을 설명한다. 그러나 인간의 능력으로는 검증할 수 없는 문제들이 있어, 자연과학은 이것들을 가정에 기초한 과학철학에 의존하여 해결한다. 오늘의 자연과학은 "하나의 기본 원리가 자연을 지배한다."라는 과학철학을 갖고 있다. 기본 원리가 두 개 이상이면, 자연현상들을 설명하는 각각의 정답은 하나가 아니고 두개 이상이 되므로, 하나의 정답을 추구하는 자연과학은 존재할 이유가 없다. 그래서 자연과학은 "하나의 기본 원리가 자연을 지배한다."라는 확신을 갖고 있다.

자연과학이 발전할 수 있었던 것은, 실험과 관찰을 통해 입증된 사실들을 설명하는 이론들을 만들어, 이것들을 '자연을 지배하는 하나의 기본 원리'를 구성하는 부분으로 정의하고 활용했기 때문이다. 그러나 여러 분야에서 기존의 이론들에 기초하여 새로운 영역들에 투자하게 되면서, 많은 문제들이 발생하고 있다. 이론들은 완전할 수 없어, 이것들을 결합하여 새로운 이론을 만들어 응용할 때, 새로운 이론의 정당성이나 부당성을 평가할 수 있는 기준이 없어, 올바른 방향을 찾지 못해, 혼란이 발생하고 있다. 이 기준이 될 자격은 '자연을 지배하는 하나의 기본 원리'만이 가능하다.

하나의 기본 원리는 모든 자연현상들을 지배하므로 자연을 구성하는 기본 단위들도 지배할 것이다. 그러므로 자연을 구성하는 기본 단위들이 어떤 존재들이고 어떻게 상호 작용하는지를 알면, 하나의 기본 원리가 유추될 수 있을 것이다.

## * 자연의 기본 단위는 기본 시스템들이다.

자연을 구성하는 기본 단위는 무엇일까? 이 문제는 고대 그리스의 자연철학에서부터 현대물리학에 이르기까지 끊임없이 이어져 오고 있지만 해결되지 않고 있다. 공허한 논쟁 같지만, 이것은 자연을 이해하는데 가장 기초가 되는 문제이므로, 이것이 해결되어야 자연과학이 건전하게 발전할 수 있다.

현대물리학에는 자연의 기본 단위에 대한 이론으로 표준모형 이론과 초끈 이론이 있다. 표준모형 이론은 "자연의 기본 단위는 몇 개의 기본 입자들이다."라고 주장한다. 초끈 이론은 "자연의 기본 단위는 끊임없이 진동하는 초끈들이다."라고 주장한다. 이 두 이론은 상호 대립적이어서 공존할 수 없으므로 적어도 어느 하나는 거짓이다. 그래도 이 두 이론이 공존하고 있는 이유는 진위를 평가할 수 있는 기준이 없기 때문이다.

이 두 이론은 상호 대립적이지만 하나의 공통성이 있다. 현대물리학이 자연의 기본 힘들이라고 주장하는 '중력, 전자기력, 강한 상호작용(강력), 약한 상호작용(약력)'을 수용하고 있는 것이다. 이 4힘을 기본 힘들이라고 입증할 수 있는 과학적 증거는 없다. 기본 힘들이 자연에 있을 것이고, 이것들 이외에 내세울 힘들이 없고, 이의를 제기하는 대안도 없어, 이것들이 기본 힘들로 선택된 것이다. 그러므로 이 4힘을 기본 힘들이라고 주장하는 것은 현대물리학의 과학철학이다.

자연을 지배하는 기본 힘들은 모든 자연현상들이 발생하는 원리를 설명할 수 있어야 한다. 그러나 이 4힘으로는 표준모형 이론의 기본 입자들이 상호 작용하는 원리를, 초끈 이론의 초끈들이 끊임없이 진동하는 원리를 설명하지 못하고 있다. 또, 이 4힘으로는 빛이 입자와 파동의 이중성을 갖고 있는 이유를 설명할 수 없고, 암흑 물질의 실체가 어떤 존재인지를 설명할 수 없다. 이것들을 설명할 수 없다는 것은 현대물리학이 기본 힘들이라고 주장하는 4힘이 기본 힘들이 아니라는 뜻이다. 그러나 이 4힘을 기본 힘들이 아니라고 공개적으로 주장하는 이론은 등장한 것이 없다.

자연의 지배하는 기본 힘들의 문제는 과학철학의 영역이므로, 기존의 과학철학에 문제가 있다는 뜻이다. 그래서 "이 4힘은 자연을 지배하는 기본 힘들이 아니다."라는 것을 밝히기 위해 필요한 새로운 과학철학은 현대물리학과 천문학이 해결하지 못하고 있는 문제들과 모든 자연현상들을 설명할 수 있는 기본 힘들과 이것들의 상호 작용을 찾아내야 된다.

그래서 백지 상태에서 새로 출발한 것이 '시스템 이론'이다. 시스템 이론은 "자연은 시스템이다."와 "하나의 기본 원리가 자연을 지배한다."에서 시작한다. 이 두 가정은 증명될 수 없지만, 이것들이 자연의 본질이라면, 이것들은 부정될 수 없는 진리이므로, 여기에 기초하여 새로운 자연과학이 전개된다.

"자연은 시스템이다." "하나의 기본 원리가 자연을 지배한다." 이것들이 진리이면, "자연의 기본 단위는 기본 시스템들이다."가 진리이어야 하고, 여기에 근거하여 다음과 같은 하위 이론들도 모두 다 진리이어야 한다. 이것들 하나하나는 정당성이 입증되기 어려워도 전체가 어울려 '하나의 기본 원리'가 되면 진리가 된다. 그러므로 '시스템 이론'에 기초한 '하나의 기본 원리'는 이러한 하위 이론들의 모태가 된다.

# 전체와 부분은 동질성이 있다.
# 자연을 구성하는 부분들은 시스템들이다.
# 자연에 존재하는 모든 것들은 시스템들이다.
# 기본 시스템들이 모여 하나의 새로운 시스템이 된다.
# 새로운 시스템들이 모여 더 큰 새로운 시스템이 된다.

# 모든 시스템들은 시스템 속 시스템들이다.

# 기본 시스템들은 수축과 팽창을 반복한다.

# 모든 시스템들은 수축과 팽창을 반복한다.

# 한 기본 시스템은 자연에 필요 충분한 기본 4힘이 있다.

# 기본 4자료가 기본 4힘을 하나씩 갖고 있다.

# 순환법칙은 시스템들을 지배하는 하나의 기본 원리다.

# 기본 시스템들은 순환법칙을 따라 수축과 팽창을 반복한다.

# 모든 시스템들은 순환법칙을 따라 수축과 팽창을 반복한다.

# 모든 시스템들은 자연의 축소판이어서 동질성이 있다.

# 기본 시스템들은 순환운동 과정에 특성이 변한다.

# 확인되는 모든 것들은 수축된 기본 시스템들의 결합체다.

# 우주 공간은 팽창한 기본 시스템인 '랑'들로 가득 차 있다.

# 우주 공간의 랑들은 모든 자연현상들에 관여한다.

# 자연에는 예외가 없고, 우연도 없고, 모든 것은 필연이다.

# 존재하는 것은 역할이 있다.

# (−)와 (+)는 시스템들 하나하나에 공존하는 대립쌍이다.

# 팽창하는 시스템들은 (−)성이 더 강하고 왼손 자전한다.

# 수축하는 시스템들은 (+)성이 더 강하고 오른손 자전한다.

# (−)입자들은 서로 밀고, (+)입자들은 서로 끌어당긴다.

# (−)와 (+)는 서로 결합한다.

# 모든 시스템들은 극도로 수축되면 자화되어 자석이 된다.

# N극과 S극은 하나의 시스템 속에 공존하는 대립쌍이다.

# 거시세계가 무한하므로 미시세계도 무한하다.

# 있던 것이 없어지거나 없던 것이 생기는 현상은 없다.
# 자연은 전부 아니면 전무다.

이것들은 입증되지 않는 가정들이지만, 상호 연관성을 갖고 공존하므로, 어느 하나라도 거짓이면 시스템 이론은 무너진다. 이것들을 활용하면, 시스템 이론은 지금까지 확인된 모든 자연현상들을 상식으로도 이해되게 설명할 수 있고, 현대물리학과 천문학이 설명하지 못하고 있는 빛의 이중성과 암흑물질 등을 상식으로도 이해되게 설명할 수 있고, 여기에 기초하여 새로운 이론들을 구성하여 자연의 본질에 접근할 수 있다.

그래서 시스템 이론은 "자연은 시스템이다."와 "하나의 기본 원리가 자연을 지배한다."에 기초하여 "자연은 수축과 팽창을 반복하는 기본 시스템들로 이루어진 시스템 속 시스템들의 결합체이다."라고 주장한다. 이것을 인정하면, 언제나 우리 곁에 있지만, 인식하지 못했던 새로운 세계가 밝혀진다. 그래서 시스템 이론은 새로운 물리학의 시작이다.

## 2. 자연은 '시스템 속 시스템'이다.

우주 공간에는 블랙홀처럼 끌어당기는 현상과, 초신성처럼 폭발하는 현상이 공존하고 있다. 이렇게 서로 대립되는 현상들이 하나의 공간 속에 공존하고 있다는 것은, 서로 다른 특성을 갖고 있는 시스템들이 공존하고 있다는 뜻이다.

우주는 하나의 시스템이고, 우주에는 폭발하는 시스템들과 수축하는 시스템들이 공존한다. 모든 시스템들은 동질성을 갖고 있으므로, 모든 시스템들 하나하나는 폭발하는 시스템들과 수축하는 시스템들을 갖고 있다. 그러므로 하나의 시스템은 대립되는 특성들을 갖고 있는 작은 시스템들의 결합체다.

태양은 수많은 원자들의 결합체이고, 작은 폭발들이 끊임없이 발생하여 빛들을 방출하고 있고, 동시에 지구를 비롯하여 행성들을 끌어당겨 공전시키고 있다. 빛들을 방출하는 현상은 팽창이고, 행성들을 끌어당기는 현상은 수축이다. 태양은 하나의 시스템이지만 수축과 팽창을 동시에 하고 있다.

원자들은 빠른 속도로 진동한다. 하나의 원자도 하나의 시스템이므로, 하나의 원자 속에는 수축하는 시스템들과 팽창하는 시스템들이 공존한다. 그러므로 하나의 원자가 빠른 속도로 끊임없이 진동하고 있다는 것은 원자들 속에서 수축하는 시스템들과 팽창하는 시스템들이 교대로 수축과 팽창을 반복하고 있다는 뜻이다. 원자들이 이런 특성을 갖고 있으므로, 모든 시스템들은 동질성을 갖고 있어, 원자들을 비롯하여 모든 시스템들은 수축과 팽창을 반복하는 특성이 있다.

블랙홀도 하나의 시스템이어서 끌어당기고만 있는 것이 아니다. 내부에서는 작은 시스템들이 폭발하여 팽창하는 현상들이 발생하고 있다. 폭발력이 약해 감지되지 않고 있지만, 블랙홀도 원자처럼 진동할 것이다. 따라서 블랙홀은 인력이 증가할수록 폭발력이 증가하여 점점 밝은 빛을 발산하여 적색거성을 거쳐 항성이 될 것이고, 결국에는 항성들이 모여 중성자성이 되어 폭발할 것이다. 인력이 증가할수록 폭발력이 감소한다면, 팽창하는 현상은 발생할 수 없다. 블랙홀 속에서는 수축할수록 폭발력이 증가하는 원자들이 형성되고 있다.

그러므로 하나의 시스템을 구성하고 있는 기본 시스템들은 모두 동일한 상태에 있는 것이 아니고, 수축과 팽창이 반복되는 과정의 모든 상태에 분포되어 있고, 그 비율은 반복되는 과정과 환경에 따라 변한다. 그래서 자연에 존재하는 모든 시스템들은 정성적으로 다른 것이 없고, 정량적으로 동일한 것이 없다. 상호 충돌하여 결합할 수 있고, 결합이 붕괴될 수 있고, 수축과 팽창이 반복될 수 있으므로, 모든 시스템들 하나하나는 진동할 수 있다. 그래서 원자들은 진동한다.

따라서 다음과 같은 정의가 가능하다.

“모든 시스템들은 기본 시스템들의 결합체이어서 동질성을 갖고 있고, 하나의 시스템 속에는 수축하는 시스템들과 팽창하는 시스템들이 공존하고, 기본 시스템들은 수축과 팽창을 반복하는 과정에 특성이 변하여 서로 결합하여 하나의 새로운 시스템을 형성하고, 이 새로운 시스템들이 수축과 팽창을 반복하는 과정에 특성이 변하여 서로 결합하여 더 큰 하나의 새로운 시스템을 형성하고, 한계에 도달한 시스템들은 폭발하게 된다. 이와 같이 시스템들이 결합하여 시스템들을 이루므로, 모든 시스템들 하나하나는 시스템 속 시스템을 이루고 있다.”

우주, 은하계, 항성, 원자, 양성자, 쿼크 등을 비롯하여, 모든 존재들은 시스템 속 시스템을 이루고 있다. 시스템 속 시스템을 이루고 있어야 수축과 팽창을 반복할 수 있으므로, 시스템 속 시스템 구조는 시스템들의 순환에 필요 충분한 조건이다.

# 3. 자연을 지배하는 하나의 기본 원리, 순환법칙

자연은 시스템이다. 존재하는 모든 것들 하나하나가 '자연'이다. 전체도 부분들도 다 자연이다. '시스템'은 수축과 팽창을 반복하는 존재다. 그래서 자연의 모든 것들은 수축과 팽창을 반복하는 시스템들이고, 자연을 구성하는 기본 단위들인 기본 시스템들도 수축과 팽창을 반복한다. 모든 시스템들은 동질성을 갖고 있으므로, 수축과 팽창의 반복을 주도하는 하나의 기본 원리가 있다.

이 하나의 기본 원리가 '순환법칙'이다. 순환법칙은 모든 기본 시스템들 하나하나에서 수축과 팽창의 반복을 주도하는 운동법칙이고, 모든 시스템들은 기본 시스템들의 결합체들이어서 순환법칙의 지배를 받는다.

## * 순환법칙에 필요 충분한 기본 4힘과 기본 4자료

기본 시스템들은 순환법칙을 따라 수축과 팽창을 반복하는 과정에 기본 힘들의 세기가 증감하여 특성이 변하여 이합집산을 하므로, 자연의 모든 것들이 이루어진다. 그러므로 하나의 기본 시스템 속에는 자연에 필요 충분한 기본 힘들이 공존한다. 이것들이 따로따로 존재할 수 있다면, 기본 시스템들은 동질성이 무너진다. 그러므로 기본 힘들은 기본 시스템들 하나하나 속에 공존한다. 하나의 기본 시스템이 순환법칙을 따라 수축과 팽창을 반복하는 순환운동을 하므로, 순환운동에는 다음과 같은 필요 충분한 기본 4힘이 있다.

수축에 필요한 힘, 인력(+)
팽창에 필요한 힘, 척력(−)
수축된 상태를 팽창시키는 힘, 폭발력(*)
팽창된 상태를 수축시키는 힘, 확산력(0)

기본 시스템들은 동질성을 갖고 수축과 팽창을 반복하기 위해 기본 4힘에 다음과 같은 특성들이 있어야 한다.

기본 4힘은 독립성이 있어서 서로 결합하여 소실되지 않으며, 하나의 기본 시스템 속에 언제나 공존한다.

인력과 척력은 대립성이 있어 한쪽이 증가하면 다른 쪽은 감소한다. 폭발력과 확산력도 대립성이 있어 한쪽이 증가하면 다른 쪽은 감소한다. 그러므로 하나의 기본 시스템 속에는 2개의 대립쌍이 공존한다.

인력은 수축시키는 힘이므로, 기본 시스템들은 인력이 척력보다 큰 상태이면 수축한다.

척력은 팽창시키는 힘이므로, 기본 시스템들은 척력이 인력보다 큰 상태이면 팽창한다.

인력은 폭발력을 증가시킨다. 인력이 척력보다 커지기 시작하면, 기본 시스템은 수축되기 시작하여, 가장 커진 확산력이 감소하고 가장 작아진 폭발력이 축적되기 때문이다.

폭발력은 척력을 증가시킨다. 폭발력이 확산력보다 커지기 시작하면, 폭발해야 척력이 발생하므로, 가장 작아진 척력이 증가하고 가장 커진 인력이 감소하기 때문이다.

척력은 확산력을 증가시킨다. 척력이 인력보다 커지기 시작하면, 기본 시스템이 팽창하기 시작하므로, 가장 커진 폭발력이 감소하고 가장 작아진 확산력이 증가하기 때문이다.

확산력은 인력을 증가시킨다. 확산력이 폭발력보다 커지기 시작하면, 폭발력이 감소하여 척력이 감소하므로, 인력이 증가하기 때문이다.

그러므로 인력은 폭발력을, 폭발력은 척력을, 척력은 확산력을, 확산력은 인력을 증가시키는 상생성(相生性)이 있다.

이 기본 4힘이면 기본 시스템들이 수축과 팽창을 반복하는데 완전히 필요 충분하다. 그러므로 이 기본 4힘은 모든 시스템들의 순환운동에 필요 충분한 기본 힘들이고, 모든 자연현상들을 지배하는 기본 힘들이다.

기본 힘들은 형체가 없다. 기본 힘들이 형체를 갖고 있다면, 형체가 있는 기본 자료들과 구분될 수 없다. 그래서 기본 자료들이 기본 4힘을 하나씩 갖고 있다고 정의할 수 있으므로, 자연에는 기본 4자료가 있다.

기본 4힘은 기본 시스템들 속에 공존하므로, 하나의 기본 시스템 속에는 기본 4자료와 이것들이 갖고 있는 기본 4힘이 공존한다. 그러므로 기본 4자료와 기본 4힘은 '독립, 공존, 대립, 상생'하는 특성들을 갖고 하나의 기본 시스템을 구성하고 있다.

'질량, 에너지, 공간'은 기본 자료들이다. '질량'과 '에너지'는 대립적이므로, '공간'에 대립되는 '반공간'이 존재한다.

질량은 인력(+)을 갖고 있다.
에너지는 척력(−)을 갖고 있다.
공간은 확산력(0)을 갖고 있다.
반공간은 폭발력(*)을 갖고 있다.

질량은 인력을 갖고 있는 실체이다.
에너지는 척력을 갖고 있는 실체이다.
공간은 하나의 절대공간이다.
반공간은 공간에 가득 차 있는 무수히 많은 상대공간이다.

반공간은 무수히 많고, 무한히 작고, 공간을 차지하고 있다. 기본 자료들인 '질량, 에너지, 공간, 반공간'은 분리될 수 없는 존재들이어서 하나의 기본 시스템을 이루고 있고 수축과 팽창을 반복하는 신축성이 있다. 그래서 반공간들은 팽창하여 공간에 가득 차 있으므로, 자연의 기본 4자료와 기본 4힘이 공존할 수 있는 곳은 반공간들 하나하나이다. 그러므로 하나의 반공간은 공간을 차지하고 그 속에 에너지와 질량이 있어 하나의 기본 시스템을 이루고 있다. 기본 4자료와 기본 4힘이 하나의 기본 시스템 속에 공존하지 않는다면, 기본 시스템들의 동질성은 무너진다.

기본 시스템들은 수축과 팽창을 반복하므로, 수축하여 물체를 이루고 있고, 팽창하여 우주 공간에 가득 차 있다.

기본 4자료와 기본 4힘은 기본 시스템들 하나하나 속에서 '독립, 공존, 대립, 상생'하는 특성을 갖고 순환하며 상호 증감하므로, 기본 시스템들은 수축과 팽창을 반복한다. 그러므로 기본 4힘의 증감은 기본 4자료의 형태가 변하는 현상이다.

순환법칙은 자연을 지배하는 하나의 기본 원리이므로 기본 시스템들 하나하나의 운동을 지배한다. 모든 시스템들은 기본 시스템들의 결합체이므로 순환법칙의 지배를 받는다.

현대물리학은 기본 시스템들의 존재를 모르고 있어, 공간의 확산력과 반공간의 폭발력이 있어야 할 이유를 모르고 있다. 그래서 현대물리학은 '중력, 전자기력, 강력, 약력'을 자연의 기본 힘들이라고 주장하고 있지만, 기본 힘들은 모든 자연현상들을 설명할 수 있어야 한다. 다음과 같은 기본적인 자연 현상들을 설명할 수 없는 기본 힘들은 기본 힘들이 아니다. 시스템 이론의 순환법칙은 이 현상들을 상식으로도 충분히 이해할 수 있게 설명할 수 있다.

중력은 별들 사이에서 어떻게 전달될까?(66쪽 참조)
지구는 어떻게 자기력이 생길까?(77쪽 참조)
암흑물질은 어떤 존재일까?(80쪽 참조)
미시세계의 폭발 현상인 보스노바는 왜 생길까?(85쪽 참조)
빛은 왜 입자성과 파동성이 둘 다 있을까?(328쪽 참조)

# 4. 기본 시스템의 순환운동 과정

하나의 기본 시스템은 기본 4힘이 '독립, 공존, 대립, 상생'하는 특성을 갖고 순환법칙을 따라 증감하므로, 다음의 순서로 수축과 팽창을 반복한다.

(1) 확산력 〉 폭발력, 척력 = 인력 : 확산력최대점
(2) 확산력 〉 폭발력, 인력 〉 척력 : 수축전반전기
(3) 확산력 = 인력, 척력 = 폭발력 : 수축전반중간점
(4) 인력 〉 척력, 확산력 〉 폭발력 : 수축전반후기
(5) 인력 〉 척력, 확산력 = 폭발력 : 인력최대점
(6) 인력 〉 척력, 폭발력 〉 확산력 : 수축후반전기
(7) 인력 = 폭발력, 확산력 = 척력 : 수축후반중간점
(8) 폭발력 〉 확산력, 인력 〉 척력 : 수축후반후기
(9) 폭발력 〉 확산력, 인력 = 척력 : 폭발력최대점
(10) 폭발력 〉 확산력, 척력 〉 인력 : 팽창전반전기
(11) 폭발력 = 척력, 인력 = 확산력 : 팽창전반중간점
(12) 척력 〉 인력, 폭발력 〉 확산력 : 팽창전반후기

(13) 척력 〉 인력, 폭발력 = 확산력 : 척력최대점

(14) 척력 〉 인력, 확산력 〉 폭발력 : 팽창후반전기

(15) 척력 = 확산력, 폭발력 = 인력 : 팽창후반중간점

(16) 확산력 〉 폭발력, 척력 〉 인력 : 팽창후반후기

## * 순환 과정의 16단계

---〉 확산력최대점 1. ---〉

16. 팽창후반후기 수축전반전기 2.

15. 팽창후반중간점 수축전반중간점 3.

14. 팽창후반전기 확산력 수축전반후기 4.

13. 척력최대점 척력 + 인력 인력최대점 5.

12. 팽창전반후기 폭발력 수축후반전기 6.

11. 팽창전반중간점 수축후반중간점 7.

10. 팽창전반전기 수축후반후기 8.

〈--- 폭발력최대점 9. 〈---

모든 시스템들은 기본 시스템들의 결합체들이므로, 크기는 달라도, 순환운동 과정은 동일하다. 순환운동 과정은 원소들이 생성되는 과정과 연관성이 있다.

시스템들의 순환운동 과정에는 기본 4힘 중에서 힘들의 세기가 한 쌍이 같아지는 단계가 4번 있고, 두 쌍이 같아지는

단계가 4번 있다. 이 8단계는 단주기율표에서 제2주기와 제3주기의 원소들이 8족으로 분류되는 것과 같다. 원소들은 이 8단계가 순환과정 중에서 상대적으로 기본 4힘의 세기가 균형을 이루고 있기 때문에, 이 상태에서 안정을 이루고 있다고 할 수 있다. 8단계는 다음과 같다.

(1) 확산력최대점 = 제8족 원소 : 확산력이 제일 크고 폭발력이 제일 작고, 척력과 인력이 같은 상태다.

(2) 수축전반중간점 = 제1족 원소 : 확산력과 인력의 세기가 같고, 폭발력과 척력의 세기가 같은 상태다.

(3) 인력최대점 = 제2족 원소 : 인력이 제일 크고 척력이 제일 작고, 확산력과 폭발력이 같은 상태다.

(4) 수축후반중간점 = 제3족 원소 : 인력과 폭발력의 세기가 같고, 척력과 확산력의 세기가 같은 상태다.

(5) 폭발력최대점 = 제4족 원소 : 폭발력이 제일 크고 확산력이 제일 작고, 척력과 인력이 같은 상태다.

(6) 팽창전반중간점 = 제5족 원소 : 폭발력과 척력의 세기가 같고, 확산력과 인력의 세기가 같은 상태다.

(7) 척력최대점 = 제6족 원소 : 척력이 제일 크고 인력이 제일 작고, 확산력과 폭발력이 같은 상태다.

(8) 팽창후반중간점 = 제7족 원소 : 척력과 확산력의 세기가 같고, 인력과 폭발력의 세기가 같은 상태다.

단주기율표에서 같은 족에 속하는 원소들은 원자량의 크기에 상관없이 특성이 비슷하다. 그 까닭은 모든 원소들은 원자량의 크기에 관계없이 내핵을 둘러싸고 있는 하나 이상의 외핵이 있고, 이 외핵의 종류가 8가지이어서 8개의 족이 있고, 같은 족의 원소들은 원자량이 달라도 외핵의 구조가 같아, 상호 작용하는 방식이 같아, 특성이 서로 비슷하기 때문이다.

그러므로 주기율표는 원소들이 융합되는 과정에 순환운동이 반복되는 현상과 관련이 있으므로, 원소들을 18족으로 분류하는 장주기율표보다는 8족으로 분류하는 단주기율표가 더 유효할 수 있다. 그러므로 단주기율표에 대한 연구가 필요하다.

## 5. 우주 공간에 가득 차 있는 '랑'들

자연을 구성하는 기본 단위들은 수축과 팽창을 반복하는 구조가 있는 기본 시스템들이므로, 자연에 존재하는 모든 것들은 기본 시스템들의 결합체들이다. 그러므로 자연에서 실체가 확인되는 모든 존재들은 수축된 기본 시스템들의 결합체들이고, 우주 공간에는 팽창한 기본 시스템들이 가득 차 있다.

우주 공간에 팽창하여 가득 차 있는 기본 시스템들 하나하나가 '랑'이다. 앞서 출간된 책에서는 '랑'을 '공간 양자'로 표기했다. '양자'의 개념이 '기본 시스템'과 차이가 있고, 기본 시스템은 새로운 개념이므로 번역하지 않고 공통으로 사용하기 위해 간소화가 필요했다.

'랑'들은 우주 공간에 가득 차 있으므로 가장 팽창한 상태이어서 확산력최대점에 있어 외부의 힘을 받거나 밀도가 증가하면 수축되어 인력이 증가하는 특성이 있다. 그래서 랑들은 외압에 수축되어 인력이 증가하므로, 즉 작용에 대하여 작용하므로, 작용에 대하여 반작용하는 일반 물질과는 다른 특성을 갖고 있다. 그래서 랑은 반물질이다.

랑들은 크고 작은 모든 시스템들 주위에 가득 차 있어, 모든 자연현상들에 필연적으로 관여하여 중요한 역할을 한다. 그래서 랑들의 역할을 모르면, 자연현상들을 바르게 설명할 수 없다. 물질이 갖고 있는 작용에 대한 반작용은 물질의 고유한 특성이 아니고, 공간에 가득 차 있는 랑들이 수축하였다가 폭발하기 때문에 발생하는 현상이다.

랑들은 팽창하여 확산력최대점에 있지만, 기본 시스템들이어서 순환운동을 하므로, 순환과정을 따라, 수축과 팽창을 반복한다. 존재하는 모든 것들은 시스템을 이루고 있고, 모든 시스템들은 랑들과 상호 작용하여 수축과 팽창을 반복한다. 원자들도 시스템들을 이루고 랑들과 상호 작용하여 수축과 팽창을 반복한다. 이 반복 현상이 원자들의 진동이다.

수소 원자가 랑들과 상호 작용하여 진동하는 과정을 4단계로 나누어 설명하면 다음과 같다.

(1) 수소 원자의 핵은 하나의 양성자로 이루어져 있다. 하지만, 양성자를 구성하고 있는 기본 시스템들 각각은 기본 4힘 중에서 가장 큰 힘을 기준으로 4종류로 분리되어 있고, 이것들은 교대로 수축과 팽창을 반복하며 상호 전환하므로, 수소 원자들이 진동한다. 수소 원자가 확산력최대점에 있을 때는 확산력이 증가한 기본 시스템들이 가장 많을 때이고, 척력과 인력이 같아진 반중성 상태다.

수소 원자가 가장 크게 팽창하면, 수소 원자에서 나온 팽창하는 기본 시스템들과 충돌한 주위의 랑들은 수축되어 벽을 이루게 된다. 이 벽은 수소 원자가 커질수록 단단해지므로, 수소 원자는 더 팽창하지 못한다. 벽을 이룬 랑들은 수축된 상태이므로, 내부에서 폭발이 한계에 도달하여 정지하면, 외압이 사라져 내압이 증가하므로 폭발하여 수소 원자를 내부로 밀게 되므로 수소 원자는 수축되어 인력이 증가한다. 그래서 수소 원자의 핵은 양성자가 되어 주위에 있는 랑들을 끌어당기게 되고, 끌린 랑들은 수축되어 인력이 증가하므로 주위의 랑들을 계속 끌어당기게 된다. 그래서 양성자는 랑들이 모여들어 인력이 계속 증가하므로 수축전반기를 거쳐 인력최대점에 도달한다.

(2) 인력최대점에 도달한 수소 원자는 주위의 랑들을 계속 끌어당겨 질량이 증가하며 내부가 압축되어 수축후반기가 되므로, 가장 감소했던 척력이 증가하기 시작하지만, 인력이 척력보다 더 큰 상태여서, 계속 수축되어, 양성자가 중성자로 전환되기 시작하여, 폭발력최대점에 도달한다.

(3) 폭발력최대점의 수소 원자는 인력과 척력이 같은 상태여서, 주위에 있는 다른 원자들이 인력이 증가하여 랑들을 빼앗게 되면, 외압이 감소하여, 폭발이 증가하여 팽창하므로 팽창전반기가 된다. 이것은 중성자가 폭발하는 현상이므로, 폭발한 중성자는 팽창하며 척력이 증가하여 척력최대점의 반양성자로 된다.

(4) 척력최대점의 반양성자는 에너지를 방출하며 계속 팽창하므로 팽창후반기를 거쳐 확산력최대점의 반중성자로 된다. 반중성자는 내부에 인력이 증가하여 수축되며 주위의 량들을 끌어당겨 양성자로 된다.

수소 원자들은 이런 과정을 반복하며 진동이다.

시스템 이론의 순환법칙에 의하면, 블랙홀은 우주 공간에만 존재하는 것이 아니다. 모든 시스템들은 동질성을 갖고 있으므로, 원자들을 비롯하여, 모든 시스템들 하나하나는 인력최대점에서 블랙홀이 된다.

우주 공간에 형성된 거대한 블랙홀은 량들을 끌어당겨 질량이 증가하면, 폭발력이 확산력보다 증가하여 붉은 빛을 발산하기 시작하여 적색거성이 되고, 폭발력최대점에 도달하기까지는 인력이 척력보다 큰 상태이므로 량들을 계속 끌어당겨 질량이 증가하며 폭발력이 증가하므로, 적색거성은 밝은 빛을 발산하는 항성이 되고, 항성들이 결합하여 중성자성이 된다. 중성자성의 핵을 이루고 있는 원자들은 극도로 수축된 중성자들이 폭발하여 자외선보다 파장이 짧은 전자기파들을 발산하게 된다. 그래서 중성자성은 눈에 보이지 않는다. 중성자성은 인력이 감소하여 척력과 같아진 상태이지만, 중성자성을 둘러싸고 있는 량들은 극도로 수축되어 인력최대점에 근접한 상태이어서 외부의 빛들을 끌어당기므로, 중성자성은 빛을 흡수할 수 있다. 그래서 량들은 모든 자현현상들에 관여한다.

# 6. '시스템 이론'은 '모든 것의 이론'이다.

현대물리학에는 자연을 구성하는 기본 단위에 대한 이론들인 표준모형 이론과 초끈 이론이 대립을 이루고 있다.

표준모형 이론은 몇 개의 기본 입자들이 결합하여 자연의 모든 것들이 형성된다고 주장한다. 많은 연구를 통해 기본 입자들이 대부분 밝혀졌지만, 기본 입자들이 어떻게 상호 작용하는지를 설명하지 못하고 있다. 기본 입자들은 더 이상 붕괴되지 않아야 되는데, 표준모형 이론은 거대강입자충돌기에서 양성자들을 더 강하게 충돌할수록 더 많은 에너지가 방출되는 현상을 설명할 방법이 없다. 그래서 표준모형 이론은 이러지도 저러지도 못하는 상태에 있다.

힉스 입자란 아리송한 입자의 발견이 노벨상을 받았지만, 이것은 이 분야 전문가 집단이 만들어낸 현대판 피라미드 철학이다. 이와 더불어 표준모형 이론은 종말을 고하게 되었다.

초끈 이론이 자연의 기본 단위라고 주장하는 초끈은 기본 시스템과 유사한 점이 있지만 차이가 있다. 초끈 이론을 뒷받침하는 하위 이론들로는, 자연을 구성하는 기본 단위들인 '기본 시스템'들, 기본 시스템들의 운동법칙인 '순환법칙', 우주공간에 팽창하여 가득 차 있는 기본 시스템들인 '량'들을 유추하지 못하기 때문이다. 그래서 초끈 이론은 더 이상 발전할 수 없다.

'중력, 전자기력, 강력, 약력'이 기본 힘들로 인정되는 환경에서는 '기본 시스템, 순환법칙, 량' 같은 하위 이론들이 나올 수 없다. 그래서 지금까지는 시스템 이론이 등장할 수 있는 환경이 형성되지 못했었다. 그러나 지금은 자연과학의 각 분야에 자연에 대한 정보들이 많이 축적되어 있어, 시스템 이론의 등장이 가능하다.

'시스템 이론'은 자연을 구성하는 기본 단위를 '기본 시스템들'이라고 주장하고, 그 핵심은 기본 시스템들의 운동을 지배하는 '순환법칙'이다. 순환법칙에 의해, 자연에서 확인되는 모든 존재들은 수축된 기본 시스템들의 결합체들이고, 우주공간에는 팽창한 기본 시스템들인 '량'들이 가득 차 있다는 사실이 밝혀진다. 량들은 실증될 수 없지만, 모든 자연현상들에서 중요한 역할을 하므로, 량들의 특성을 모르고는 자연현상들을 바르게 설명할 방법이 없다.

시스템 이론의 순환법칙은 량들을 활용하여 '중력이 발생하는 이유, 전자기력이 발생하는 이유, 강력이 발생하는 이유, 약력이 발생하는 이유 등을 하나의 논리로 설명할 수 있으므로, 장들을 통일하는 '통일장 이론'이다. 그래서 시스템 이론의 순환법칙은 모든 자연현상들을 설명할 수 있는 '모든 것의 이론'이므로 다음과 같은 문제들에 의견을 제시할 수 있다.

핵융합발전은 가능할까? 성공할 수 없다.

양자컴퓨터는 가능할까? 성공할 수 없다.

우주여행은 가능할까? 지옥행이다.

인공지능은 어떤 변화를 줄까? 현대판 피라미드다.

태양처럼 자체 인력이 강력한 곳에서는 핵들이 융합되며 증가한 중성자들의 일부가 폭발하여도, 융합된 핵이 강력한 인력에 둘러싸여 있어 붕괴되지 않고, 양성자들과 중성자들 사이에 균형이 이루어져 안정된 원자들이 형성될 수 있다. 그러나 태양에서 융합된 원자들은 태양 외부로 나오면 외압이 감소하여 내압이 증가하므로 붕괴되어 새로운 형태가 된다.

지상에서는 인위적인 외부 압력에 의해 원자들이 융합될 수 있지만, 융합이 끝나고, 외압이 가해지지 않을 때, 중성자들의 폭발이 연쇄적으로 발생하게 되어, 융합된 핵이 붕괴된다. 증가한 중성자들의 일부가 폭발하여 양성자들로 되어 핵이 안정되어야 하는 데, 자체 인력이 약해 안정이 이루어지기가 어렵기 때문이다. 우라늄에 중성자를 조사해서 플루토늄 등이 생성되지만, 이것은 외핵에 중성자와 양성자가 증가한 것이어서 수소 원자들의 융합과는 차원이 다르다.

폭발력최대점은 일정하게 정해진 상태가 아니다. 폭발은 상대적이어서, 수축되던 것이 팽창하는 현상이므로 언제 어디에나 있다. 보스노바는 극도로 냉각되어 확산력최대점에 있는 기체 원자들이 자기력에 밀려 수축되며 자체 인력이 증가하여 폭발력최대점에 도달하였다가 자기력이 약해지는 순간 폭발하는 현상이다. 이것의 반대되는, 초신성은 극도로 수축되어 폭발력최대점에 근접한 원자들이 자기 결합하여 있다가, 외부에서 끌어당기는 힘에 의해, 척력이 인력보다 커지는 순간 폭발하는 현상이다.

수축되어 헬륨 상태가 된 수소원자들은 외압이 사라지는 순간 팽창하여 폭발하게 되므로, 지상에서 핵융합발전은 성공할 수 없다.

자연에는 아날로그와 디지털이 공존한다. 인력이 척력보다 강해 수축 상태면 아날로그 세계이고, 척력이 인력보다 강해 팽창 상태면 디지털 세계다. 보고 느낄 수 있는 현재 세계는 인력이 척력보다 큰 상태이므로 아날로그이고, 볼 수 없는 전자의 세계는 척력이 인력보다 큰 상태이므로 디지털이다. 그러므로 전자보다 아래 단계인 양자의 세계는 인력이 척력보다 큰 아날로그이다. 그래서 전자와 양자가 공존하게 되면, 서로 끌어당겨 결합하여 독립성이 무너지게 되므로, 양자컴퓨터는 성공할 수 없다.

태양계를 벗어나는 우주여행은 불가능하다. 태양계를 벗어나면, 우주 공간은 량의 밀도가 낮아 금속들이 팽창하여 폭발하게 되므로, 우주선은 태양계를 벗어나면 폭발하기 때문이다.

지구와 다른 환경의 원소들은 랑들을 끌어당겨 결합한 양이 다르다. 그래서 같은 산소이어도 질이 다르기 때문에 지구의 산소에서 길들여진 인간은 외계의 산소를 마시면서 생활하기 어렵다. 랑의 밀도가 낮은 곳의 산소 원자들은 폭발을 많이 한 상태이어서 랑들을 많이 방출하여 지구에서보다 랑을 덜 갖고 있어 (−)성이 약해진 상태이므로, 폭발력이 약해, 상대를 폭발시켜 전자를 잘 얻지 못해, 상대를 산화시키는 힘이 약해져 있다. 수소는 많은 랑들을 방출하여 (+)성이 증가한 상태이어서, 폭발력이 약해, 폭발하여 전자를 잘 주지 못해, 상대를 환원시키는 힘이 약해져 있다. 이런 환경에서 인체가 장기적으로 안정된 상태를 유지하기는 어렵다. 태양계 내의 어떤 곳도 지구보다 인간에게 좋은 환경이 될 수 없다.

인공지능(AI)은 고도로 발달하여도 식량문제와 에너지 문제를 해결할 수 없다. 누구를 위한 인공지능인가? 극소수가 전체를 지배하는 도구가 될 수 있는 것이 문제이다. 궁극적으로는 인공지능이 없어도 사람들은 살 수 있기 때문에 일반 대중에게는 현대판 피라미드가 된다.(357쪽 참조)

'시스템 이론'은 물리학과 의학을 비롯하여 자연과학의 모든 분야에 적용되고, 철학과 문학의 모든 시스템들에도 적용되므로 '모든 것의 이론'(Theory of Everything)이다.

# 제Ⅱ부

# 시스템 힐링

시스템 힐링은 숲을 보는 방법이다.

# 제1장

# 현대물리학, 시스템 힐링

# 1. '중력, 전자기력, 강력, 약력'은 (기본 힘들이 아니고) 자연현상들이다.

현대과학이 발전할 수 있었던 것은 실험과 관찰을 통해 얻은 사실들에서 자연법칙들을 유추하여 만든 이론들로 자연현상들을 설명하고 활용한 역사가 지속되었기 때문이다. 이론들은 실증되지 않은 가정들이어서 완전할 수 없다. 불완전한 이론들은 새로운 이론들로 교체되었지만, 그 나름의 긍정적인 역할들이 있었다.

21세기 현대물리학의 이론들은 완전할까? 기본 힘들의 정의에 문제가 있다. 현대물리학은 모든 자연현상들을 지배하는 몇 개의 기본 힘들이 자연에 있다는 확신을 갖고 있고, 그래서 '중력, 전자기력, 강한상호작용(강력), 약한상호작용(약력)'을 기본 힘들이라고 정의하고 있다.(315쪽 참조)

기본 힘들은 모든 자연현상들이 발생하는 원인들을 설명할 수 있어야 한다. 그러나 현대물리학이 선정한 4힘으로는 설명할 수 없는 자연현상들이 많이 있다.

예를 들면, 이 4힘으로는 공간 속에서 중력이 전달되는 원리를 설명할 수 없고, 빛이 입자와 파동이란 서로 대립되는 특성들을 갖고 있는 이유를 설명할 수 없고, 암흑물질이 어디에 어떤 형태로 존재하는지를 설명할 수 없다.

이 4힘이 자연을 지배하는 기본 힘들이라면, 이것들이 상호 작용하여 모든 자연현상들이 발생한다. 그러므로 모든 자연현상들은 동일한 기본 힘들에 의해 발생하고 있어, 자연현상들에 관한 모든 이론들은 상통하는 동질성이 있어야 한다. 그러나 현대물리학의 이론들은 그렇지가 않다.

상대성이론은 빛은 태양의 주위를 통과할 때 중력에 끌려 휘어진다고 예측했고, 이것이 관측되어 입증되면서 그 원인을 '시공간'이란 개념으로 설명하고 있다. 그러나 시공간으로는 중력이 전달되는 원리가 설명되지 않는다.

표준모형 이론은 몇 가지 기본 입자들이 자연의 모든 것들을 구성하고 있다고 주장하지만, 기존의 기본 4힘으로는 기본 입자들이 상호 작용하는 원리가 잘 설명되지 않는다.

초끈 이론은 자연의 기본 단위를 '진동하는 초끈들'이라고 주장하지만, 초끈들의 진동은 기존의 기본 4힘으로는 설명되지 않는다.

따라서 '시공간, 기본 입자, 초끈'은 상호 연관성이 없어 상호 관계가 모호하다. 이것은 현대물리학이 주장하는 기본 4힘에 잘못이 있거나, 이론들에 잘못이 있거나, 양쪽 모두에 잘못이 있거나, 그 밖의 어딘가에 잘못이 있다는 뜻이다. 그러나 현대물리학은 이런 잘못들을 지적하고 평가할 수 있는 기준이 되는 과학철학이 없다.

하지만, 현대물리학은 "하나의 기본 원리가 자연을 지배한다."라고 확신한다. 그러므로 이것은 최상위 과학철학이다. 이것이 진리이면, 여기에서 필연적으로 유추되는 하위 이론들도 진리이므로, 이것들을 찾으면 모든 자연현상들을 설명할 수 있는 '하나의 기본 원리'가 유추될 수 있을 것이다. 그러나 현대물리학은 이런 연역적 방법을 거부한다.

현대물리학은 "존재하는 것은 실증된다. 실증되지 않는 존재는 역할이 없다는 뜻이어서 있으나 마나하므로 과학의 대상이 되지 않는다. 새로운 존재가 확인되면 수용하면 된다."라는 귀납적 방법에 기초한 과학철학을 갖고 있기 때문이다.

이것은 합리적이어서 지지를 받고 있지만, 연역적 방법에 기초한 새로운 이론들의 등장을 원천 봉쇄하고 있다. 여기에 밀려, 연역적 방법에 기초한 동양의 자연과학은 동력을 잃게 되었다. 그 결과, 현대물리학은 '중력, 전자기력, 강력, 약력'을 자연현상들을 지배하는 기본 힘들이라고 주장하고 있다.

그러나 이 4힘이 자연의 기본 원리에 기초한 기본 힘들이라는 것이 실험을 통해 입증된 일은 없다. 이 4힘이면 필요충분하다는 이론도 없다. 기본 힘들에 관한 다른 이론도 없다. 기본 힘들에 대한 정의도 없다. 이 4힘의 상호 작용에 관한 연구는 지지부진한 상태에 있다.

자연을 지배하는 기본 힘들은 '하나의 기본 원리'에 기초되어 있어야 한다. 하나의 기본 원리가 무엇인지를 알 수 없지만, 기본 원리가 2개 이상이면, 자연현상들의 결과는 하나가 아니고 다양하게 발생할 수 있어, 실험과 관찰은 매번 달라질 수 있어 의미가 없으므로, 자연과학은 존재할 가치가 없다. 자연과학이 존재하고 있고 계속 발전하고 있다는 것은 자연을 지배하는 기본 원리가 하나이기 때문이다. 그러므로 자연을 지배하는 기본 힘들은 하나의 기본 원리에 기초되어야 하고, 모든 이론들의 기초가 되어야 한다.

따라서 뉴턴의 역학과 현대물리학의 양자역학을 비롯하여 자연과학의 모든 분야에서, 실험 결과에 근거하여 이루어진 모든 이론들은 기본 힘들에 상호 연계되어야 한다. 그러나 기존의 기본 4힘은 이런 역할을 하지 못하고 있다. 하나의 기본 원리를 설명할 수 있는 기본 힘들을 찾아내기는 해야 되고, 그래서 자연에 존재하는 특이한 현상들을 모아놓고 기본 힘들이라고 주장하는 것이다. 그 동안은 유효성이 있어 활용되었지만, 이제는 한계에 도달한 상태다. 그러나 현대물리학은 기존의 기본 4힘에 잘못이 있다는 사실을 전혀 인식하지 못하고 있다. 귀납적 방법으로는 기존의 기본 4힘을 대체할 수 있는 새로운 기본 힘들에 관한 이론을 유추할 수 없기 때문이다.

그래서 기본 힘들을 귀납적으로 찾는 일은 실패했다고 보고 백지상태에서 시작할 필요가 있다. 지금은 자연과학의 발전과 더불어 자연에 대한 많은 정보들이 축적되어 있어서, 기존의 귀납적 방법에서 벗어나, 모든 자연현상들을 설명할 수 있는 새로운 기본 힘들을 연역적으로 유추해 볼 때가 되었다.

자연과학의 모든 이론들은 시스템 이론으로 귀결되므로, 어떤 방법으로든 얻을 수 있는 기본 힘들은 '시스템 이론의 순환법칙'을 지배하는 기본 4힘인 '공간의 확산력, 질량의 인력, 반공간의 폭발력, 에너지의 척력'이다. 이 기본 4힘이면, 모든 자연현상들을 설명하는 데 필요 충분하기 때문이다.

모든 자연현상들은 결과들이어서 원인이 될 수 없다. 결과를 일으키는 원인은, 하나의 기본 원리를 모르면, 여러 가지가 유추될 수 있다. 그래서 결과들에 기초하여 만든 이론으로 다른 상태의 원인을 설명하는 것은 자연을 지배하는 '하나의 기본 원리'와는 연관되지 않은 과학철학이어서 틀릴 수 있다.

예를 들면, "(+)물체와 (+)물체는 서로 밀고, 양성자들은 (+)물체들이다." 이것들은 언제나 확인되는 결과들이어서 사실이지만, 반드시 언제나 성립되는 것은 아니어서 진리는 아니다. 이것들에 기초하여 원자핵 속의 양성자들도 서로 밀고 있다고 주장하는 것은 확인된 결과가 아니므로 틀릴 수 있기 때문이다. 그러므로 원자핵 속에는 전자기력보다 더 강력한 힘인 '강력'이 있다고 유추하고, "강력은 양성자들이 근접하면 서로 밀고, 양성자들이 멀어지면 서로 끌어당기는 힘이다."라고 정의한 것은 사실이 아닐 수 있다.

과학철학은 가정에 기초되어 있어, 사실이 아닌 것을 사실이라고 할 수 있어, 틀릴 수 있다. 그러나 과학철학은 자연현상들이 발생하는 원인을 설명하고 이것을 활용하기 위해서 반드시 필요하다. 과학철학은 하위 과학철학들을 낳게 되고, 자연과학은 이것들을 활용하게 된다. 과학철학은 틀릴 수 있으므로, 상위 과학철학이 무너지면 하위 과학철학들도 함께 무너지게 되다. 그래서 자연과학은 새로운 과학철학이 등장하여 새로운 질서를 이루게 되어 혁명적으로 발전하게 된다.

문제는 시스템 이론의 순환법칙을 따라 증감하는 기본 4힘의 세기를 측정할 수 있는 올바른 방법이 없다는 것이다. 자연은 시스템 속 시스템이어서, 하나의 시스템 내부에서 여러 시스템들이 상호작용하고 있어, 기본 4힘을 분리시켜 하나씩 측정할 방법이 없기 때문이다. 그래서 자연현상들에 대한 이론들은 시스템 이론의 순환법칙을 주관하는 기본 4힘에 기초하고, 이론들을 생활에 응용하기 위해서는 측정이 가능한 힘들인 중력과 전자기력 등을 활용하는 것이 현실적이다.

자연과학에도 현실과 이상이 공존한다. 결과는 현실이고 원인은 알 수 없는 존재이어서 이상이므로, 현실에만 기초하여 문제들을 해결하기는 어렵다. 따라서 자연과학의 문제들도 현실에 기초한 분석과 이상에 기초한 분석을 다각적으로 검토하여 균형과 조화를 추구해야 보다 올바른 해석이 가능하다.

그러므로 자연과학은 현실에 기초한 귀납적 방법에 갇혀서는 전체를 볼 수 없으므로 이상에 기초한 연역적 방법을 도입하여 공존을 추구할 필요가 있다.

## 2. '량'들은 모든 자연현상들에 관여한다.

우주 공간은 아무것도 없는 절대공간일까, 그 무엇으로 가득 차 있는 상대공간일까? 빛을 비롯한 전자기파들이 갖고 있는 파동성을 설명하기 위하여 상대공간을 주장한 에테르 이론은 19세기에 등장하여, 20세기에 들어와 무참하게 무너지고, 가장 수치스러운 이론이란 오명을 뒤집어쓰기도 했다.

이후, 자연과학의 이론은 실증에 기초한 귀납적 방법이어야 한다는 과학철학이 힘을 얻게 되면서 연역적 방법은 과학계에서 퇴출되었다. 하지만, 에테르 이론은 20세기말부터 새로운 조명을 받게 되었고, 21세기에 들어와 에테르 이론과 연역적 방법은 재평가를 받게 되었다. '시스템 이론의 순환법칙'이 새로운 과학철학으로 등장하여 "우주 공간은 팽창한 기본 시스템들인 '량'들로 가득 차 있다."라는 새로운 과학철학을 등장시켰기 때문이다.

서구에서 연역적 방법의 에테르 이론이 사라지면서, 비슷한 시기에, 동양의 한국에서는 '이제마(李濟馬)'의 '사상의학'이 등장하여 연역적 방법의 맥을 이어갈 수 있게 되었다.

그 결과, 사상의학에 기초하여 '시스템 이론의 순환법칙'이 20세기말에 등장하게 되었고, 그래서 우주 공간은 '랑'들로 가득 차 있는 상대공간이 된다.

*

랑들은 우주 공간에 가득 차 있는 팽창한 기본 시스템들이다.
랑들은 모든 자연현상들에 관여하여 중요한 역할을 한다.
랑들은 외압을 받으면 수축되며 인력(+)이 증가한다.
랑들은 밀도가 증가하면 수축되어 인력(+)이 증가한다.
랑들은 인력(+)이 증가하면 서로 끌어당겨 수축된다.
랑들은 우주 공간에서 별들의 중력을 전달한다.
랑들은 수축과 팽창을 반복한다.
랑들은 수축할 때 오른손 자전, 팽창할 때 왼손 자전한다.
랑들은 자석에 자화되어 자기력선들을 이룬다.
랑들이 있어 빛은 수축과 팽창을 반복하므로 이중성이 있다.
랑들은 무한히 팽창할 수 있어 우주 공간에 가득 차 있다.
랑들은 기본 시스템들이므로 자연의 축소판들이다.

*

물체와 물체가 충돌하면, 두 물체 사이의 랑들은 수축되어 인력이 증가하여 두 물체와 결합한다. 두 물체의 원자들은 양성자들이 랑들과 결합하여 질량이 증가하여 중성자들로 전환되므로 폭발력이 증가한다. 그래서 충돌이 끝나 외부 압력이 사라지는 순간, 두 물체의 원자들은 상대적으로 내부 압력이 증가한 상태가 되어, 양쪽 원자들의 중성자들 중에서 가장 수축된 것들이 폭발하므로, 두 물체는 떨어지게 된다.

돌과 돌이 강하게 충돌하면, 사이의 랑들이 수축되며 원자들과 결합하게 되고, 랑들과 결합한 원자들의 양성자들은 질량이 증가하며 중성자들로 전환되고, 먼저 있던 중성자들은 더 수축되어 폭발력이 증가한다. 충돌이 끝나면 외압이 없어지므로, 폭발력이 증가한 중성자들은 내압이 증가한 상태여서 폭발하게 된다. 그래서 충돌한 돌들은 서로 붙지 않고 떨어지게 되고, 강하게 충돌할수록 중성자들의 폭발력이 커지므로, 갑자기 많은 중성자들이 한꺼번에 폭발하여, 많은 랑들이 방출되어, 돌의 일부가 쪼개지며, 방출된 랑들이 공기를 진동시키므로 소리가 난다. 딱딱한 돌일수록 원자들의 간격이 좁아 중성자들이 더 수축되어 폭발력이 강해져, 빠르게 진동하는 랑들이 방출되어 빛이 된다. 그러므로 물체가 작용에 대하여 반작용하는 현상은 물체의 고유한 특성이 아니고, 랑들이 작용에 대하여 작용하기 때문에 생긴다.

공간을 이동하는 물체는 랑들과 충돌하게 되고, 충돌한 랑들은 수축되어 인력이 증가하여 물체와 결합하므로, 물체는 이동 속도가 빠를수록 질량이 더 증가한다. 하지만, 정지하면 증가한 질량은 폭발하여 랑들이 되어 사라진다.

랑들의 존재를 부정할 수 있는 자연현상은 없다. 랑들이 있어서는 안 되는 자연현상들도 없다. 랑들의 존재를 부정할 수 있는 이론도 없다. 랑들은 순환법칙에 의해 필연적으로 유추되는 하위 개념이므로 순환법칙을 부정할 수 있는 이론에 의해서만 부정될 수 있다. 그러므로 순환법칙과 량들은 입증될 수 없어도 부정될 수 없는 진리다.

## * 우주 공간에 가득 찬 량들이 중력을 전달한다.

우주 공간의 량들은 팽창되어 있지만, 두 별 사이에 있는 량들은 두 별이 끌어당기는 합력에 의해, 두 별을 직선으로 잇는 중심선 쪽으로 이동하여 수축되어 인력이 증가하여 밀도가 증가한다. 그래서 두 별의 중력의 세기가 균형을 이룬 균형점에서는 량들이 양쪽으로 끌려, 사이에 상대적 진공이 생겨, 이곳으로 수축된 량들이 이동하여 폭발하여 척력이 생기므로, 두 별은 서로 밀게 된다. 동시에, 두 별 사이의 중심선으로 이동한 량들은 수축되어 인력이 증가하여, 보이지 않는 거대한 줄이 되어, 두 별을 끌어당기고 있다.

그래서 두 별은 근접하면 사이에 생긴 진공에서 폭발이 증가하여 척력이 증가하므로 서로 밀고, 멀어지면 폭발이 감소하므로, 수축되어 줄을 이룬 량들은 인력이 증가하여 두 별을 끌어당긴다. 그 결과, 중력이 큰 별이 작은 별을 끌어당겨 공전시키고 있다. 언젠가는 큰 별이 작은 별을 흡수하게 될 것이고, 큰 별이 먼저 폭발하여 흩어질 수도 있다.

# 3. 물질과 반물질은 공존한다.

물질과 반물질에 대한 기존의 개념을 바꿀 때가 되었다. 물질은 순환운동 과정에서 폭발력이 확산력보다 큰 상태의 시스템이고, 반물질은 확산력이 폭발력보다 큰 상태의 시스템이다. 그러므로 물질과 반물질은 하나의 시스템을 이루고 공존하며 상호 순환하고 있다.

그러나 하나의 시스템이 물질과 반물질로만 이루어진 것은 아니다. 수소 원자를 이루고 있는 하나의 양성자는 수많은 기본 시스템들이 결합하여 시스템 속 시스템을 이룬 복합 시스템이다. 그래서 하나의 양성자 속에는 '인력이 가장 증가한 양성 기본 시스템들', '폭발력이 가장 증가한 중성 기본 시스템들', '척력이 가장 증가한 반양성 기본 시스템들', '확산력이 가장 증가한 반중성 기본 시스템들'로 구성되어 있다. 이것들의 구성 비율은 양성자들이 순환 운동하는 과정에 주위에 있는 랑들과 결합하는 양에 차이가 생기므로 변화된다.

양성자는 인력이 가장 증가한 상태여서 주위의 랑들을 끌어당기고, 끌린 랑들은 수축되며 인력이 증가하여 서로 끌어당긴다. 이런 랑들과 결합한 양성자는 질량이 증가하며 수축되어 폭발력이 가장 증가한 상태인 중성자로 된다. 수축이 한계에 도달하면, 외압이 감소하므로 중성자는 상대적으로 내압이 증가하여 폭발한다. 폭발한 중성자는 팽창하여 척력이 가장 증가한 반양성자로 된다. 반양성자는 계속 팽창하여 확산력이 가장 증가한 반중성자로 된다. 반중성자는 외압을 받으면 수축되어 인력이 증가하며 랑들과 결합하여 양성자로 된다. 원자들이 끊임없이 진동하는 까닭은 기본 시스템들의 순환이 반복되기 때문이다.

순환운동 과정에서 '양성자, 중성자, 반양성자, 반중성자'는 서로 돌아가며 전환하므로 하나의 시스템을 이루고 공존한다. 그래서 이것들은 독립적으로 있기가 어렵다. 양성자와 중성자는 물질의 특성이 강하고, 반양성자와 반중성자는 반물질의 특성이 강하다.

수축후반기의 원자들은, 내부는 핵에 인력이 증가하여 있어 (+)성이고, 진동하며 작은 폭발들이 발생하여 전자들이 방출되므로 외부는 (−)성이어서, 물질의 특성이 강하다.

팽창후반기의 원자들은, 내부는 핵에 척력이 증가하여 있어 (−)성이고, 폭발이 연속적으로 발생하여 많은 전자들이 방출되며 주위 공간의 랑들과 충돌하여 서로 수축되어 인력이 증가하므로 외부는 (+)성이어서, 반물질의 특성이 강하다.

중성자들은 물질의 특성이 강하지만, 극도로 수축되어 폭발력이 매우 커진 상태이어서 폭발하여 반물질인 반양성자와 반중성자로 되었다가 물질인 양성자로 된다.

물질이 붕괴되어 생긴 빛과 열은 실체가 확인되므로 물질의 특성이 강하지만, 힘을 잃고 정지하면 팽창하여 우주 공간의 랑들로 되어 반물질이 된다.

우주 공간에 가득 차 있는 팽창한 기본 시스템들인 랑들은 확산력이 가장 증가한 상태여서 외압을 받으면 수축되며 인력이 증가하여 서로 끌어당겨 더 수축되므로 작용에 대하여 작용하는 특성이 있다. 물질은 작용에 대하여 반작용하므로, 우주 공간에 가득 차 있는 랑들은 반물질들이다.

물체들은 수축된 기본 시스템들의 결합체이어서, 인력이 증가하여 있어, 주위 공간의 랑들을 끌어당기고 있다. 그래서 물체는 내부의 원자들이 진동하고 있지만, 수축과 팽창이 균형을 이룬 상태여서, 원자들의 진동은 감지되기 어렵다. 딱딱한 물체들이 충돌하면, 물체들을 둘러싸고 있는 공간의 랑들이 수축되며 물체의 원자들 속 양성자들과 결합하여 폭발력이 증가한 중성자들이 생기고, 이것들은 외압이 사라지면 폭발하여 척력이 증가하므로, 충돌한 물체들은 결합하지 않고 떨어진다. 그러므로 물체가 갖고 있는 작용에 대하여 반작용하는 특성은 반물질인 랑들이 우주 공간에 가득 차 있기 때문에 발생한다. 그러므로 물질과 반물질은 독립된 존재들이 아니고, 하나의 시스템을 이루고 공존하며 상호 전환되는 대립쌍이다.

# 4. (+)와 (+)는 서로 끌어당긴다.

시스템 이론의 순환법칙에 의하면, (+)는 인력이므로 (+)와 (+)는 서로 끌어당기는 특성이 있다. 그런데 현실에서 (+)와 (+)는 서로 밀고 있다. 그 이유는 팽창한 기본 시스템들인 랑들이 공간에 가득 차 있기 때문이다.

(+)성 물체들은 인력이 척력보다 큰 상태이어서 주위의 랑들을 서로 끌어당긴다. 그래서 두 (+)성 물체가 근접하면 사이에 있는 랑들이 양쪽으로 끌려 중간에 진공이 형성된다. 이 진공으로 측면의 랑들이 이동하여 팽창하며 양쪽을 밀게 되고, 진공이 연속 형성되어 랑들이 연속 팽창하므로, 두 (+)성 물체는 서로 멀어지게 된다. 근접할수록 더 수축된 랑들이 진공에서 강하게 폭발하므로, 더 강하게 미는 현상이 발생한다.

그러나 두 (+)성 물체들은 매우 근접하면 서로 결합한다. 양쪽을 둘러싸고 있는 랑들은 수축되어 인력이 증가하여 주위의 랑들을 계속 끌어당기므로, 이것들과 결합한 원자들 속 양성자들의 일부가 척력과 인력이 같아져 중성자들로 전환되어 서로 미는 힘이 없어지고, 두 (+)성 물체들을 둘러싸고 있는 랑들은 인력이 증가하여 두 (+)물체를 함께 감싸고 압축하게 되기 때문이다. 그러나 (+)성 물체들은 원자핵 속처럼 근접한 상태가 아니면, 원자핵의 인력이 지구의 중력보다 약해, 랑들이 중력에 끌려 폭발하게 되므로, 결합되기 어렵다.

원자들 하나하나는 많은 랑들을 계속 끌어당기지만, 양성자들이 랑들과 결합하여 중성자들로 되고, 가장 수축된 중성자가 외압이 약해지는 순간 폭발하게 되어, 원자들은 대폭발하지 않고 균형을 이루어 끊임없이 진동한다.

금속 덩어리들은 고열을 받으면 용융되고, 식으면 단단하게 굳어진다. 열은 (+)성을 가진 수축후반기의 시스템들이어서 인력이 강해 원자들과 잘 결합한다. 열이 금속원자들 사이에 끼어들면, 원자들의 양성자들은 열과 결합하며 압축되어 중성자들로 되므로 폭발력이 증가한다. 그래서 고온의 금속원자들은 내부에서는 폭발이 증가하여 척력이 증가하며 팽창하므로 서로 밀고, 외부에서는 증가한 열로 인해 인력이 증가하여 서로 끌어당기므로, 금속은 용융상태가 된다. 식으면, 표면에서 열이 방출되어, 금속원자들은 외압이 감소하여 중성자들의 폭발이 증가하여 양성자들이 증가하므로 인력이 증가한다. 동시에, 중성자들이 폭발할 때 랑들이 방출되므로 원자들 사이에 진공이 형성된다. 그래서 인력이 증가한 금속원자들은 서로 강하게 끌어당기고 사이에 생긴 진공으로 인해 간격이 좁아져 단단한 결합을 이루게 된다. 이것이 금속결합이다.

금속이 빨갛게 달구어졌을 때 망치로 강하게 두들기면, 원자들이 압축되어 중성자들이 많이 생겨 폭발하여 양성자들이 증가하고, 원자들 사이에 있던 랑들이 많이 방출된다. 그래서 금속원자들은 간격이 좁아지고 양성자들이 증가하여 끌어당기므로 강하게 결합하게 된다. 이 상태에서 갑자기 식게 되면, 금속은 내부의 열들이 갑자기 많이 방출되어, 원자들 사이에 진공이 형성되어, 원자들이 더 근접하여 식게 되므로 강하고 질긴 특성이 생기게 된다.

태양이 강력한 중력을 갖고 있다는 것은 내부의 원자들이 양성자들을 많이 갖고 있다는 뜻이다. 양성자들은 주위의 랑들을 끌어당겨 질량이 증가하고, 랑들은 수축되어 인력이 증가하므로, 이 증가한 인력으로 인해 양성자들이 압축되어 일부가 중성자로 전환되고, 양성자들과 중성자들이 융합하여 새로운 원소들이 생성된다.

지구의 표면에서, 원자의 양성자들은 주위의 (+)성인 랑들을 끌어당기므로, 증가한 (+)성 랑들은 수축되어 인력이 증가하여 서로 끌어당기며 양성자들을 압축시킨다. 압축된 양성자들은 질량이 증가하며 수축되어, 일부가 중성자들로 된다. 중성자는 양성자보다 폭발력이 증가한 상태이지만 인력과 척력이 같아진 상태이어서 랑들을 끌어당기는 힘이 약해진다. 그래서 원자들은 중성자가 증가하면 랑들을 끌어당기는 힘이 감소하여, 주위의 다른 원자들이 끌어당기는 힘에 의해 외압이 감소하게 되므로, 폭발력이 가장 증가한 중성자가 폭발하게 된다. 그래서 원자는 전자가 방출되면 팽창하게 되고, 폭발한 중성자는 양성자로 된다. 팽창이 한계에 도달한 원자는 내부에서 방출된 랑들과 외부의 랑들이 충돌하며 수축되어 외곽에 벽이 형성되어 있어, 벽을 형성한 수축된 랑들이 폭발하여 원자 내부로 이동하게 된다. 이 랑들을 핵의 양성자들이 끌어당겨 결합하여 중성자들로 된다. 원자는 중성자들이 증가하여 폭발력이 증가하므로 다시 폭발하게 된다. 이와 같이 양성자가 랑들을 끌어당겨 결합하며 수축되어 중성자로 되고 중성자가 폭발하며 팽창하여 양성자로 되므로, 원자들은 수축과 팽창을 반복하는 순환운동을 한다. 이것이 원자들의 진동이다.

원자핵 속의 중성자들은 각각 주위를 둘러싸고 있는 (+)성 랑들이 서로 끌어당기는 인력에 의해 수축되어 크기가 작고 매우 견고하지만, 폭발력이 증가하여 있어, 붕괴되기 쉬운 상태에 있다. 그래서 원자핵 밖으로 나온 중성자들은 16분 정도 지나면 폭발한다. 그러나 원자들은 핵 속의 양성자들이 주위의 랑들을 끌어당기고 있고, 중성자들은 수축된 정도가 서로 다른 상태이어서 많이 수축된 것부터 순차적으로 폭발하므로, 원자들은 일반적으로 안정된 상태에서 진동하고 있다.

# 5. 원자들은 극도로 수축되면 자화된다.

자석은 자기력을 갖고 있고, 자기력은 큐리 온도 이상으로 가열되면 사라진다.

자기력이 생기는 까닭은 금속원자들이 자화되어 서로 다른 극끼리 연결되어 직선을 이루고 진동하기 때문이다. 원자들은 수축되어 폭발력최대점에 근접하면, 더 수축되기 위하여, 공간의 량들을 흡수하는 쪽과 내부의 량들을 방출하는 쪽이 핵 내부에서 스스로 형성되어 자화된다. 자화된 원자들이 자기 결합하여 일렬로 연결되면, 무질서에서 질서가 생겨, 흡수하는 쪽은 S극이 되고 방출하는 쪽은 N이 되어 자석이 된다.

자석이 고온에서 자기력을 잃는 까닭은 질서를 이루고 자기 결합되어 있던 금속원자들이 유동성이 생겨 흩어져 무질서한 상태로 되기 때문이다. 고온에서 자기력을 잃은 자석을 자기장에서 천천히 식히면, 자기력선들에 의해 금속 원자들이 폭발력최대점에서 자기 결합한 상태에서 식으므로, 자기력이 생긴다. 원자들의 자기력은 순환과정에 생기지만, 원자들이 일렬로 질서 있게 결합하여 진동하면 자기력이 나타나고, 결합이 무질서해지면 안 나타난다.

모든 폭발에는 랑들의 이동이 발생한다. 그러므로 자기장의 자기력선들은 원자핵 속에서 폭발하여 이동하는 랑들이 공간의 랑들을 압축하여 자화시켜 자기 결합하여 선을 이루고 있는 것이다. 랑들은 질량과 에너지가 너무 작아 확인되지 않을 뿐이다.

자기력선들의 랑들은 자전하며 이동한다. 자전하여 이동하는 랑들은 같은 극끼리 마주하면 자전 방향이 반대이어서 서로 충돌하며 폭발하여 서로 밀고, 다른 극끼리 마주하면 자전 방향이 같아 충돌이 없이 밀도가 증가하여 수축되어 인력이 생겨 서로 끌어당긴다.

원자들은 일반적으로 무질서한 상태에서 진동하지만, 별들의 중심부처럼 원자들이 극도로 수축되면, 퀴리 온도 이상의 고온이어도, 고압 상태이어서, 원자들은 극도로 압축되어 랑들을 흡수하는 쪽과 방출하는 쪽이 형성되어 자화되어, 자기 결합하여 나란히 연결되어 줄을 이루어 진동하게 된다. 자화된 원자들은 줄을 이루어 진동하며 자전한다. 자화된 원자들은 팽창할 때 방출되는 랑들이 공간의 랑들과 충돌하여, 랑들이 서로 수축되어 인력이 증가하므로, 주위에 있는 자화된 원자들을 끌어당겨 같은 방향으로 연결하여 진동하게 된다. 하나의 줄 옆에 연이어 줄들이 생겨 교대로 수축과 팽창을 반복하게 되므로 자기력이 증가하게 된다. 그래서 별들의 중심에는 거대한 자석이 형성된다.

원자들은 수축할 때는 오른손 자전하고 팽창할 때는 왼손 자전한다. 그래서 자화된 원자들이 자기 결합하여 직선을 이루게 되면, 앞뒤 사이가 좁아지고, 줄들은 서로 교대로 수축과 팽창을 반복하게 되므로, 무질서하게 엉켜있던 때보다 측면의 사이가 좁아지게 된다. 그러므로 자화는 원자들이 더 수축되기 위하여 서로의 간격을 줄여 새로운 질서를 이루는 현상이다.

이렇게 금속원자들이 자기 결합하여 줄들을 이루어 진동하는 것이 자석이다. 자석들은 아무리 작아도 N극과 S극이 있다. N극과 S극은 분리될 수 없는 대립쌍이기 때문이다. S극은 주위의 랑들을 시스템 안으로 끌어당기고, N극은 랑들을 시스템 밖으로 방출한다. 그러므로 랑들을 끌어당기는 S극만 있는 시스템은 있을 수 없고, 랑들을 방출하는 N극만 있는 시스템은 있을 수 없다. 하나의 시스템 속 대립쌍은 수축과 팽창을 반복하는 분리될 수 없는 공존체다.

# 6. 우주 공간의 '량'들이 '암흑 물질'이다.

미국의 천문학자 베라 루빈(Vera Rubin)은 나선 은하의 중심에서 멀리 떨어진 바깥쪽 항성들이 안쪽 항성들과 비슷한 속도로 공전하고 있다는 사실을 1970년대에 발견했다. 이것은 암흑 물질의 존재를 입증한 역사적인 발견이다.

태양계에서는 안쪽에 있는 행성일수록 더 빠른 속도로 공전하므로, 은하계에서도 안쪽에 있는 항성일수록 더 빠를 속도로 공전할 것으로 예상된다. 그런데 그렇지 않고 비슷한 까닭은 무엇일까?

천문학자들은 이것을 설명하기 위해서는 지금까지 우주에서 밝혀진 모든 물질을 합한 것보다 양이 훨씬 더 많은 물질이 은하계의 중심과 외곽에 분포되어 있어야 한다는 결론에 이르게 되었다. 이 물질은 힘이 있으므로 질량이 있지만, 빛과 충돌하여 빛을 반사하거나 스스로 빛을 발산하지 않아 실체가 확인되지 않고 있다. 그래서 천문학자들은 이 물질을 암흑 물질(dark matter)이라고 부른다. 암흑 물질의 존재는 부정될 수 없는 사실로 되었지만, 암흑 물질이 어떤 특성을 갖고 어떤 형태로 어디에 있는지를 밝히는 정론은 아직 없다.

시스템 이론의 순환법칙에 의하면, 우주 공간에 가득 차 있는 팽창한 기본 시스템인 '랑'들이 암흑 물질이다. 은하계의 중심에서 핵을 이루고 있는 원자들은 초기에는 인력이 강해 서로 끌어당겨 수축되어, 중성자들이 점점 증가하여, 거대한 중성자성을 이루고 있다. 중성자성은 질량이 매우 증가하여 있지만, 폭발력최대점에 근접해 있어, 증가하던 인력이 차츰 감소하여 척력과 같아져, 두 힘이 균형을 이루고 있어, 주위의 랑들을 끌어당기는 힘이 거의 없고, 극도로 수축된 상태이어서 자기력이 매우 증가하여 있다.

별들은 자신을 둘러싸고 있는 자기력선들이 팽창할 때 좌회전하며 미는 힘에 의해 자전한다. 그래서 은하계의 핵인 중성자성은 자기력이 강해 자전 속도가 매우 빠른 상태에 있지만, 인력과 척력이 같아, 주위의 랑들을 끌어당기는 힘이 약해, 주위의 랑들을 빨리 회전시키지 못하므로, 주위 항성들을 빠르게 공전시키지 못하고 있다.

은하계 속의 랑들은 중심에 있는 중성자성에 가까울수록 밀도가 높아 더 수축되어 인력이 증가한 상태이므로, 이곳을 이동하는 항성들은 랑들의 인력에 끌려 속도가 줄게 된다. 그래서 중심에 가까운 곳의 항성들은 랑들의 인력에 끌려 이동 속도가 감소하여 공전 속도가 처음보다 느려지게 되었다.

빛이 이동하는 힘을 잃어 정지하면, 빛은 기본 시스템들의 결합체이므로, 빛의 기본 시스템들은 팽창하여 랑들로 된다. 랑들은 이론적으로 무한히 커질 수 있으므로, 공간의 확산력에 의해 무한히 팽창할 수 있다. 그래서 팽창한 랑들이 우주 공간에 확산되어 가득 차 있다. 또, 랑들은 모든 원자들의 핵을 둘러싸고 있어 모든 물체와 더불어 공존한다. 그래서 랑들은 모든 자연현상들에 필연적으로 관여하여 중요한 역할을 한다. 따라서 랑들과 무관한 자연현상은 있을 수 없다. 그래서 자연현상들을 설명하기 위해서는 랑들의 특성을 알아야 한다.

랑들은 우주 공간에 가득 차 있지만, 어떤 전자기파와 충돌해도 반응이 약해 검증이 어렵고, 인위적으로 만든 어떤 차단막도 통과하므로, 진공 속에도 가득 차 있어 따로 분리되지 않으므로 확인되지 않는다.

"검증되지 않는 존재들은 아무 역할도 하지 않는다는 뜻이어서, 물리학적으로는 있으나마나하므로, 물리학의 대상이 될 수 없다."란 주장은 검증하는 기술에 한계가 있다는 사실을 간과하고 있다.

랑들은 검증되지 않지만, 모든 자연현상들에 관여하여 중요한 역할을 하고 있어, 랑들의 역할을 인정하면, 모든 자연현상들이 상호 연계되어 설명된다. 그래서 랑들의 존재는 입증되지 않지만 부정될 수 없는 진리다.

# 7. 팽창은 왼손 자전, 수축은 오른손 자전

기본 시스템들은 수축할 때 오른손 자전하고, 팽창할 때 왼손 자전한다. 수축할 때의 오른손 자전은 수축 속도가 빠르고 안으로 향하므로 외부에 영향을 주지 않는다. 팽창할 때의 왼손 자전은 팽창 속도가 빠르고 밖으로 향하므로 외부에 영향을 주게 되어 모든 자연현상들에서 중요한 역할을 한다.

주먹을 살짝 쥐고 엄지를 곧게 뻗쳤을 때, 엄지는 기본 시스템들의 이동 방향이고, 나머지 손가락들은 기본 시스템들의 자전 방향이다. 모든 시스템들은 기본 시스템들의 결합체이므로, 기본 시스템들처럼 팽창할 때 왼손 자전하고 수축할 때 오른손 자전한다.

모든 시스템들은 자전한다. 하나의 시스템은 수축되어 폭발력최대점에 근접하면 자화되어 자기력이 발생하므로, N극에서 방출되어 S극으로 향하는 자기력선들이 형성되어, 이 자기력선들이 시스템의 핵을 둘러싸게 되고, 이 자기력선들이 팽창할 때 외손 자전하는 방향으로 시스템의 핵을 밀기 때문에 핵이 자전한다.

기본 시스템들이 팽창할 때 왼손 자전하는 현상은 자기장에서 전기를 발생시키는 장치에서 확인된다. 자기장을 이동하는 전선이 자기력선들에 수직으로 충돌하면, 자기력선들의 랑들이 팽창하며 왼손 자전하는 방향으로 전선에 충돌하여 전선 속 원자들의 전자들을 밀게 되므로, 전자들이 전선을 따라 이동하게 되어 전기가 발생한다. 전선의 이동 방향이 반대가 되면 전자의 흐름이 반대방향으로 바뀌는 현상은 자기력선들의 랑들이 일정 방향으로 자전하기 때문이다.

자기력선들은 한 방향으로 정렬되어 있으며 서로 맞닿아 있어 하나가 팽창하면 옆의 것은 수축한다. 그래서 자기력선들은 전체가 하나 건너 교대로 반은 팽창하고 반은 수축한다. 팽창하는 자기력선이 왼손 자전하며 옆에 있는 자기력선을 밀므로, 옆의 자기력선은 수축하며 오른손 자전하게 되고, 서로 교대로 수축과 팽창을 반복하므로 왼손 자전과 오른손 자전을 반복한다. 팽창할 때의 외손 자전만 외부에 영향을 주므로, 별들은 주위를 둘러싼 자기력선들이 왼손 자전하며 미는 방향으로 자전한다.

모든 시스템들은 팽창할 때와 수축할 때에 서로 다른 방향으로 자전하므로, 팽창하는 것이 수축하는 것을 돕는 상태이어서, 서로 충돌이 이루어지지 않아, 에너지의 손실이 없어, 팽창과 수축이 공존하며 반복될 수 있다. 현재의 반대로, 팽창할 때 오른손 자전하고 수축할 때 왼손 자전한다면, 모든 순환운동 과정은 지금의 반대이어도, 결과는 동일할 것이다.

# 8. 미시세계의 대폭발, 보스노바(bosenova)

2000년에 JILA 연구팀은 루비듐 동위원소의 기체 입자들을 절대온도에 근접하게 냉각시켜 얻은 보스-아인슈타인 응집물(BEC)에 강한 자기장을 접근시켰을 때 BEC가 응축되었다가 폭발하는 현상을 발견했다.

보스노바(bosenova)로 명명된 이 현상은 응집되었던 루비듐 기체 원자들의 반 정도가 흔적을 찾을 수 없게 사라진 사건이어서 전혀 예상하지 못했던 일이라 관심이 집중되었다. 사라진 루비듐 원자들의 흔적을 현재의 기술로 확인할 수 없다는 것은 루비듐 원자핵들이 폭발하여 빛과 열로 전환되어 밀폐된 벽을 통과하여 외부로 방출되었다는 뜻이다.

어떻게 소량의 원자들에서 원자핵이 붕괴되어, 질량이 에너지로 전환되는 폭발 현상이 발생할 수 있을까?

시스템 이론의 순환법칙에 의하면, BEC 상태의 루비듐 원자들은 극저온으로 냉각되는 과정에 랑들을 많이 방출하여 폭발력이 극도로 약해지고 확산력이 가장 증가하고 척력과 인력이 비슷한 확산력최대점의 반중성 상태에 있다. 그래서 원자들은 서로 충돌하며 인력이 증가하여 응집되어 있지만, 극저온 상태가 유지되어, 량들을 계속 빼앗기고 있어 폭발이 발생하고 있어 더 결합하지 않고 기체 상태에 있다.

그래서 자기장이 접근하여 밀게 된면, BEC 전체가 수축되며 인력이 증가하여, BEC 기체 입자들이 수축되며 결합하여 중성자들이 증가하여 폭발력이 증가하였다가, 자기장이 사라지면, 가장 수축된 중성자들이 먼저 폭발하며 주위에 있는 덜 수축된 중성자들을 강하게 압축시켜, 압축된 루비듐 원자들은 폭발력이 커진 중성자들이 증가하여 강하게 폭발하게 된다. 연쇄반응으로, 일부 루비듐 원자들의 핵이 붕괴되어, 질량이 빛과 열로 전환되어 벽을 통과해 밖으로 사라진 것이다.

미시세계에서 소량의 기체 입자들이 폭발한다는 것은 기존의 과학 상식으로는 이해하기 어려운 현상이다. 이것은 폭발이 질량의 크기와 관련이 없다는 뜻이다.

질량이 매우 커지고 극도로 수축되어 한계에 도달하면 폭발이 저절로 발생하는 것은 아니다. 중성자성은 계속 수축되어 폭발력이 계속 증가해도 스스로 폭발하지 않는다. 중성자성을 둘러싸고 있는 량들은 계속 수축되며 인력이 증가하여 주위의 다른 량들을 계속 끌어당기고 있어, 전체적으로는 인력이 척력보다 큰 상태가 유지되고 있기 때문이다. 그러므로 외부에 새로 생긴, 인력이 증가하는 젊은 별이 중성자성의 주위를 둘러싸고 있는 랑들을 끌어당기면, 중성자성은 상대적으로 폭발력이 증가하여 전체적으로 척력이 인력 보다 더 커져 폭발한다. 그래서 모든 시스템들은 외부의 영향이 없으면, 스스로 폭발할 수 없다. 내부적으로는, 중성자들이 계속 폭발하고 있지만, 랑들의 외부 공급이 감소한 상태이어서, 폭발로 인해 증가한 양성자들은 랑들을 충분히 끌어당기지 못해 중성자들로 전환되는 속도가 느려서 인력이 감소하지 않아, 전체적으로는 척력이 인력보다 커지지 않기 때문이다.

그러므로 폭발은 환경의 지배를 받는다. 질량이 일정량으로 축적되어야 폭발하는 것이 아니므로 폭발은 상대적이다.

극소량으로 이루어진 기체 원자들의 BEC는 폭발력이 제일 약해진 상태이지만 외압을 받으면 수축되어 인력이 증가하며 서로 결합하여 전체가 극도로 수축되었다가 외압이 사라지면 연쇄반응이 발생하여 폭발한다.

BEC 상태의 기체 원자들이 스스로 폭발하지 않는 이유는 절대온도에 근접한 낮은 온도로 냉각되어 있어, 냉각되면서 중성자들은 랑들을 열로 많이 빼앗겨 상대적으로 내압이 증가하여 쉽게 폭발하였지만, 폭발하여 생긴 양성자들은 랑들이 부족해 폭발력이 약한 중성자들로 되었기 때문이다. 그러나 외부에서 압축시키면, 확산력최대점의 반중성자들은 서로 결합하여 중성자들로 전환되어 폭발하게 된다.

온도를 올리면, 량들이 증가하여, 양성자들이 량들과 결합하여 중성자들이 증가하지만, 처음 상태로 되어, BEC 상태의 기체 원자들은 독립적으로 활동하게 되므로 폭발하지 않는다.

보스노바(bosenova)와 초신성(supernova)은 폭발이란 공통성이 있지만 원인은 정반대다.

보스노바는 원자들이 열을 빼앗겨 량들이 감소하여 극도로 팽창하여 확산력최대점의 반중성자들이 증가한 상태에서, 외부 압력에 의해, 반중성자들이 수축되며 인력이 증가하여, 량들이 감소한 상태라 저항이 적어, 서로 강하게 빨리 결합하여 양성자들로 되었다 중성자들로 되어 폭발하는 현상이다.

초신성은 중성자성의 원자들이 극도로 수축되어 폭발력최대점의 중성자들이 증가한 상태에서, 외부에서 끌어당기는 힘에 의해, 중성자들이 폭발하여 발생한다.

원자탄은 밀폐된 용기에서 폭약을 폭발시켜 우라늄 원자들이나 플루토늄 원자들을 폭발력최대점으로 압축시키고, 용기가 깨어지는 순간, 압축된 원자들의 중성자들이 팽창하며 연쇄적으로 폭발하여, 많은 에너지를 방출한다.

이와 같이 외부의 자극이 있어야 폭발이 일어나는 현상은 자연과학에서만 있는 것이 아니다. 인간사회조직들에서도 동일한 현상들이 발생하고 있다. 그러므로 하나의 시스템이 붕괴되는 현상은 내부의 인력이 감소하면서, 외부의 인력에 끌려 상대적으로 내부의 폭발력이 증가하기 때문에 발생한다.

# 제2장

# 현대의학, 시스템 힐링

밥이 보약이다.

운동이 보약이다.

사랑이 보약이다.

잠이 보약이다.

# 1. 체질론

## 1) 인체는 정신과 육체의 공존체다.

과학은 우주가 무한히 큰 이유를 알 수 없다.

과학은 생명체가 진화하는 이유를 알 수 없다.

과학은 우리가 존재하는 이유를 알 수 없다.

과학은 1초 앞도 예측할 수 없다.

과학은 무한히 거대한 우주가 존재하는 이유를 알 수 없고, 우리가 자신의 의지와 관계없이 존재하게 된 이유를 설명할 수 없고, 생명체가 진화하는 이유를 설명할 수 없다.

우리가 빛을 통해 보고 있는 하늘의 모든 정보들은 빛의 속도로 날아오고 있는 과거의 것들이다. 수분, 수년, 수만 년 전에 발생한 현상들이 동시에 밀려고 있다. 그래서 빛을 통해 확인할 수 있는 하늘에 관한 모든 정보들은 과거의 것들이어서, 1초 뒤에, 지구를 날려버릴 수 있는 거대한 빛의 폭풍이 날아오고 있어도, 과학은 이것을 예측할 능력이 없다.

과학은 이렇게 무능하지만 생활에 편리한 것들을 만들어내고 있어 득세하고 있다. 기세가 오른 과학은 검증된 사실들만을 취급한다고 주장하며, 증명되지 않는 것들의 수용을 거부

한다. 그러나 과학의 민낯은 다르다. 과학을 지탱하는 바닥에는 증명되지 않는 가정에 기초한 과학철학들이 깔려 있다. 자연과학의 이론들은 실험 결과들에 기초되어 있어도, 그 바탕에는 과학철학들이 깔려 있어, 새로운 과학철학이 등장하여 기존의 과학철학에 잘못이 밝혀지면 함께 무너지게 된다.

현대과학을 지배하고 있는 대표적인 잘못된 과학철학은 자연을 지배하는 기본 힘들이다. 기본 힘들은 모든 자연현상들을 지배하므로, 자연현상들이 발생하는 원인들을 모두 설명할 수 있어야 한다. 그러나 현대물리학이 주장하는 기본 힘들인 '중력, 전자기력, 강한 상호작용(강력), 약한 상호작용(약력)'으로는 설명할 수 없는 자연현상들이 많이 발견되고 있다. 현대물리학은 이 4힘이 자연을 지배하는 기본 힘들이라는 것을 입증할 수 있는 증거나 이론이 없다. 이것들은 이 4힘이 기본 힘들이 아닐 수도 있다는 뜻이다.

새로운 과학철학인 시스템 이론의 순환법칙이 주장하는 기본 4힘도 증명되지 않았다. 그러나 이 기본 4힘은 모든 자연현상들을 설명할 수 있으므로 필요충분조건을 갖추고 있다. 모든 시스템들은 동질성을 갖고 있으므로, 이 기본 4힘은 의학에도 적용될 수 있어, 시스템 이론의 순환법칙은 '체질론'을 제안한다. 현대의학은 부분에만 집착하고 있어, 나무만 보고 숲을 보지 못하고 있어, 숲을 보기 위해, 전체의 균형과 조화를 추구하는 체질론이 필요하다.

시스템 이론의 순환법칙에 의하면, 모든 물체들 하나하나는 하나의 시스템을 형성하고 있고, 모든 생명체들 하나하나도 하나의 시스템을 형성하고 있다. 그러나 물체와 생명체는 명확한 차이가 있다. 물체는 물질의 시스템으로 이루어져 있고, 생명체는 물질의 시스템과 생명의 시스템이 결합되어 있기 때문이다.

육체는 물질의 시스템이고, 정신은 생명의 시스템이다. 그래서 인체는 육체와 정신이 공존하는 복합 시스템이므로, 죽음은 육체와 정신이 분리되는 현상이다. 육체와 정신이 분리될 때, 육체는 실체가 있지만, 정신은 실체가 확인되지 않는다. 자연에 있던 것이 없어지거나 없던 것이 생기는 현상은 없다. 있는 것은 있는 것이고 없는 것은 없는 것이다. 그래서 정신은 있던 존재이어서 소멸될 수 없으므로 우리의 능력으로는 인지할 수 없는 어떤 형태로 자연에 존재할 것이다.

그래서 시스템 이론의 순환법칙은 "인체는 육체의 기본 4힘과 정신의 기본 4힘이 공존하는 하나의 복합 시스템이다." 라고 주장한다. 그러므로 "인체의 모든 생명 활동은 육체가 갖고 있는 기본 4힘과 정신이 갖고 있는 기본 4힘이 상호 작용하여 이루어진다."라는 정의가 가능하다.

육체는 실체가 확인되므로, 육체를 지배하는 기본 4힘은 인체가 갖고 있는 육체적 특성들 중에 나타나 있을 것이다.

정신은 실체가 확인되지 않지만, 정신의 기본 4힘은 사람의 성격과 관계가 있을 것이다. 정신의 기본 4힘은 육체의 기본 4힘이 환경에 잘 적응하게 돕는 역할을 할 것이므로, 현재의 건강 상태를 이루는데 어떤 역할을 했을 것이다.

육체의 기본 4힘과 정신의 기본 4힘이 각각 갖고 있는 특성들은 부모로부터 유전된 것이어서 평생 변하지 않는 특성이 있고, 이것들은 상호 보완적으로 작용한다.

유전되는 과정에 육체와 정신이 결합하여 고정된 체질이 형성되었다면, 정신이 육체를 통제하는 기능이 없어, 인간은 환경에 적응하기 어려워 도태되었을 것이다. 육체와 정신은 환경의 영향을 받게 되고, 육체에 문제가 발생하면 정신이 작용하여 해결을 추구하고, 정신에 문제가 발생하면 육체가 작용하여 무리하지 않게 신호를 보내 균형과 조화를 추구한다. 균형은 육체의 기본 4힘이 상호 작용하여 적합하게 조절하는 것이고, 조화는 정신의 기본 4힘이 상호 작용하여 적합하게 조절하는 것이다. 그러므로 균형과 조화를 추구하는 이유는 주어진 환경에 잘 적응해야 생존이 가능하기 때문이다. 육체와 정신은 통일된 하나가 아니고 상호 보완적인 관계가 있어, 환경에 잘 적응하기 위해 상호 협력하는 것이다.

정신에는 유전된 선천성과 학습된 후천성이 있어, 선천성은 급할 때 본능적으로 작용하고, 후천성은 사유를 통해 작용한다고 정의할 수 있다.

## 2) 기본 4힘에 기초한 기본 체질

모든 환경에 다 잘 적응할 수 있는 체질은 없다. 모든 환경에 잘 적응하려면 기본 4힘이 모두 강력해야 되고 이렇게 되면 특성이 없어지므로, 이런 생명체들은 한쪽으로 많이 기울어진 환경에서는 적응이 어려워 이미 전멸되었을 것이다.

환경에도 기본 4힘이 있어, 각각의 환경에 잘 적응할 수 있는 체질이 있으면, 적어도 4분의 1은 살아남을 수 있으므로, 전멸이란 최악의 상황을 피할 수 있다. 그러므로 체질은 종족보존을 위한 방법이다. 그래서 체질마다 잘 적응할 수 있는 환경이 있으므로, 체질에는 우열이 없다.

육체의 기본 4힘이 환경의 영향을 받아 균형에 문제가 생기면, 정신의 기본 4힘이 작용하여 조화를 추구하여 문제를 해결하게 된다. 하지만, 정신에는 선천적 특성과 후천적 특성이 있어 긴급한 상황에서는 선천성이 작용하기 쉽고, 여유가 있을 때는 사유를 통해 해결책을 찾게 되어 후천성이 작용할 수 있다. 그래서 다양한 결과가 나오게 되고, 그 결과가 항상성들에 변화를 주게 된다.

인체는 항상성들을 일정하게 자동적으로 유지하는 완충작용이 있지만, 한계가 있어, 불균형 상태가 오래 지속되면, 위급을 알리는 여러 가지 신호들이 나타나게 되고, 더 심해지면 병이 발생하게 된다. 신호들은 외부적으로 항상성에 변화가 없어도 내부적으로 항상성을 유지하기 어려워 지친 상태에 있다는 뜻이다. 그래서 꼭 필요한 것이 소량 공급되어도 효과가 빨리 나타나 신호들이 없어질 수 있으므로, 체질론은 꼭 필요한 것을 찾는 도구가 될 수 있다.

시스템 이론의 순환법칙에 의하면, 인체는 갖고 있는 기본 4힘 중에서 세기가 제일 큰 기본 힘에 기초하여, 육체와 정신은 각각 다음의 기본 4체질로 분류될 수 있다.

확산력체질 : 확산력이 제일 크고, 폭발력이 제일 작다.
인력체질 : 인력이 제일 크고, 척력이 제일 작다.
폭발력체질 : 폭발력이 제일 크고, 확산력이 제일 작다.
척력체질 : 척력이 제일 크고, 인력이 제일 작다.

사람은 육체의 기본 4체질과 정신의 기본 4체질이 상호작용하므로, 16개의 기본 체질로 분류될 수 있다. 여기에 정신이 경험으로 얻은 후천성이 작용하므로, 현재 상태를 분석하여 유전된 기본 체질들을 찾기는 어렵다. 더구나 기본 4체질은 기본 8체질로 분류될 수 있어, 체질은 더 복잡해진다.

육체와 정신이 각각 갖고 있는 기본 4체질은 각각의 기본 4힘 중에서 제일 큰 기본 힘과 제일 작은 기본 힘의 사이에 있는 두 기본 힘의 세기에 차이가 있다. 그래서 두 힘 중 어느 힘이 더 강하느냐에 따라, 기본 8체질로 분류된다. 이것들이 갖고 있는 기본 힘들의 세기 순서는 다음과 같다.

확산력척력체질 : 확산력, 척력, 인력, 폭발력
확산력인력체질 :확산력, 인력, 척력, 폭발력
인력확산력체질 : 인력, 확산력, 폭발력, 척력
인력폭발력체질: 인력, 폭발력, 확산력, 척력
폭발력인력체질 : 폭발력, 인력, 척력, 확산력
폭발력척력체질 : 폭발력, 척력, 인력, 확산력
척력폭발력체질 : 척력, 폭발력, 확산력, 인력
척력확산력체질 : 척력, 확산력, 폭발력, 인력

모든 시스템들은 동질성을 갖고 있으므로, 인체를 지배하는 기본 4힘과 원자들을 지배하는 기본 4힘은 동질성을 갖고 있다. 그러므로 인체의 기본 8체질이 갖고 있는 특성은 단주기율표의 8족이 갖고 있는 특성과 같다고 정의할 수 있다.

단주기율표의 8족은 각각 명확하게 구분이 되므로, 인체의 기본 8체질도 명확하게 구분될 것이다. 따라서 인체의 기본 8체질과 단주기율표의 8족은 기본 4힘의 세기가 한 쌍 또는 두 쌍이 같은 때를 기준으로 하여 다음과 같이 분류될 수 있다.

확산력체질(8족 원소) : 확산력 〉 폭발력, 척력 = 인력.

확산력인력체질(1족 원소) : 확산력 = 인력, 척력 = 폭발력.

인력체질(2족 원소) : 인력 〉 척력, 확산력 = 폭발력.

인력폭발력체질(3족 원소) : 인력 =폭발력, 확산력 = 척력.

폭발력체질(4족 원소) : 폭발력 〉 확산력, 인력 = 척력.

폭발력척력체질(5족 원소) : 폭발력 = 척력, 인력 = 확산력.

척력체질(6족 원소) : 척력 〉 인력, 폭발력 = 확산력.

척력확산력체질(7족 원소) : 척력 = 확산력, 폭발력 = 인력.

그러므로 시스템 이론의 순환법칙은 이 분류를 '인체의 기본 8체질'이라 정의한다. 원소들에 동위원소들이 있듯이, 인체의 기본 8체질에도 기본 4힘의 세기가 조금씩 다른 체질들이 있다. 기본 8체질이 각각 갖고 있는 기본 4힘의 세기의 순서가 유지되는 범위 안에서, 기본 4힘이 환경에 따라 증감할 수 있기 때문이다.

육체의 기본 8체질과 정신의 기본 8체질이 상호 작용하므로 64개의 기본 체질이 있을 수 있고, 정신의 후천성이 추가되면, 체질은 더 복잡해진다. 그래서 타고난 체질을 찾아서 병을 치유한다는 것은 매우 어려운 일이다.

그러나 인체와 환경이 상호 작용하여 나타난 결과는 체질과 연관성이 있으므로, 현재의 병들은 인체의 기본 4힘에 불균형과 부조화가 오래 지속되어 나타나는 것들이어서, 불균형과 부조화를 조절하여 기본 4힘이 균형을 이룬 상태가 되게 하면, 그 균형이 타고난 체질에 근접하게 될 때, 병의 증세들이 호전될 것이다. 이때가 최적건강상태이므로, 이 상태를 유지하면 자연 치유가 될 것이다.

문제는 현재 상태가 기본 4힘의 어떤 상태에 있는지를 알 수 있느냐는 것이다. 현재의 건강 상태를 기본 4힘의 세기로 바꾸어야 기본 4힘의 세기를 조절할 수 있기 때문이다.

그래서 필요한 것은 항상성들에 기초하여, 현재의 결과를 갖고, 기본 체질을 유추하는 것이다. 결과에 기초하여 원인을 찾을 수는 없으므로, 현재의 결과에 기초하여 유추한 기본 체질을 유전된 체질이라고 단정할 수 없다. 하지만, 현재의 상태를 조정하여 균형을 추구하면 병의 증세가 호전될 수 있으므로, 있는 그대로, 현재의 상태에 기초하여 유추한 체질을 '현재 체질'이라고 정의할 필요가 있다.

현재 체질은 타고난 기본 체질일 수도 있고 아닐 수도 있지만, 기본 4힘의 균형과 조화를 위해 일차로 시도해 볼 수 있는 적절한 방법이다. 원인을 추구하는 체질론이 대증요법으로 전락되지만, 현재 체질은 타고난 기본 체질을 찾기 위한 간접적인 방법이 될 수 있다.

문제는 현재 체질을 어떻게 분류하느냐는 것이다. 기본 4힘에 기초한 인체의 기본 8체질은 기본 힘들을 확인하는 구체적인 방법이 없어 활용되기가 어렵다. 그래서 항상성들에 기초한 '항상성 기본 8체질'을 제안한다.

## 3) 항상성들에 기초한 기본 체질

인체에는 효율적인 생리작용을 위해 내부 상태를 일정하게 유지하는 여러 가지 항상성들이 있다. 이 항상성들은 육체의 기본 4힘과 정신의 기본 4힘이 상호 작용하여 이루어진다. 이 항상성들은 환경의 영향을 받아 미세하게 변할 수 있고, 변화의 정도가 심하면 병이 발생하게 된다.

전체와 부분은 동질성이 있어, 항상성들은 전체와 부분에 상호 영향을 주게 되므로, 항상성들의 균형과 조화를 추구하면 전체와 부분의 문제들이 해결될 수 있다. 즉, 부분에 문제가 발생하였을 때는 전체의 관점에서 문제가 있는 항상성들을 찾아 균형과 조화를 추구하면 부분의 문제가 해결될 수 있고, 전체에 문제가 발생하였을 때는 부분의 관점에서 문제가 있는 항상성들을 찾아 균형과 조화를 추구하면 전체의 문제가 해결될 수 있다. 전체와 부분은 동질성이 있어서 상호 균형과 조화를 추구하기 때문이다.

인체는 항상성들의 변화를 자동적으로 방지하는 완충작용이 있다. 그러나 기능에 한계가 있어, 기본 4힘이 균형과 조화를 이루지 못하고 한쪽으로 치우쳐 오래 지속되면, 정상세포들은 힘이 들어 기능에 변화가 생겨, 암을 비롯한 만성질환들이 발생하게 된다.

인체의 항상성들 중에서 수소이온농도지수(pH)와 체온은 대표적인 것들이다. 인체는 pH의 변화를 입맛으로 알 수 있고, 체온의 변화를 몸으로 느낄 수 있다.

## (1) 수소이온농도의 항상성(pH 7.40)

인체의 혈액은 수소이온농도지수(pH)7.40을 유지하는 항상성이 있다. pH의 수치 1이 변하면 수소이온농도가 10배 즉 1000% 변한다. 그러므로 pH가 7.40에서 7.35나 7.45로 변하면, 정상과의 차이 ±0.05는 수소이온농도가 정상보다 50% 증가하거나 감소한 상태이어서, 몸에 이상이 생긴다.

인체는 기관들에 따라 적정 pH에 차이가 있다. 일반적으로 위산은 1.0~3.5, 뇌는 7.1, 간은 7.2, 췌장액은 8.0~8.3, 소변은 4.5~8.0 등으로 측정된다. 몸의 부위에 따라 수백%에서 수천% 차이가 있다. 인체는 항상성들을 유지하기 위해 많은 일을 할 것이고, 혈액이 pH의 항상성을 일정하게 유지하는 것은 이래야 전체의 항상성들이 잘 유지되기 때문이다.

인체는 혈액의 pH에 변화가 생기면, 입맛으로 알고 대처한다. 신 맛이 당기는 현상은 혈액에 알칼리성이 증가하여 산성 식품이 필요하다는 신호다. 신 맛이 싫은 현상은 혈액에 산성이 증가하여 알칼리성 식품이 필요하다는 신호다.

순환법칙에 의하면, 산성은 (+)성이고 알칼리성은 (−)성이므로, (+)와 (−)가 하나의 시스템을 이루고 공존하듯이, 산성과 알칼리성은 하나의 시스템 속에 공존하는 대립쌍이다. 그래서 어느 한쪽이 강해지면 다른 쪽은 상대적으로 약해진다. 모든 식품들 하나하나에는 산성 영양소들과 알칼리성 영양소들이 공존하지만, 한 쪽이 조금씩 더 많은 상태이거나 균형을 이루고 있다. 균형은 양쪽이 함께 부족한 상태에서도, 풍족한 상태에서도 이루어질 수 있다.

## (2) 체온의 항상성(36.5℃)

체온은 입 속이나 겨드랑이 온도가 36.5℃이면 정상으로 판정된다. 각 장기의 세포들 속에 있는 이온화된 물질들은 다른 세포들로 이동하기가 어려워, pH는 신체 부위의 기능에 따라 차이가 크다. 열은 물질을 따라 이동하여 균등하게 확산되므로, 체온은 신체의 부위에 따라 큰 차이가 없다.

체온은 나이가 들수록 세포들과 장에서 열을 생성시키는 기능이 약해지므로 낮아진다. 장 속에 있는 미생물들이 음식물을 소화시킬 때 발생하는 열은 체온을 유지하는데 중요한 역할을 한다. 갑자기 열이 많이 발생하는 현상은 외부에서 병원성 미생물들이 침입하여 증식하고 있다는 신호다.

## (3) 수소이온농도와 체온에 기초한 기본 체질

수소이온농도와 체온은 인체가 감각을 통해 변화를 인식할 수 있어, 인위적으로 어느 정도는 조절이 가능하다. 이것들은 모든 생리작용들과 연관되어 있어, 매우 중요한 역할을 하는 항상성들이다. 그러므로 이 두 항상성에 기초하여 모든 사람들은 '산성체질, 알칼리성체질, 고온성체질, 저온성체질'로 분류될 수 있다.

저온성체질 : 확산력이 가장 크고 폭발력이 가장 작다.
산성체질 : 인력이 가장 크고 척력이 가장 작다.
고온성체질 : 폭발력이 가장 크고 확산력이 가장 작다.
알칼리성체질 : 척력이 가장 크고 인력이 가장 작다.

화학적으로 산성과 알칼리성을 구분하는 경계는 pH7.0이다. 그러나 인체는 혈액이 pH7.4를 일정하게 유지하는 항상성이 있어, 이보다 커지면 산성 식품이 땅기고, 이보다 작아지면 알칼리성 식품이 땅긴다. 그래서 pH7.4는 산성체질과 알칼리성체질을 구분하는 경계가 될 수 있다. 그러므로 산성체질은 혈액에 수소이온(H+)이 정상보다 증가하여 있어 pH가 7.4보다 낮아진 상태이고, 알칼리성체질은 수산화이온(OH−)이 정상보다 증가하여 pH가 7.4보다 높아진 상태다.

혈액의 pH는 정상이어도 세포들의 pH는 정상적일 때보다 차이가 클 수 있다. 혈액의 pH를 정상으로 유지하기 위해 필요한 영양소들을 세포들이 공급하기 때문이다.

시스템 이론의 순환법칙에 의하면, pH와 체온은 하나의 시스템 속에서 증감하며 순환하고 있어, 상호 연관성이 있어, 상생하는 특성이 있다. 왜냐하면, 인력이 척력보다 커지기 시작하면 가장 작아졌던 폭발력이 증가하기 시작하고, 폭발력이 확산력보다 커지기 시작하면 가장 작아졌던 척력이 증가하기 시작하고, 척력이 인력보다 커지기 시작하면 가장 작아졌던 확산력이 증가하기 시작하고, 확산력이 폭발력보다 커지기 시작하면 가장 작아졌던 인력이 증가하기 시작하는 현상이 인체에도 있기 때문이다.

산성이 증가하면 체온이 높아진다.
체온이 높아지면 알칼리성이 증가한다.
알칼리성이 증가하면 체온이 낮아진다.
체온이 낮아지면 산성이 증가한다.

산성이 증가하면, (+)성은 인력이어서, 인력이 증가하여 폭발력이 증가하므로, 폐의 활동이 증가하여 산소가 많이 흡수되어 폭발이 증가하므로 체온이 상승한다.

산소가 많이 흡수되면, 혈액에서 수소이온과 결합하여 수산화이온(OH−)이 되어 알칼리성이 증가한다. 따라서 산소가 많이 흡수되어 체온이 상승하면 알칼리성이 증가한다.

알칼리성이 증가하면, (−)성은 척력이어서, 척력이 증가하여 확산력이 증가하므로, 폭발력이 감소하여 체온이 낮아진다.

체온이 낮아지면, 증가한 확산력은 인력을 증가시키므로, 산성이 증가한다.

이상과 같이 수소이온농도와 체온은 상호 밀접한 관계가 있다. 그래서 항상성에 기초한 기본 4체질은 다음과 같이 기본 8체질로 확대된다. 이것이 '항상성 기본 8체질'이다. 이 항상성 기본 8체질은 단주기율표의 8족과 관계가 있다.

저온성체질(8족 원소) : 확산력 〉 폭발력, 척력 = 인력.
저온산성체질(1족 원소) : 확산력 = 인력, 척력 = 폭발력.
산성체질(2족 원소) : 인력 〉 척력, 확산력 = 폭발력.
산고온성체질(3족 원소) : 인력 =폭발력, 확산력 = 척력.
고온성체질(4족 원소) : 폭발력 〉 확산력, 인력 = 척력.
고온알칼리성체질(5족 원소) : 폭발력 = 척력, 인력 = 확산력.
알칼리성체질(6족 원소) : 척력 〉 인력, 폭발력 = 확산력.
알칼리저온성체질(7족 원소) : 척력 = 확산력, 폭발력 = 인력.

인체의 항상성들은 완충작용에 의해 자동으로 잘 유지되고 있지만, 환경의 영향을 끊임없이 받으므로, 인체는 완충작용을 유지하기 위하여 많은 노력을 한다. 완충작용에 필요한 영양소들은 음식을 통해 직접 공급되지만, 부족할 경우에는 세포들 속에 저장되어 있는 것들을 사용하게 되고, 계속 부족할 경우에는 완충작용이 어려워져 한쪽으로 치우친 상태가 지속되어, 균형이 무너져 병이 발생할 수 있으므로, 인체는 이것을 알리기 위하여 경고를 울리게 된다. 이 경고는 여러 가지 형태로 신체에 나타나므로 병을 예방하기 위해서는 경고가 나타날 때 잘 대응하여 경고가 없어지게 해야 된다. 병이 발생하면, 항상성들에 어떤 문제가 생겼는지를 찾아서 해결해야 되지만, 세포들에 큰 변화가 생겨 회복이 어려울 수 있다.

같은 환경이어도 체질이 다르면 다른 병이 발생할 수 있고, 같은 병이어도 체질에 따라 치유하는 방법이 다를 수 있다. 현재의 환경이 체질에 부담이 되어, 항상성들이 바르게 유지되지 않아 암을 비롯하여 만성질환들이 발생하므로, 체질에 적합하게 환경을 개선하여 항상성들을 바르게 유지하면 병들이 예방 · 치유될 수 있다.

## 4) ABO혈액형에 기초한 기본 체질

육체의 기본 4힘은 ABO혈액형의 'A, B, AB, O'형과 연관성이 있다. 왜냐하면, ABO혈액형은 유전되고, 평생 변하지 않고, 모든 사람이 기본 4형의 하나에 속하므로, 이 특성들은 육체의 기본 4힘과 같기 때문이다. 인체에는 여러 종류의 혈액형들이 있다. 이것들은 육체가 외부의 원인에 적응하는 과정에 형성되었을 것이다. 이것은 육체의 경험이 유전될 수 있다는 뜻이다. 그러므로 육체의 기본 4힘은 ABO혈액형의 기본 4형이 육체의 유전자로 형성되는 과정에 결정적인 역할을 했을 것이다.

혈액형은 수혈을 위해 형성된 것이 아니지만 수혈에 이용된다. O형은 'A형, B형, AB형'에 수혈할 수 있고 받지 못한다. A형과 B형은 상호 수혈할 수 없고 AB형에 줄 수 있다. AB형은 다른 혈액형들에 수혈할 수 없다. 여기에 근거하여 ABO혈액형을 기본 4힘에 기초한 기본 4체질로 분류하면, O형은 확산력 체질, B형은 인력 체질, AB형은 폭발력 체질, A형은 척력 체질이다.

이 분류는 수혈 방식의 특성과 통계에 근거한 것이다. 폭발력이 제일 강한 상태는 가장 수축되어 있어 폭발력이 약한 다른 환경에서 폭발하므로, 폭발력이 제일 강한 혈액형은 다른 혈액형에 수혈할 수 없다. 이것은 AB형이 다른 혈액형에 수혈할 수 없는 것과 상통하므로, AB형은 폭발력체질이다. 확산력이 제일 강한 상태는 가장 팽창되어 있어, 폭발력이 가장 약한 상태이어서, 다른 환경에서 폭발하지 않으므로, 확산력이 제일 강한 혈액형은 다른 혈액형에 수혈할 수 있다. 이것은 O형이 다른 혈액형에 수혈할 수 있는 것과 상통하므로, O형은 확산력체질이다. 통계적으로, A형은 바이러스 질환에 약하고, B형은 상대적으로 강한 편이다. 바이러스는 세포 속에서만 증식하므로, 인체 세포 속에 침투하는 바이러스는 표면이 알칼리성이어야 한다. 인체 세포는 표면이 알칼리성이어서, 바이러스가 산성이면 중화되어 침투하기 어렵기 때문이다. 그러므로 A형은 알칼리성이 강해 바이러스가 침투하기 쉽고, B형은 산성이 강해 바이러스가 침투하기 어려워, B형이 A형보다 바이러스에 강하다. 그러나 인체 세포들 속의 pH는 ABO혈액형과 관계없이 환경에 따라 변화하므로, ABO혈액형들의 바이러스 저항성은 통계적으로만 확인될 수 있다.

ABO혈액형은 육체가 갖고 있는 기본 체질이므로 성격과는 관계가 없다. 성격은 정신의 기본 4힘이 관계한다. 정신의 기본 4힘은 다음과 같은 역할을 한다고 유추된다.

예를 들면, A형은 육체의 기본 4힘 중에서 척력이 제일 큰 체질이어서 이것을 유지하려는 항상성이 있어, 정상보다 척력이 증가하여 척력과다증이 발생하기 쉽고, 정상보다 척력이 감소하여 척력과소증이 발생하기 쉽다. 정신이 여기에 관여하는 방식은 정신의 기본 4체질에 따라 다르다. 정신은 자기가 갖고 있는 가장 큰 기본 힘을 활용하여 병을 예방·치유하게 된다.

정신이 척력체질인 사람은 척력과다증이 발생하면 척력을 감소시키는 방법을 활용하고, 척력과소증이 발생하면 척력을 증가시키는 방법을 활용하여, 항상성의 균형과 조화를 추구할 것이다.

정신이 인력체질인 사람은 척력과다증이 발생하면, 인력이 과소한 상태이어서 인력을 증가시키는 방법을 활용하여 증가한 척력을 감소시키고, 척력과소증이 발생하면, 인력이 과다한 상태이어서 인력을 감소시키는 방법을 활용하여 감소한 척력을 증가시킬 것이다.

정신이 폭발력체질인 사람은 척력과다증이 발생하면 폭발력을 감소시키는 방법을 활용하여 증가한 척력을 감소시키고, 척력과소증이 발생하면 폭발력을 증가시키는 방법을 활용하여 감소한 척력을 증가시킬 것이다.

정신이 확산력체질인 사람은 척력과다증이 발생하면 확산력을 증가시키는 방법을 활용하여 증가한 척력을 감소시키고, 척력과소증이 발생하면 확산력을 감소시키는 방법을 활용하여 감소한 척력을 증가시킬 것이다.

B형, AB형, O형의 경우도 마찬가지로, 정신이 갖고 있는

가장 큰 기본 힘을 조절하여 현재 상태를 개선하여 혈액형이 갖고 있는 기본 체질에 적합하게 항상성들의 균형과 조화를 추구하면 병을 예방 · 치유할 수 있을 것이다.

O형

---〉 8족(확산력체질, 저온성체질) ---〉

7족(알칼리저온성체질) (저온산성체질)1족

A형, 6족(척력체질, 알칼리성체질) (인력체질, 산성체질)2족, B형

5족(고온알칼리성체질) (산고온성체질)3족

〈--- 4족(폭발력체질, 고온성체질) 〈---

AB형

병을 치유하기 위해서는 자신의 ABO혈액형에 맞게 환경을 개선할 필요가 있다. 인체는 환경에 적응하기 위하여 정신의 기본 4힘을 활용한다. 육체의 기본 4힘이 갖고 있는 세기의 순서가 유지되는 범위 안에서, 정신의 기본 4힘은 육체의 기본 4힘과 상호작용하여 환경의 변화에 대응한다. 그 결과가 현재 상태이므로 현재 나타나 있는 자신의 항상성 기본 8체질을 개선하여 자신의 ABO혈액형에 적합하게 조절하면 병이 예방 · 치유될 것이다.

ABO혈액형은 육체에 나타나는 유전형질이어서 정신이 지배하는 성격과는 무관하므로, 이것으로는 자신이 갖고 있는 정신의 기본 4체질을 알 수 없다. 하지만, 항상성 기본 8체질

은 정신의 기본 4힘이 작용하여 형성되었으므로, 자신의 항상성 기본 8체질을 개선하여 자신의 ABO혈액형이 갖고 있는 기본 4힘의 세기에 적합하게 조절하면, 그 과정에 정신과 육체가 균형과 조화를 이루게 되어, 병이 예방·치유될 수 있을 것이다.

ABO혈액형은 육체가 갖고 있는 유전된 특성이어서 사상의학의 4상과 관련이 있지만 차이가 있다. ABO혈액형은 성격과 관련이 없지만, 사상의학의 사상은 성격을 포함시키고 있기 때문이다.

성격은 정신이어서 육체와 다른 유전성을 갖고 있고, 성장하며 정신이 환경과 상호 작용하여 이루어진 후천성이 공존한다. 그래서 ABO혈액형과 사상체질은 일치하지 않는다. 그러나 ABO혈액형에는 정신의 기본 4힘에 따라 각각 4상이 있다. 즉, A형에는 A형 소음인, A형 소양인, A형 태음인, A형 태양인이 있다. B형, AB형, O형도 마찬가지다.

체질은 겉에 나타난 것을 기준으로 분류된다. 알칼리체질은 (−)가 (+)보다 커진 상태이어서 겉은 알칼리성이고 속은 산성이고, 산체질은 (−)보다 (+)가 커진 상태이어서 겉은 산성이고 속은 알칼리성이다. 고온체질은 정상보다 온도가 높아진 상태이어서 겉은 고온성이고 속은 저온성이고, 저온체질은 정상보다 온도가 낮아진 상태이어서 겉은 저온성이고 속은 고온성이다. 그러나 이 기본 특성들은 환경에 따라 변하므로, 겉과 속이 비슷해진 경우도 있고 바뀔 수도 있지만, 이것을 타고난 상태로 회복시키기 위한 방법론이 체질론이다.

겉의 증세는 속에 문제가 발생하여 나타나는 것이므로, 겉의 상태를 조정하여 급한 불을 끈 다음에는 겉과 속이 원래의 상태로 되게 조정해야 병이 치유된다. 문제는 어떻게 하면 겉과 속이 균형과 조화를 이루게 할 수 있느냐는 것이다. 식품들에도 (−)와 (+)가 공존하는 특성들이 있어, 인체의 현재 체질을 조정할 수 있는 보완성이 있으므로, 찾으면 길이 있을 것이다.

체질론은 항상성들의 균형과 조화를 추구하여 병을 예방하고 치유하는 자연요법을 찾기 위한 이론이다. 병의 원인을 찾아 치료하는 것이 가장 좋은 방법이지만, 원인을 찾을 수 없는 병이 많아 체질론이 등장하는 것이다. 체질론은 공격보다 방어에 치중하게 되어 시간이 많이 소요되고, 체질에 따라 방법이 다를 수 있고, 한 가지 방법이 모두에게 동일한 결과를 나타내는 것이 아니어서, 효과가 증명되기 어려워 플라시보 효과에 불과하다는 평가를 받을 수도 있다. 하지만, 체질론의 효과는 관심을 갖고 스스로 시도하는 사람들이 증가할수록 통계를 통해서 진가가 발휘될 수 있다. 왜냐하면, 체질론은 시스템 이론의 순환법칙에 기초하여 필연적으로 유도되는 방법이고, 순환법칙은 완전하므로, 더불어 계속 발전할 것이기 때문이다.

## 5) 식품에도 체질이 있다.

### (1) 식품의 기본 4종류

살아 있는 생명체들에는 생명력이 있지만, 인체에 흡수된 식품들은 생명력을 잃은 상태이므로 물체의 기본 4힘만 작용한다. 그래서 식품들은 기본 4힘의 세기에 따라 '인력이 강한 식품, 폭발력이 강한 식품, 척력이 강한 식품, 확산력이 강한 식품'으로 분류될 수 있고, 이온 상태에 따라 '산성 식품, 중성 식품, 알칼리성 식품, 반중성 식품'으로 분류될 수 있고, 이 둘은 상호 연관성이 있다.

### * 산성 식품과 알칼리성 식품

식품을 산성 식품과 알칼리성 식품으로 분류하는 기준은 식품을 연소시키고 남은 재다. 재에 있는 인(P), 황(S), 염소(Cl) 등 음이온 미네랄의 총량이 칼슘(Ca), 칼륨(K), 마그네슘(Mg), 나트륨(Na) 등 양이온 미네랄의 총량보다 많으면 산성 식품으로 분류되고, 양이온 미네랄이 음이온 미네랄보다 많으면 알칼리성 식품으로 분류된다.

식품이 대사되는 과정에는 연소가 없으므로, 타고 남은 재를 기준으로 분류하는 것은 잘못된 방법이라는 비판도 있다.

체질론은 식품을 산성 식품과 알칼리성 식품으로 분류하여 섭취할 필요성이 있다. 체내에는 탄소를 갖고 있는 영양소들인 유기물의 총량이 무기물인 미네랄보다 훨씬 많아, 유기물은 무기물보다 수소이온농도(pH)에 더 큰 영향을 준다. 그러나 유기물은 분자량이 커서 세포와 혈액을 드나드는 이동성이 약하다. 수시로 변하는 체액 속 수소이온농도의 항상성을 유지하는 데는 이동성이 강한 미네랄이 유기물보다 더 큰 역할을 한다. 식품이 대사되는 과정에 미네랄은 유기물 영양소들과의 결합에서 떨어져 나와, 양이온 미네랄은 알칼리성으로 되기가 쉽고, 음이온 미네랄은 산성으로 되기가 쉽기 때문이다. 그래서 타고 남은 재에 있는 양이온 미네랄과 음이온 미네랄의 총량을 기준으로 알칼리성 식품과 산성 식품으로 분류하는 것은 유효하다.

김치는 유기산이 많이 있지만 주재료인 채소에 양이온 미네랄이 많아 알칼리성 식품이다. 김치가 인체에 흡수되면 유기산과 결합한 양이온 미네랄은 유리되어 수산화이온과 결합하여 알칼리성이 된다. 그러므로 김치가 입에 땅기는 현상은 몸이 산성으로 기울어져 있어 알칼리성 식품이 필요하다는 신호다. 채식만 해서 고기가 먹고 싶어지는 현상은 몸이 알칼리성으로 기울어져 있어 산성 식품이 필요하다는 신호다.

혈액의 수소이온농도(pH)가 7.40에서 7.42로 되면 알칼리성이 20% 증가한 것이고, 7.38로 되면 산성이 20%증가한 것이다. 이것은 체중이 60kg에서 72kg으로 증가하거나 48kg으로 감소한 것과 비슷하다. 완충작용이 있어 이 정도가 유지된 것이므로, 각 기관의 세포들은 일을 많이 해 지쳐 있어 병이 발생할 수 있다. 왜냐하면, 인체의 기관들마다 pH에 차이가 있고, 각 기관의 세포들이 pH를 조절할 것이므로, 혈액의 pH가 20% 변하면 여러 기관의 세포들에 문제가 발생할 수 있기 때문이다. 이런 정보가 입맛으로 나타나므로, 이런 신호에 잘 대처해야 건강이 잘 유지될 수 있다.

## * 중성 식품과 반중성 식품

중성 식품은 양이온 미네랄과 음이온 미네랄이 서로 비슷한 비율로 구성되어 있다. 그러나 중성 식품의 원자들은 많은 량들과 결합되어 매우 수축된 상태이어서, 폭발력이 증가하여 있어, 체내에 흡수되면, 폭발하며 척력을 증가시켜 에너지가 증가하므로 신체활동을 촉진하는 역할을 한다.

중성 식품들은 폭발력이 강해 열에 파괴되기 쉬워 효율적으로 섭취하려면 생식을 해야 된다. 화식을 하면, 탄수화물, 지방, 단백질 등을 충분히 섭취할 수 있지만, 중성 식품의 영양소들은 열에 약해 많이 파괴되어 흡수되는 양이 부족해지기 쉽다. 이것들을 보충하기 위해 과식하게 된다. 그래서 비만은 중성 영양소들을 충분히 섭취하지 못해 부족한 것을 보충하기 위해 과식하여 발생하므로 중성 식품들을 많이 섭취할 필요가 있다. 중성 식품들은 폭발력이 강해 열을 많이 발생시키고, 척력이 증가하므로 알칼리성이 증가한다.

반중성 식품은 양이온 미네랄과 음이온 미네랄이 서로 비슷한 비율로 구성되어 있지만, 중성에 대립되는 반중성이어서, 영양소들은 팽창하여 확산력이 증가하여 있어, 폭발력이 약해, 열을 받아도 잘 파괴되지 않는다. 반중성 영양소들은 몸에 흡수되면 수축되어 인력이 증가하므로 산성이 증가한다.

하나의 식품 속에는 '산성, 중성, 알칼리성, 반중성'의 특성들을 갖고 있는 영양소들이 공존한다. 그래서 4특성들 중에서 비율이 가장 큰 것에 따라 '산성 식품, 중성 식품, 알칼리성 식품, 반중성 식품'으로 분류될 수 있다. 그러나 이 비율은 요리하는 방법이나 보관 기간에 따라 변할 수 있고, 몸 상태에 따라 영양소들을 흡수하는 양에 차이가 있어 변할 수 있고, 장 속 미생물들이 식품들을 분해하는 상태에 따라 변할 수 있다. 그래서 식품들을 기본 4종으로 분류하는 기준이 모호하지만, 유기물 영양소들을 '지방, 단백질, 탄수화물, 미량영양소'로 분류하고, '지방을 반중성, 단백질을 산성, 탄수화물을 알칼리성, 미량영양소들을 중성'으로 분류하여, 이것들을 함유한 양을 기준으로, 식품들은 기본 4종류로 분류될 수 있다.

지방은 물보다 가벼워 많이 팽창된 상태이어서 확산력이

증가한 상태이므로 반중성 영양소다. 그래서 지방이 많은 식품들은 반중성 식품으로 분류될 수 있다.

단백질은 열을 받았다가 식으면 굳어지는 특성이 있어 인력이 강하므로 산성 영양소다. 그래서 단백질이 많은 식품들은 산성 식품으로 분류될 수 있다.

탄수화물은 에너지를 많이 발생시켜 척력이 강하므로 알칼리성 영양소다. 그래서 탄수화물이 많은 식품들은 알칼리성 식품으로 분류될 수 있다. 탄수화물인 포도당은 녹말이 분해되는 폭발로 생겨 팽창된 상태이므로 확산력최대점에 근접하여 약한 알칼리성이다. 그래서 포도당의 알칼리성은 인체 정상세포들의 외부 알칼리성과 같아, 둘 사이에 서로 미는 힘이 생겨, 포도당은 세포 속에 잘 흡수되지 않아 인슐린의 도움을 받아야 흡수된다.

미량영양소들은 열을 받으면 폭발하여 기능이 약해지기 쉽고, 영양소들을 분해시키는 폭발력이 강하므로 중성 식품이다.

## (2) 식품의 색과 맛에 따른 분류

### * 색

색은 순환과정의 8단계로 분류될 수 있다. 태양이 방출하는 빛 속에 8족의 색이 있다는 것은 태양 속에 이런 빛들을 방출하는 원소들이 있기 때문이다. 그러나 색에 8가지만 있는 것은 아니다. 여러 가지 색의 빛들이 결합하여 다양한 색들이 만들어진다.

빨간색 : 1족 식품, 확산력과 인력이 강한 약산성
주황색 : 2족 식품, 인력이 제일 강한 산성
노란색 : 3족 식품, 인력과 폭발력이 강한 약산성
초록색 : 4족 식품, 폭발력이 제일 강한 중성
파란색 : 5족 식품, 폭발력과 척력이 강한 약알칼리성
남색 : 6족 식품, 척력이 제일 강한 알칼리성
보라색 : 7족 식품, 척력과 확산력이 강한 약알칼리성
무색 : 8족 식품, 확산력이 제일 강한 반중성
검은색은 모든 빛을 흡수하므로 인력이 강하다.
흰색은 모든 빛을 반사시키므로 척력이 강하다.

## * 맛

맛에는 단맛, 신맛, 짠맛, 쓴맛, 매운맛, 감칠맛, 떫은맛, 구수한맛 등이 있다. 식품들에는 한 가지 맛만 있는 것이 아니고 기본 맛들이 종합하여 이루어진 고유한 맛들이 있다. 그러므로 맛은 그 수가 식품의 종류만큼 다양하다. 맛은 사람에 따라, 건강 상태에 따라 다르게 느낄 수 있으므로 판정 기준이 모호하다.

그러나 맛에도 기본 4힘이 작용하므로, 세기의 차이를 구분하는 기준이 있을 것이다. 주관적이지만, '신맛, 쓴맛, 짠맛, 단맛'을 기본 4힘이라고 할 수 있다.

신맛은 인력을 증가시키므로 산성(+)이다.
쓴맛은 폭발력을 증가시키므로 중성(*)이다.
짠맛은 척력을 증가시키므로 알칼리성(−)이다.
단맛은 확산력을 증가시키므로 반중성(0)이다.

신맛인 식초는 산성이므로 인력이 강해 영양소들을 흡수하는 힘이 강하다. 쓴맛 식품들은 폭발력이 강해 영양소들을 분해하여 에너지를 생성시키는 힘이 있다. 짠맛인 소금은 체내에서 알칼리성을 증가시키므로 척력을 증가시킨다. 단맛인 포도당은 기장을 완화시키며 에너지를 전신에 확산시키는 힘이 있다.

### (3) 체질에 적합한 식품

자신의 체질에 적합하게 영양소들의 흡수와 소비가 균형과 조화를 이룰 때 최적건강이 이루어질 수 있다. 그래서 체질에 따라 좋은 식품들이 있고 나쁜 식품들이 있다. 그러나 좋고 나쁜 것을 입맛으로만 구별하기는 어렵다. 입맛에 맞지 않는 식품이 효과가 좋은 경우가 있고, 요리하는 방식에 따라 맛에 차이가 생기고 효능에도 차이가 있기 때문이다.

그래서 건강할 때는 고르게 섭취하는 것이 좋다. 몸이 필요한 것들을 알아서 흡수하기 때문이다. 그러나 만성질환이 생기면, 자신의 체질에 맞는 식품들을 찾아 편식할 필요가 있다. 그동안 섭취한 식품들 중에 체질에 잘 맞지 않는 영양소들이 있어, 이것들이 기관들의 기능에 무리를 주어 병의 원인이 되었다고 할 수 있기 때문이다. 그러나 체질에 적합한 식품들을 찾기는 분명한 기준이 없어 쉽지 않다.

먹고 싶은 것이 좋은 식품이고, 먹기 싫은 것이 나쁜 식품이다. 하지만, 이것이 전부는 아니다. 먹고 싶어도 안 먹는 것이 좋은 것이 있고, 먹기 싫어도 먹는 것이 좋은 것이 있고, 좋았던 것이 싫어질 수도 있고, 싫었던 것이 좋아질 수도 있다. 몸에 축적되어 있는 영양소들의 양에 따라 입맛이 변할 수 있고, 지속된 식습관이 있기 때문이다. 그래도 입맛은 현재의 몸 상태를 나타내는 신호이므로, 받아들여 따르는 것이 우선이고, 새로운 시도가 필요할 경우는 조심할 필요가 있다.

좋아도 오래 먹다보면 중독이나 거부 현상이 생길 수 있으므로 가끔 끊고 상황을 판단하여 결정할 필요가 있다. 모든 식품들은 각각 하나의 시스템이므로 기본 4힘의 역할을 하는 여러 가지 영양소들이 있고, 흡수되는 비율이 변할 수 있어, 몸에 나타나는 특성이 다를 수 있기 때문이다.

입맛에 맞는 식품들만 먹는 것은 편식하는 것이어서 좋지 않을 수 있지만, 소화력이 약해진 암환자는 마음대로 먹을 수 없으므로, 꼭 필요한 것들을 먹기 위해 편식과 절식을 하지 않을 수 없다. 편식은 체질에 맞는 것을 선택하는 것이고, 절식은 최소량으로 최대 효과를 내기 위해 식사량을 조절하는 것이다. 필요 이상 섭취한 영양소들은 암세포들의 영양원이 된다. 편식과 절식을 효과적으로 수행하기 위해서는 생식을 많이 할 필요가 있다.

원료를 정제하거나 가미하여 맛을 좋게 만든 음식은 과식하기 쉽고, 필요 없는 성분들이 많아, 누적되면 독성이 될 수 있다. 식품 본래의 맛을 살린 담백한 음식이 좋다. 이런 맛이어야 자신의 체질에 맞는지 안 맞는지를 구별하기가 쉽고, 과식을 하지 않게 되기 때문이다. 체질에 맞아도 물릴 수 있다. 건강할 때는 다양하게 섭취하여 영양의 균형과 조화를 이루는 것이 중요하지만, 모든 식품에는 득과 실의 이중성이 있으므로, 암환자는 철저히 구별할 필요가 있다. 체력과 면역력은 언제나 비례하는 것이 아니므로, 체력 강화를 위해 이것저것 많이 먹으면 소화 흡수에 에너지가 많이 소비되어 면역력 강화 기능이 약해질 수 있기 때문이다.

인체에는 좋았던 음식도 자주 먹으면 물리는 거부 현상이 있고, 적응하여 생존하려는 야성도 있어, 좋지 않아도 먹다보면 탐닉성이 생기는 것들도 있다.

특별한 것들을 먹어야만 효과가 있는 것은 아니다. 일반적인 식품들로도 항상성들을 유지할 수 있고 필요한 영양소들을 섭취할 수 있으므로, 체질에 적합하게 섭취하여 최적건강을 유지하는 것이 암을 극복하는 유익하고 지속 가능한 방법이 될 것이다.

체질은 귀하고 비싼 식품을 요구하지 않는다. 흔하고 싼 식품들 중에 체질에 맞는 것들을 자신의 소화력에 맞게 먹으면 된다. 흔하고 싼 식품들은 꼭 필요하고 좋은 것들이어서 많이 소비되고 그래서 많이 생산되어 흔하고 싼 것이다. 많이 먹어야 효과가 있는 것은 아니고, 적절한 양을 섭취하여 잘 소화시키는 것이 중요하다.

식품들은 어느 것이나 항암성과 발암성이란 대립적인 이중성을 갖고 있다. 이 이중성은 식품에 따라 비율에 차이가 있고, 같은 식품이어도 요리하는 방식에 따라, 먹는 시간에 따라, 체질에 따라 비율이 달라질 수 있다. 이것을 구별하는 방법은 입맛이지만, 항상성 기본 8체질에 기초하여 최적건강을 추구할 수 있다.

암에는 비방이 없다. 매일매일 최적건강을 유지할 수 있는 지속 가능한 방법이 비방이다. 암은 정상세포들이 암세포들을 압도할 수 있어야 치유되는 질환이므로, 약해진 정상세포들의 기능을 몇 가지 특별한 식품으로 회복시키기는 어렵기 때문이다.

명현현상이 있어야 효과가 있는 것은 아니다. 명현현상은 체질에 따라 다를 수 있으므로, 어떤 사람에게는 명현현상이어도 다른 사람에게는 부작용일 수 있다. 좋은 현상이 나타나도 쉬었다가 갈 필요가 있고, 나쁜 현상이 나타나면 쉬었다가 다시 시도할 필요가 있다. 다시 시도해서 좋은 증세가 나타나도 지나치면 무리가 되어 역효과가 나타날 수 있으므로 가끔 쉬었다가 다시 시도할 필요가 있다.

# 2. 암, 시스템 힐링

# '암, 시스템 힐링'이란 ?

암세포들은 외부에서 들어온 침입자들이 아니고, 정상세포들이 돌연변이를 하여 생겼다. 그래서 암세포들은 정상세포들과 뿌리가 같아, 정상세포들에 해를 주지 않고 암세포들만을 제거하기가 어려워, 암은 치료가 잘되지 않고 있다. 그러나 완치율은 상승하고 있다. 진단 기술의 발달로 암을 발병 초기에 발견하여 상대적으로 건강할 때 치료하게 되어 5년 생존율이 증가하고 있기 때문이다.

암 치료가 어려운 이유는 기존의 항암요법들에 문제점들이 있기 때문이다. 수술요법은 큰 암 덩어리를 제거해도 작은 암 덩어리들을 제거할 수 없어 완치가 어렵다. 방사선요법은 큰 암 덩어리들을 파괴시켜 암세포들을 죽일 수 있어도, 죽은 암세포들에 병원균들이 침입하여 감염증이 발생할 수 있어 문제다. 항암화학요법은 항암약품들이 암세포들을 죽이는 과정에 그 독성으로 인해 인체의 면역기능이 약해져, 죽은 암세포들에 병원균들이 침입하여 감염증이 발생할 경우 치료가 잘 되지 않아 문제가 생긴다. 그래서 암 치료과정 중에 발생하는 사망은 제거되지 않은 죽은 암세포들에 병원균들이 증식하여 생기는 감염성 질환으로 인한 패혈증이 많다. 이런 문제들을 해결하기 위하여, 혈액에서 채취한 면역세포들을 체외에서 증식시켜 체내에 주입하는 면역세포요법이 시도되고 있다.

그러나 면역세포들은 이동하는 암세포들을 제거할 수 있어도, 암 덩어리를 뚫고 들어가기는 어려우므로, 덩어리를 이룬 암들의 치료에는 어려움이 있다. 그래서 기존의 항암요법들은 발전이 한계에 도달하여 있다.

이렇게 된 근본 이유는 현대의학이 암세포들의 발생 원인을 모르고 있어 암세포들을 제거하는 공격적인 방법들만을 활용하고 있기 때문이다. 원인을 알아야 원인요법을 할 수 있어, 무리가 발생하지 않는 올바른 예방과 치유가 가능하다. 결과가 있으면 원인이 있다. '시스템 이론의 순환법칙'은 암이 발생하는 원인을 다음과 같이 설명한다.

[ 하나의 시스템에는 상호 대립되는 대립쌍이 공존하므로, 모든 시스템들에는 대립되는 선과 악이 공존한다. 인간의 법에는 예외가 있지만, 자연법칙에는 예외가 없으므로 암에도 선과 악이 공존한다. 자연의 모든 것들은 역할이 있으므로, 암세포들은 우연히 생긴 것이 아니고 필요해서 생긴다.

정상세포들은 분열 증식하여 새로운 정상세포들로 되고, 오래된 정상세포들은 기능이 약해져 새로운 정상세포들로 교체된다. 역할을 다하고 죽은 정상세포들은 병원균들에 감염되기 쉬워 제거되어야 한다. 그러나 정상세포들과 죽은 정상세포들은 뿌리가 같아, 정상세포들은 죽은 정상세포들을 분해하여 제거하기가 어렵다. 그래서 인체는 기능이 약해진 정상세포가 마지막으로 분열할 때, 단세포에서 다세포로 진화하는 과정을 거치지 않고, 두 개의 단세포로 증식되어, 하나는 (+)성이 되고 다른 하나는 (−)성이 된다. (+)성 단세포는 인력이 강해 영양소를 잘 흡수하므로 강해지고, (−)성 단세포는 척력이 강해 영양소를 잘 흡수하지 못하므로 약해진다. 그래서 (+)성 단세포가 (−)성 단세포를 분해하여 흡수한다. 이 과정에 (+)성 단세포는 중화되어 (+)성이 약해진다. 주위의 정상세포들은 (−)성이므로 (+)성이 약해진 단세포를 분해하여 흡수하게 된다. 이 (+)성 단세포가 암세포의 모체이다. 그래서 암세포들은 죽은 정상세포들을 분해하여 흡수하고 정상세포들의 밥이 되는 선한 역할을 한다.

그러나 화식으로 영양 섭취가 증가하여 체액에 산성이 증가하면서, 정상세포들은 (−)성이 감소하고 암세포들은 (+)성이 증가하여, 정상세포들은 기능이 약해지고 암세포들은 기능이 강해져, 상황이 역전되어, 암세포들이 정상세포들을 분해하여 영양소들을 흡수하며 계속 증식하게 되어, 암이 생긴다.]

이 주장의 근거는 "정상세포들은 세포막 외부가 약알칼리성이고, 암세포들은 세포막 외부가 산성이다."라는 과학적 사실이다. 이것은 귀납적 방법에서는 하나의 사실일 뿐이지만,

연역적 방법에서는 자연의 본질을 유추하는 화두가 된다.

시스템 이론의 순환법칙에 의하면, 인체는 하나의 시스템이어서, 정상세포들과 암세포들은 시스템 속에 공존하는 대립쌍이므로 어느 한쪽이 증가하면 다른 한쪽은 감소한다. 혈액이 갖고 있는 항상성인 수소이온농도는 완충 기능이 있어 일정하게 유지되지만, 한쪽으로 치우친 식생활이 지속되면, 완충기능에 한계가 있어, 정상세포들에서 이온 물질들을 빼다가 항상성의 유지에 활용하게 되므로, 정상세포들은 수소이온농도에 큰 변화가 발생하게 된다.

영양이 부족한 상태가 지속되면, 탄산가스의 생성이 감소하여 체액에 산성이 감소하고, 산소의 소비가 덜 되어 체액에 알칼리성이 증가하므로, 암세포들은 외부가 산성이어서 중화되어 기능이 약해지고, 정상세포들은 외부가 알칼리성이어서 기능이 강해진다. 그래서 정상세포들은 암세포들을 분해하여 제거하기 쉽게 된다.

그러나 영양 과잉 상태가 지속되면, 탄산가스가 증가하여 체액에 산성이 증가하므로, 정상세포들은 알칼리성이 감소하여 기능이 약해지고, 암세포들은 산성이 증가하여 기능이 강해진다. 그래서 정상세포들이 암세포들을 제거하지 못해, 암세포들이 정상세포들을 분해하여 영양소들을 흡수하며 계속 증식하므로, 인체가 위험에 빠지게 된다.

그러나 암세포들이 발생하지 않는다면, 죽은 정상세포들에 병원균들이 계속 침입하는 것을 막기가 어려워, 인체는 수명이 지금보다 훨씬 짧았거나 생존이 어려웠을 것이다. 그러므로 암이 발생한 것을 긍정적으로 수용하고, 원인을 밝혀 원인요법을 시도할 필요가 있다. 그래서 시스템 이론의 순환법칙은 새로운 항암요법으로 '암, 시스템 힐링'을 제안한다.

'암, 시스템 힐링'의 목표는 암세포들의 외부 산성을 중화시키는 것이다. 이렇게 하면, 암세포들은 기능이 약해지고 정상세포들은 기능이 강해져, 정상세포들이 암세포들을 분해하여 영양분을 흡수하게 되어, 암이 치유될 수 있기 때문이다.

그러나 암세포들의 외부 산성을 중화시킬 수 있는 알칼리성 식품을 많이 먹으면 문제가 다 해결되는 것은 아니다. 알칼리성 식품들을 먹는 양에는 한계가 있어 한 번에 많이 먹을 수 없고, 과잉 섭취하면 영양 불균형으로 부작용이 발생할 수 있고, 체질에 적합한 알칼리성 식품을 찾아야 되기 때문이다.

그래서 '암, 시스템 힐링'은 시스템 이론의 순환법칙에 기초한 '식이요법, 운동요법, 심리요법, 수면요법'으로 영양소들의 균형과 조화를 추구하며, 정상세포들의 기능을 강화시키고 암세포들의 기능을 약화시키는 방법들을 활용하여, 정상세포들이 암세포들을 분해하여 흡수하게 하여, 암을 자연치유하는 방법을 활용한다.

'암, 시스템 힐링'은 일반적으로 사용하는 기존의 방법들을 활용한다. 그러나 차이는 있다. 순환법칙에 기초하여 적합한 방법들을 선택하여 확신을 갖고 꾸준히 활용하기 때문이다. 어떤 방법도 단독으로는 암세포들의 증식을 억제시키기 어렵지만, 억제 기능들이 조금씩 있어, 이 방법들을 매일 지속하면, 작은 힘들이 누적되어 큰 힘이 되는 터널효과가 발생하게 되어, 암은 치유될 수 있다.

여러 가지 방법들을 활용하므로 신경을 많이 써야 되지만, 먹고 일하고 놀고 자는 일상의 일들에서 잘못되었던 것들을 개선하여 최적건강을 추구하는 것이어서 마음만 먹으면 누구나 스스로 잘 할 수 있다.

암 진단을 받은 초기부터 '암, 시스템 힐링'을 시도할 필요가 있다. 현대의학의 항암요법들을 끝낸 다음에 시도할 수 있지만, 면역체계가 무너지면 회복이 어려워지므로, '암, 시스템 힐링'은 초기에 할수록 좋다. 그러나 새로운 시도이므로 심사숙고하여 자신감이 생기면 실행하는 것이 좋다. 명현현상이 있어야 효과가 있는 것은 아니다. 효과를 본 방법도 과하면 거부 반응이 나타날 수 있으므로 주의가 필요하다.

'암, 시스템 힐링'이 모두에게 안전하고 완전한 것은 아니다. 인체의 기능에는 한계가 있기 때문이다. 그러므로 '암, 시스템 힐링'은 스스로 책임지는 분들을 위한 정보이므로, 충분한 가치가 있다고 확신하시는 분들만 활용하길 바란다.

'암, 시스템 힐링'은 이제 시작이지만 자연법칙에 기초한 합리적이고 지속가능한 방법이므로 많은 분들의 참여와 더불어 계속 발전할 것이다.

## 1) 암은 선과 악의 이중성이 있다.

### * 암세포의 본성은 착하다.

시스템 이론의 순환법칙에 의하면, 하나의 시스템 속에는 마이너스(−)와 플러스(+)가 공존한다. 왜냐하면, 하나의 시스템이 수축과 팽창을 반복하는 순환과정에서 중성자들이 폭발하여 량들이 방출되는 현상은 마이너스이고, 중성자들이 폭발하면 양성자들로 되므로, 증가한 양성자들이 주위의 량들을 끌어당겨 수축시켜 결합하는 현상은 플러스이기 때문이다.

모든 원자들은 수축후반기의 특성이 강하므로 내부 핵은 플러스이고 외부 전자는 마이너스이다. 핵 속의 양성자들은 주위의 량들을 끌어당기며 수축되어 중성자들로 되어 폭발력이 증가하게 되고, 폭발력이 가장 증가한 중성자가 폭발하여 량들을 방출하면, 폭발한 중성자는 양성자로 된다. 그래서 핵 속에 양성자들이 증가하면, 핵은 인력이 증가하여 주위의 량들을 끌어당기며 수축하게 되므로, 양성자들은 량들을 많이 끌어당기며 수축되어 중성자들로 되고, 가장 수축된 중성자부터 차례로 폭발하게 된다.

이와 같이, 원자의 핵 속에 있는 중성자들과 양성자들은 고정되어 있지 않고 교대로 폭발하여 상호 전환하므로, 원자는 수축과 팽창을 반복한다. 이 현상이 원자의 진동이다.

팽창기 시스템은 량들을 많이 방출하므로, 시스템 내부는 척력이 증가하며 진공이 형성되고, 방출된 량들은 초기에는 (−)성을 띠지만 주위 공간에 가득 차있는 량들과 충돌하게 되고, 충돌한 외부의 량들은 수축되어 인력이 증가하므로, 양쪽이 중화되며 수축되어 중성의 벽이 형성된다. 팽창하는 시스템의 내부는 차지한 공간이 커져 내부의 기본 시스템들이 팽창하여 가득 차 있게 되어 반중성 상태가 된다. 반중성은 외압을 받아 수축되면 인력이 증가하여, 작용에 대하여 작용하므로, 물질과 반대되는 특성이 있다. 이런 반중성 상태에 있는 물질이 반물질이다. 그래서 시스템들은 겉과 속에서 (−)성과 (+)성, 중성과 반중성, 이 두 대립쌍이 교대로 반복되며 순환한다.

하나의 기본 시스템 속에 있는 기본 4힘은 독립성을 갖고 공존하며 증감하므로, 세기는 변해도 완전히 소멸되는 현상은 있을 수 없다. 그러므로 외부가 (−)인 시스템의 내부에는 (+)가 있고, 외부가 (+)인 시스템의 내부에는 (−)가 있다. 모든 것들은 시스템을 이루고 있으므로, 모든 시스템들 하나하나에는 (−)와 (+)가 상호 증감하며 공존한다.

이것을 확대해석하면, 자연에 존재하는 모든 것들은 상호 대립되는 두 개의 특성이 공존하는 이중성이 있다. 이것은 누구에게나 장점과 단점이 있는 것과 상통한다. 자연에 우연은 없다. 자연법칙에는 예외가 없다. 그래서 암에도 선과 악의 이중성이 있다. 필요하기 때문에 존재하고, 존재하기 때문에 역할이 있다.

그러므로 암세포들은 우연히 생겨 나쁜 역할을 하는 것이 아니고, 필요해서 생긴 것들이므로, 좋은 역할이 있다. 잘못된 생활방식을 오래 유지하여 인체의 내부 환경에 변화가 생겨, 암세포들이 증식하고 있다. 그러므로 내부 환경이 정상으로 되면, 암세포들은 본래의 역할을 수행하게 될 것이다.

그러므로 암세포들이 갖고 있는 본래의 특성이 무엇인지를 유추해 볼 필요가 있다.

## 2) 암세포는 정상세포의 먹이가 되게 설계되었다.

현대의학에 의하면, 암세포들은 정상세포들에서 발생하였지만, 정상세포들과 다른, 다음과 같은 특성들을 갖고 있다.

증식 속도가 빠르다.
무한 증식한다.
침윤한다.
전이한다.
독소를 분비한다.

암세포들은 정상세포들보다 증식 속도가 빠르고, 정상세포들처럼 새로운 세포들로 교체되지 않고 무한 증식하고, 이웃에 있는 정상세포들을 침윤하여 영양소들을 흡수하고, 다른 부위로 전이하여 새로운 병소들을 형성하고, 독소를 분비하여 정상세포들의 기능들을 약화시킨다.

정상세포들에서 왜 이런 나쁜 암세포들이 생기는 것일까? 인체에서는 하루에도 많은 암세포들이 생성되고 있다. 인체의 기능들이 정상이면 면역기능이 왕성하여, 암세포들은 면역세포들에 의해 제거되므로, 암은 발생하지 않는다. 그러나 인체의 기능들이 약해지면, 면역기능이 약해지므로, 암세포들은 면역세포들에 의해 제거되지 않고 분열 증식하게 된다. 암세포들은 주위에 있는 정상세포들을 파괴하여 영양원으로 활용하며 무한증식하게 되어, 인체가 위험에 빠지게 된다.

그러면 암세포들은 우연히 생긴 것일까? 계획된 것일까? 이 문제는 실험을 통해 해결될 수 없으므로 과학철학의 몫이다.

시스템 이론의 순환법칙에 의하면, 자연에 우연은 없다. 그러므로 암세포들은 우연히 발생한 것이 아니고 계획된 것이다. 모든 시스템들에는 상호 대립되는 대립쌍이 공존한다. 선과 악은 대립쌍이므로, 암세포들에는 선한 역할과 악한 역할이 공존한다. 시스템들은 순환운동을 하므로 선과 악은 교대로 증감한다. 암세포들은 필요해서 생겼으므로 선한 역할이 있지만, 몸의 기능에 이상이 생기면, 악한 역할을 하게 된다. 그래서 다음과 같은 유추가 가능하다.

[ 정상세포들은 분열 증식하여 새로운 정상세포들로 되고, 오래된 정상세포들은 죽고 새로운 정상세포들로 교체된다. 죽은 정상세포들에 병원균들이 침입하면, 염증이 자주 생겨 위험한 상태가 될 수 있다. 그래서 죽은 정상세포들을 빨리 제거할 필요가 있다. 그러나 죽은 정상세포들은 정상세포들과 뿌리가

같아, 정상세포들은 죽은 정상세포들을 제거하기가 어렵다. 그래서 기능이 약해진 정상세포가 마지막으로 증식하기 위하여 둘로 분열할 때, 단세포가 다세포로 진화하는 단계에서 정지되어, 두 개의 단세포가 생성되어, 하나는 (+)성이 되고 다른 하나는 (-)성이 된다. (+)성 단세포는 인력이 강해 주위의 랑들을 흡수하여 (+)성이 증가하고, (-)성 단세포는 랑들을 방출하여 (-)성이 감소하므로, (+)성 단세포가 (-)성 단세포를 중화시켜 흡수한다. 이 (+)성 단세포가 암세포다. 이 암세포는 (-)성 단세포를 중화시켜 흡수할 때 산성이 약해진 상태이고, 정상세포들은 알칼리성이어서, 주위의 정상세포들이 이 암세포를 중화시켜 흡수하게 설계되었다.]

그래서 정상세포들의 기능이 왕성할 때는, 정상세포들이 초기의 암세포들을 분해하여 영양원으로 흡수하여 제거하므로, 암세포들이 발생해도 문제될 것이 없다.

그러나 인체에 산성이 증가하면, 정상세포들은 표면의 알칼리성이 감소하여 기능이 약해지고, 암세포들은 표면의 산성이 증가하여 기능이 강해져, 상황이 역전되어, 암세포들이 정상세포들을 분해하여 흡수하며 증식하게 되어 암이 된다. 나이가 들수록 정상세포들은 약해지고, 암세포들은 강해지므로, 암은 발생이 증가한다.

암세포들은 단세포 생명체이어서 빠른 속도로 증식하고, 수가 증가하여 덩어리가 형성되면 덩어리 주위에 (+)성이 증가하므로 인접한 정상세포들을 파괴하여 영양소들을 흡수한다. 그래서 암세포들의 수가 증가할수록 정상세포들이 많이 파괴되어 체내에 독소들이 증가하므로 위험한 상태가 된다.

이런 특성을 갖고 있는 암세포들을 등장시킨 전략은 매우 위험한 선택이다. 하지만, 암세포들이 없었다면, 죽은 정상세포들에 병원균들이 증식하게 되어, 인체는 병원균들과의 싸움이 계속되어 지쳐 결국은 이기지 못해 수명이 지금보다 길지 못했을 것이다.

이런 유추가 가능한 것은 "정상세포들은 세포막 외부가 약알칼리성이고, 암세포들은 세포막 외부가 산성이다."란 사실이 밝혀져 있기 때문이다. 이렇게 된 원인이 있을 것이므로 원인을 찾을 필요가 있다.

## 3) 산성으로 기울면 암이 생긴다.

인체는 영양소들을 흡수하지 못해 배가 고파지면, 체액에 알칼리성이 증가한다. 영양소들의 소비가 덜 되어 탄산가스의 생성이 감소하여 체액에 탄산이 감소하고, 호흡으로 탄산가스는 배출되고 산소는 흡입되므로, 상대적으로 산소가 증가하여 체액에 수산화이온이 많아져 알칼리성이 증가하기 때문이다.

그러므로 배고픈 상태가 지속되어 체액에 알칼리성이 증가하면, 정상세포들은 표면의 알칼리성이 강해지고 암세포들은 표면의 산성이 중화되어 기능이 약해지므로, 정상세포들이 암세포들을 분해하여 제거하게 된다. 그래서 식량이 부족했을 때, 인체는 암세포들을 이길 수 있었다.

그러나 불을 사용하여 화식을 하게 되면서 식량원이 많아져 잘 먹게 되어 수명이 길어졌지만, 열로 인해 식품의 영양소들에 변화가 생겨, 산성 영양소들을 많이 먹고 알칼리성 영양소들을 적게 먹어, 체액에 알칼리성이 감소하고 산성이 증가하여, 정상세포들은 기능이 약해지고 암세포들은 기능이 강해져, 정상세포들이 암세포들을 이기지 못해, 암세포들이 증가하게 되었다.

암세포들의 수가 증가하였지만, 정상세포들은 알칼리성이 약해져 병원균들에 감염되기 쉬워져, 암 덩어리가 크게 형성되지 않은 상태에서 병원균 감염증으로 사망하는 경우가 많아, 암으로 인한 사망은 드물었다. 항생제들이 등장하면서, 패혈증으로 발전할 수 있는, 세균 감염증들이 초기에 치료되어, 평균수명이 길어지고, 암세포들은 계속 증식하여 큰 덩어리를 형성하게 되어, 암이 증가하고 있다.

암세포들은 필요해서 생기는 것이어서 생식을 하던 시절에도 발생했다. 정상세포들이 암세포들을 제거할 수 있어서, 암은 많이 발생하지 않았지만, 인체는 영양이 부족하고 위생 환경이 나빠서, 병원균들의 공격을 자주 많이 받아, 병원균 감염증이 많이 발생하여 수명이 길지 못했다.

의학이 발전해도 정상세포들은 노화되어 기능이 약해지고, 암세포들은 계속 발생하므로, 암은 정복될 수 없다. 동물 실험에서, 소식한 동물들은 수명이 연장된다. 소식하면, 각 기관들이 무리하지 않아 기능이 빨리 나빠지지 않기 때문일 것이다. 건강할 때는 소식이나 단식이 효과가 있을 수 있지만, 암 덩어리가 커지면 정상세포들의 기능이 많이 약해져 있어, 소식이나 단식은 위험할 수 있다. 정상세포들은 영양부족으로 기능이 더 약해지고, 암세포들은 기능이 약해진 정상세포들을 분해시켜 영양소들을 섭취하며 생존하므로, 암세포들의 증식이 억제되지 않기 때문이다.

인체를 구성하는 세포들 하나하나 속에는 인체의 모든 정보들이 들어 있는 유전자가 있듯이, 다른 생명체들도 이와 동일하다. 이것은 시스템 이론에서 전체와 부분이 동질성을 갖고 있는 것과 상통한다. 그래서 전체의 문제가 해결되면 부분의 문제가 해결될 수 있으므로 인체의 항상성들에 관심을 가질 필요가 있다. 인체의 항상성들은 시스템 전체의 상태를 나타내는 지표가 되기 때문이다.

인체의 항상성들은 잘 유지되고 있지만, 이것을 위하여 정상세포들이 많은 일을 한다. 그래서 정상세포들 내부의 항상성들이 한쪽으로 기울어지는 상태가 오래 지속되면, 외부의 항상성들은 유지되어도, 정상세포들의 기능이 약해져 암을 비롯한 만성질환들이 생기게 된다.

그러므로 전체의 항상성들이 균형과 조화를 이루어 질서가 잘 유지되면, 부분의 질서도 잘 유지되어, 정상세포들이 기능을 회복하게 되어, 암을 비롯한 만성질환들이 치유될 수 있다. 그러나 전체의 질서를 잘 유지시키는 방법들을 현대의학은 잘 알지 못하고 있다. 현대과학이 자연의 기본 원리를 올바르게 파악하지 못하고 있어, 숲을 보는 방법을 알지 못해 나무만 보고 있기 때문이다. 항상성들이 겉보기에는 잘 유지되고 있어도, 정상세포들 속에서는 잘 유지되지 않고 기울어져 있어, 암 덩어리가 커지고 있지만, 숲을 보는 방법이 없어, 전체의 질서를 바로잡는 방법들을 찾지 못하고 있는 것이다. 그래서 정상세포와 암세포의 구조적인 차이를 밝혀볼 필요가 있다.

## 4) 암세포와 정상세포는 구조가 다르다.

모든 시스템들은 순환법칙의 지배를 받는다. 모든 생명체들과 그것들의 세포들도 순환법칙의 지배를 받는다. 원자들은 각각 하나의 시스템을 이루고 있고, 세포들은 여러 가지 원자들의 결합체들이므로 시스템들을 이루고 있다. 따라서 모든 생명체와 그것들의 세포들은 시스템들이다.

그러므로 하나의 원자에 핵(+)과 전자(−)가 공존하듯이, 하나의 세포에도 (+)와 (−)가 공존한다. 그래서 세포들도 원자처럼 끌어당기는 (+)성인 인력과 발산하는 (−)성인 척력이 있어, 세포막을 경계로 내부와 외부의 전하가 다르기 때문에, 내부와 외부의 수소이온농도(pH)에 차이가 있다.

산성은 수소이온(H+)이 수산화이온(OH−)보다 더 많은 상태이므로 (+)성이고, 알칼리성은 수산화이온이 수소이온보다 더 많은 상태이므로 (−)성이다. 그러므로 (+)성이 (−)성보다 많으면 산성이고, (−)성이 (+)성보다 많으면 알칼리성이다.

화학에서 산성과 알칼리성을 구분하는 pH의 기준은 7.0이다. pH가 7.0보다 크면 알칼리성이고 작으면 산성이다.

인체 혈액은 평균적으로 pH7.40이다. pH는 인체의 중요한 항상성이어서 평균보다 크거나 작으면 몸에 이상이 생기므로, 경고하기 위해 입맛에 변화가 생긴다. 알칼리성이 증가하여 있으면 산성 식품이 입에 땅기고, 산성이 증가하여 있으면 알칼리성 식품이 입에 땅긴다.

그래서 인체는 pH7.40이 산성 체질과 알칼리성 체질을 구분하는 기준이 된다. 이보다 크면 알칼리성이 평균보다 증가하여 있어 알칼리성체질이고, 이보다 작으면 산성이 평균보다 증가하여 있어 산성체질이라고 정의할 수 있다.

정상세포들은 세포막 외부가 약알칼리성이고 내부는 약산성이다. 암세포들은 세포막 외부가 산성이고 내부는 알칼리성이다. 이것들은 실험을 통해 밝혀진 사실들이다. 왜 이렇게 서로 반대되는 현상들이 발생할까?

정상세포들은 외부가 알칼리성이어서 (-)성이고 내부가 산성이어서 (+)성이므로 수축후반기의 특성을 갖고 있다.

암세포들은 외부가 산성이어서 (+)성이고 내부가 알칼리성이어서 (-)성이므로 팽창후반기의 특성을 갖고 있다. 팽창전반기에는 척력이 증가하여 외부로 (-)성의 방출이 증가하므로 (+)성이 형성되기 어렵다. 하지만, 팽창후반기에는 척력이 감소하기 시작하여 방출되는 (-)성이 감소하므로, 외부 공간의 량들은 내부에서 방출되는 (-)성이 감소하는 량들과 충돌하며 수축되어 (+)성이 증가하게 되어, 세포막 외부에 (+)성이 형성된다.

그래서 암세포들은 외부가 (+)성이고 내부가 (–)성이어서 팽창후반기의 특성을 갖고 있다. 모든 원소들은 수축후반기의 특성을 유지하며 진동하므로, 암세포들은 많은 원자들의 결합체들이어서 수축후반기의 특성을 갖고 있어야 할 것이지만, 생명력이 있을 때는 생명력의 기본 4힘이 작용하여 팽창후반기의 특성을 갖는다. 그래서 암세포들은 기본 바탕에서 벗어나 있어 불안한 상태이어서 수명이 짧아 독립되어 빠르게 증식을 해야 생존할 수 있다.

정상세포들은 폭발력이 증가하는 수축후반기 시스템들이어서 독립되면 외압이 감소하여 폭발하기 쉬워 독립적으로 생존할 수 없다.

암세포들은 확산력이 증가하는 팽창후반기 시스템들이어서 폭발력이 감소하므로 독립되어도 폭발하지 않아 독립적으로 생존할 수 있고, 외부가 (+)성이어서 증식하며 서로 끌어당겨 결합할 수 있으므로 덩어리를 형성할 수 있다.

정상세포들은 내부의 (+)성이 외부의 (–)성보다 강해, 인력(+)이 강하므로 서로 끌어당기고 있어, 질서가 이루어져, 배열이 규칙적이고 이동하지 않는다.

암세포들은 내부가 (–)성이어서 척력이 강해, 암 덩어리 속 암세포들은 서로 밀고 있지만, 외부의 (+)성이 내부의 (–)성을 감싸고 서로 끌어당기므로 덩어리를 형성하고 있다. 그래서 암 덩어리 속 암세포들은 척력(–)이 강해 서로 밀고 있어, 배열이 불규칙적이고 유동적이다. 그러나 암 덩어리 속 암세포들은 증식하여 수가 증가하면, 밀도가 증가하여 수축되어 폭발력이 증가하므로, 암 덩어리의 일부가 폭발한다. 이때 나온 암세포들이 이동하여 전이된다.

암세포들은 외부에 (+)성이 형성되므로 병원균들이 침입하기 어렵지만, 죽으면 기능이 약해져 외부 (+)성도 약해지므로, 암세포들에 병원균들이 침입하여 염증을 일으키게 된다. 이렇게 되면 패혈증이 발생할 수 있어 위험하다. 그래서 방사선요법이나 화학요법에 의해 암세포들이 죽게 되면, 이것들을 빨리 제거해야 되지만 쉽지 않은 것이 문제이다.

## 5) 암세포와 정상세포는 복제 방식이 다르다.

정상세포들은 세포막 외부가 약알칼리성이고 내부는 약산성이다. 암세포들은 세포막 외부가 산성이고 내부는 알칼리성이다. 정상세포들이 변해 암세포들이 되었지만, 구조가 이렇게 달라진 이유가 있을 것이다.

시스템 이론에 의하면, 자연의 모든 존재들은 기본 시스템들의 결합체들이고, 하나의 기본 시스템 속에는 자연에 필요 충분한 모든 것들이 공존한다. 마찬가지로, 인체는 하나의 세포에서 증식되며 복제된 동일한 유전자를 갖고 있는 세포들의 결합체이어서, 세포들 하나하나 속에는 인체에 대한 모든 정보들이 공존한다. 그래서 하나의 정상세포는 진화 과정의 유전정보들을 모두 갖고 있으므로, 하나의 정상세포가 갖고 있는 유전자 속에는 단세포에서 다세포로 진화하는 단계를 포함하여 진화의 모든 과정들이 담겨있다. 단세포에서 다세포로 진화하는 단계는 복잡해 잘못이 생기기 쉬워, 이 단계에 잘못이 생기면, 정상세포는 두 개의 정상세포로 분열하지 못하고 두 개의 단세포로 분열하여 증식하게 된다. 두 단세포 중 하나는 (−)성이고 다른 하나는 (+)성이어서, (+)성 단세포는 인력이 강해 (-)성 단세포를 흡수하여 암세포가 된다.

하나의 세포가 분열하여 새로운 두 세포들로 증식될 때, 하나의 세포가 갖고 있던 원본 유전자 쌍(FM)이 복제되어 새로운 유전자 쌍(F'M')이 생긴다. 이 두 유전자 쌍을 새로운 두 세포가 나누어 갖는 복제 방식은 여러 가지가 있을 수 있지만, 보존적복제와 반보존적복제로 양분될 수 있다.

보존적복제는 원본 유전자 쌍과 새로운 유전자 쌍이 분리되지 않고, 이것들을 새로운 두 세포들 중 하나는 원본 유전자 쌍(FM)을 갖고, 다른 하나는 새로운 유전자 쌍(F'M')을 갖는 방식이다. 그래서 새로운 두 세포들은 유전자들이 갖고 있는 량들에 차이가 있어 기능에 차이가 있다.

정상세포들은 세포막 외부는 알칼리성이고 내부는 산성이고, 독립적으로 생존하지 않고 집단을 이루고 있어, 순환운동 과정 중에서 수축후반기에 있다. 그래서 정상세포들은 인력이 척력보다 강해, F와 M이 분리되지 않고, F'와 M'도 분리되지 않아, 새로운 두 세포 중 하나는 원본 유전자 쌍을 갖고 다른 하나는 새로운 유전자 쌍을 갖는 보존적복제를 한다.

반보존적복제는 복제되어 생긴 원본 유전자 쌍이 분리되고 새로운 유전자 쌍도 분리되어, 각각 서로 교차 결합하여 새로운 두 개의 유전자 쌍(FM', F'M)이 생기고, 이것들을 새로운 두 세포들이 하나씩(하나는 FM'을, 다른 하나는 F'M을) 갖는 방식이다.

그래서 새로운 두 세포들은 유전자들에 큰 차이가 없어 기능에 차이가 없다.

암세포들은 세포막을 경계로 내부는 알칼리성이고 외부는 산성이어서 팽창후반기에 있고 이동하여 전이되는 특성이 있다. 그래서 암세포들은 척력이 인력보다 강해, 두 유전자 쌍들이 분리되어 교차 결합하는 반보존적복제를 하므로, 우열이 없어 기능에 차이가 없고, 독립성이 있어 이동하여 개별적으로 생존할 수 있다.

보존적복제를 하면, 세포들의 수명에 차이가 있어, 오래된 세포가 새로운 세포로 교체되므로, 전체 세포들의 수가 대체적으로 일정하게 유지된다. 그러나 반보존적복제를 하면, 세포들의 기능에 차이가 없어, 세포 교체가 없이 증식하므로, 세포들의 수가 기하급수적으로 증가한다.

다세포 생명체는 세포들이 각각 정해진 기능들을 갖고 있어, 각 세포들의 역할에 차이가 있으므로, 증식을 통제할 필요가 있어, 오래된 세포를 새로운 세포로 교체하기 위해 보존적복제를 한다.

단세포 생명체는 세포들이 각각 독립되어 있는 개체들이어서 계속 생존하기 위해서는 무한 증식해야 되므로 반보존적복제를 한다.

이것들은 입증되지 않은 가설이지만, 이 가설은 정상세포들이 일정 회수 이상 증식할 수 없고 암세포들이 계속 증식할 수 있는 이유를 설명할 수 있다.

정상세포들은 수축후반기에 있어, 보존적복제는 인력이 척력보다 강한 상태에서 이루어져, 원본 유전자가 갖고 있는 량들을 복제 유전자에게 적게 나누어 준다. 그래서 복제 횟수가 증가할수록 량들이 감소하므로 복제 횟수에 한계가 있다.

암세포들은 팽창후반기에 있어, 반보존적복제는 척력이 인력보다 강한 상태에서 이루어져, 원본 유전자가 갖고 있던 량들을 복제 유전자에게 충분히 나누어 주게 되어 복제 횟수에 한계가 없다.

정상세포들은 세포막 외부가 약알칼리성이고 내부는 약산성이고, 암세포들은 세포막 외부가 산성이고 내부는 알칼리성이어서, 이 차이를 이용하여 정상세포들의 외부 (-)성을 강화시키고 암세포들의 외부 (+)성을 약화시켜, 원래 설계된 대로, 정상세포들이 암세포들을 흡수하게 하여 암을 치유하는 방법이 '암, 시스템 힐링'이다.

가정이 가정을 낳고, 이론이 이론을 낳고 있다. 처음 이론이 진실이면 후속 이론들도 진실이 될 수 있다. 그래서 후속 이론들은 해결되지 않고 있는 기존의 문제들을 해결하는 새로운 방법을 찾아가는 징검다리가 될 수 있다.

## 6) 암세포들에도 체질이 있다.

인체에 체질이 있듯이 암세포들에도 체질이 있다. 암 덩어리 속 암세포들은, 한 부모의 형제자매들이 서로 다른 특성을 갖고 있듯이, 하나의 암세포에서 분열되었어도 체질이 다른 여러 종류가 있다. 하나의 암세포가 둘로 분열될 때, 암세포 속 기본 4힘의 세기에 차이가 생겨 다른 체질이 형성되기 때문이다.

그래서 항암약품들은 암세포들의 체질에 따라 효과가 다르게 나타날 수 있어, 항암약품들에 의해 죽지 않고 살아 내성을 갖는 암세포들이 있다. 암세포들은 하나하나가 독립적인 생명체들이어서, 다른 암세포들과 공조를 이루지 않아도 되므로, 돌연변이가 되어도 홀로 생존하며 증식할 수 있다.

암세포들은 반보존적복제를 하므로 오래된 유전자와 새로 복제된 유전자를 각각 반씩 갖고 있어, 유전자들이 비슷하여, 기능에 큰 차이가 없고 독립적으로 존재하므로 서로 균형과 조화를 이루어야 할 이유가 없어, 항암약품들에 의해 변형이 생겨도, 환경 조건이 맞으면 변형이 유전되며 계속 증식할 수 있다.

그러나 암세포들의 외부 산성은 조금씩 차이는 있어도 암세포들에 공통된 특성이어서, '암, 시스템 힐링'은 암세포들의 외부 산성을 중화하여 감소시키는 방법을 활용하므로 암세포들의 체질과는 무관하다.

암세포들의 외부 산성을 중화시키면, 암세포들은 흡수 기능이 감소하여 영양실조가 되어 사멸하게 되고, 암 덩어리는 외부 (+)성이 감소하여 인력이 약해져 외압이 감소하므로 내부에서 작은 폭발들이 촉진되어, 암 덩어리에서 덜 성숙된 암세포들이 떨어져 나와 이동하게 되어, 이동하는 암세포들은 많아도 전이가 성공하기 어렵게 된다. 인체의 체질에 따라 효과가 다를 수 있지만, 암 시스템 힐링은 일상의 식품들을 이용한 중화 작용을 활용하므로 암세포들에 내성이 생기지 않아, 자신의 체질에 맞게 꾸준히 실행하면 효과가 나타나게 될 것이다.

암 덩어리의 외부 산성이 중화되면, 산성이 감소하여 주위 공간의 랑들을 끌어당기는 인력이 감소하므로, 암 덩어리를 누르는 압력이 약해져, 상대적으로 암 덩어리 내부에 폭발력이 증가하여, 암 덩어리가 폭발하기 쉽게 된다. 이때 방출되는 암세포들은 덜 성숙된 상태이어서 기능이 약해 이동 중에 면역세포들에 의해 죽기 쉽고, 전이되어도 정상세포들의 알칼리성에 의해 중화되어 성장하지 못하고 죽게 되므로, 전이가 성공하기 어렵다.

정상세포들은 집단을 이루고 있어서 정신의 통제를 받으며 증식한다. 그러나 암세포들은 독립적이어서 암 덩어리를 지배하는 정신의 통제가 없어 자유롭게 증식할 수 있고, 세포막 외부가 (+)성이어서 인력이 정상세포들보다 커서 영양소들을 흡수하는 힘이 강하고, 팽창후반기의 특성이 있어 척력이 강해 세포 분열이 잘되 증식 속도가 빠르다.

암세포들은 증식 속도가 빠르므로 식욕이 강하다. 이 강한 식욕은 강점이지만 약점이 될 수 있다. 아침 공복에 알칼리성이 강한 식품들을 많이 먹으면, 암세포들은 배고픈 상태이고 산성이어서 알칼리성이 강한 영양소들을 많이 흡수하게 된다. 암세포들은 알칼리성을 많이 흡수하여 외부의 산성이 중화되어 기능들이 약해지고, 정상세포들은 외부의 알칼리성이 증가하므로 정상상태로 회복되어 기능들이 강해진다. 이 상태에서 정상적인 식사를 하면, 암세포들은 기능이 약해지고 이미 흡수한 것들이 많아 필요한 영양소들을 잘 흡수하지 못하고, 정상세포들은 기능이 강해져 잘 흡수하게 된다. 이 방식을 하루 단위로 반복하면, 암세포들은 영양 결핍으로 증식을 못해 차츰 빈사상태가 되고, 정상세포들은 본래의 기능을 회복하게 되어, 정상세포들이 암세포들을 분해하여 흡수하게 되므로, 암은 예방 · 치유될 수 있다.

## 7) 암세포들이 좋아하는 것, 싫어하는 것

### * 암세포들은 '포도당, 아미노산, 인'을 좋아한다.

암세포들은 빠르게 증식하므로 에너지가 많이 필요해 정상세포들보다 포도당을 많이 소비한다. 그래서 암 환자는 포도당의 섭취를 줄여야 되지만, 정상세포들에도 필요한 영양소이므로 절제가 요구된다.

정상세포들과 암세포들은 낮에 영양소들을 경쟁적으로 흡수하고 밤에 증식한다. 암세포들은 증식 속도가 빠르고 포도당을 저장하는 기능이 약해 낮에 비축한 것으로는 부족하므로 혈당을 끌어당겨 소비한다. 그래서 잠자기 전에 혈당을 감소시키면 암세포들의 증식이 억제될 수 있다.

잠자기 전에 혈당을 감소시키는 방법은 맨손체조를 기분좋게 하고, 물수건으로만 전신을 가볍게 마찰하는 것이다. 이렇게 하면, 정상세포들이 자극되어 암세포들과 경쟁적으로 혈당을 흡수하게 되어, 혈당이 감소한 상태가 되어, 암세포들의 증식이 억제될 수 있다.

혈당이 감소하면, 몸에 비축된 글리코겐이 포도당으로 분리되어 혈당의 항상성이 유지된다. 하지만, 글리코겐의 포도당들은 (+)성이 상대적으로 강해 암세포들보다 정상세포들에 잘 흡수된다. 왜냐하면 다음과 같은 유추가 가능하기 때문이다.
[ 전분에서 분리된 초기의 포도당들은 단단히 결합된 구조에서 폭발하여 나와 량들이 많아 약한 (−)성이다. 정상세포들은 외부가 (−)성이어서 인슐린이 있어야 (−)성 포도당들을 흡수할 수 있지만, 암세포들은 외부가 (+)성이어서 (−)성 포도당들을 잘 흡수한다. (−)성 포도당들은 인슐린의 도움으로 정상세포들 속으로 들어가면, 그 과정에 량들이 방출되어 중성자들이 폭발하여 양성자들로 되어 (+)성이 증가한 포도당들이 되고, 이것들이 결합하여 글리코겐으로 된다. 글리코겐의 포도당들이 분리되어 혈액에 배출될 때, 포도당 원자들은 량들이 소비되어 일부 중성자들이 폭발하여 척력이 증가하여 분리되므로, 글리코겐에서 분리된 포도당들은 양성자들이 증가하여 (+)성이 많이 증가한 상태가 된다. 그래서 정상세포들은 외부가 (−)성이어서 (+)성 포도당을 잘 흡수하고, 암세포들은 외부가 (+)성이어서 (+)성 포도당들을 흡수하기 어렵다. ]

원자 구조가 모두 동일할 영양소들은 화학적으로는 천연과 인공을 구분하는 것이 의미가 없다. 그러나 생리학적으로는 의미가 있다. 항암요법은 화학이 아니고 생리학이다. 천연물에서 화학적으로 분리시켜 얻은 영양소들은 갖고 있던 량들을 많이 잃어 폭발력이 감소하고 (+)성이 증가한 상태이어서, 영양소의 특성은 유지되어도, 암세포들의 (+)성을 중화시키기는 항암 기능이 감소하여 있다.

이것은 입증되지 가설이지만, 시스템 이론의 순환법칙으로는 필연적으로 유추된다.

암세포들은 빠르게 증식하므로 아미노산과 인(P)이 많이 필요하다. 고기는 아미노산과 인이 많이 있어 암세포들과 정상세포들의 증식에 좋다. 식물성 식품으로 건강을 유지할 수 있다면, 암환자들은 고기를 안 먹는 것이 좋지만, 참기 어려우면 먹는 것이 최적건강을 유지하기 위해 더 좋을 수 있다.

고기는 삶아 먹는 것이 좋다. 물만 넣고 약한 불에 오래 끓이면, 인을 비롯한 산성 성분들이 많이 배출되므로, 암환자는 국물을 먹지 않고, 고기만 식기 전에 소금이나 젓갈류에 찍어 먹는 것이 좋다. 식으면 단백질이 굳어져 분해가 힘들어져 아미노산들의 흡수율이 떨어진다.

## * 암세포들은 '산소, 소금, 식초'를 싫어한다.

체내에 흡수된 산소($O_2$)는 수소이온($H^+$)들과 결합하여 수산화이온($OH^-$)이 되고, 암세포는 외부가 (+)성이어서 수산화이온과 결합하면 중화되어 기능이 약해진다. 그래서 암 덩어리는 수산화이온들과 계속 충돌하면 외부의 (+)성이 중화되며 감소하여 인력이 약해져 주위의 량들을 많이 끌어당기지 못해, 결과적으로 외부 압력이 감소하므로, 상대적으로 내부 압력이 증가하여, 폭발하기 쉬워져 폭발이 자주 발생하게 된다. 암 덩어리의 폭발이 자주 발생하면 덜 성숙된 암세포들이 많이 방출되어 이동하게 되고, 이것들은 환경 적응력이 약해 면역세포들을 만나면 쉽게 죽게 되고, 전이되어도 정상세포들의 힘에 눌려 성장하기가 어렵다.

그래서 암을 극복하기 위해서는 유산소 운동으로 산소를 많이 흡수할 필요가 있다. 유산소 운동이 어려운 분들에게는 '순환호흡 운동'이 유효하다. (194쪽 참조)

염화나트륨(NaCl)은 물에 용해되면 일부가 해리되어 나트륨이온($Na^+$)과 염소이온($Cl^-$)이 되고, 이것들은 물속의 수산화이온($OH^-$)과 수소이온($H^+$)에 각각 결합하여 가성소다(NaOH)와 염산(HCl)이 된다. 이것들은 중화되어 중성을 이루고 있다. 그러나 혈액에서 염산이 위산으로 배출되면, 혈액에 남는 가성소다의 수산화이온은 암세포 외부의 (+)성을 중화시키게 된다. 그래서 암세포는 기능이 감소하므로 소금을 싫어한다.

소금을 많이 먹어도 혈액 속에 나트륨의 양은 증가하지 않는다. 염도 0.9%를 유지하는 항상성이 있기 때문이다. 오래된 나트륨은 새로운 나트륨으로 교체되어 소변으로 나오게 된다. 새로운 나트륨은 오래된 나트륨보다 량들을 많이 갖고 있어 인력이 강해 다른 물질들과 결합하는 힘이 강하기 때문이다.

천연 발효 식초 속에는 초산을 비롯한 여러 가지 유기산들이 있다. 유기산들은 식품 속의 칼슘과 칼륨, 마그네슘 등과 결합하여 염을 형성하고, 이 염들의 수용액은 약알칼리성이어서 암세포의 외부 산성을 중화시키므로, 암세포는 기능이 감소하여 증식이 방해된다. 그래서 암세포들은 식초를 싫어한다.

그러나 식초를 많이 먹으면, 정상세포들을 자극하게 되므로 역효과가 발생할 수 있다. 식초를 물에 타 먹으면 소화기관들을 자극하여 염증이 생길 수 있다. 채소와 과일, 밥 같은 식물성 식품에 식초를 적당량 넣고 잘 섞어 양이온 미네랄과 결합되게 하여 먹으면 자극이 약하고 흡수가 잘되어 좋다.

## * 암세포들은 탄화된 식물성 식품을 싫어한다.

탄화된 식물성 식품 속에는 칼슘, 칼륨, 마그네슘 등이 많이 있다. 이것들은 물속의 수산화이온과 결합하여 알칼리성이 되므로 인체에 흡수되면 암세포의 산성을 중화시킬 수 있다. 그래서 탄화된 식물성 식품들은 항암 효과가 기대된다. 그러나 좋은 점이 있으면 나쁜 점도 있는 것이 자연이므로, 탄화된 식물성 식품에는 발암성 물질들이 생성되어 있으므로 주의가 요구된다.

나무나 짚을 태운 재를 물에 탄 잿물은 수산화칼륨(KOH)이 많아 알칼리성이고, 양잿물은 수산화나트륨(NaOH)이 주성분이다. 볶거나 덖어 만든 차에는 칼륨과 마그네슘이 영양소들과의 결합에서 많이 유리되어 수산화이온과 결합하여 알칼리성이 증가하므로 항암 효과가 기대되지만 과하면 해가 된다.

탄화된 동물성 식품 속에는 인과 황이 많아, 이것들은 인체에 흡수되면 산성을 증가시키므로, 암세포들은 산성이 증가하여 정상세포들에 대한 공격력이 증가할 수 있다. 그래서 탄화된 동물성 식품의 섭취는 득보다 실이 크다.

## * 비타민C와 D, 파이토케미컬은 항암 기능이 있다.

식물의 비타민C를 비롯하여 파이토케미컬들은 생성되고 오래되지 않은 상태에서는, 각각의 원자들이 량들을 많이 끌어당기고 있어 중성자들이 증가한 상태이어서 폭발력이 강해, 암세포들과 충돌하면 폭발하여 전자를 방출하여 척력이 증가하여 알칼리성이 되므로 암세포들의 산성을 중화시킬 수 있어 항암 효과가 있다. 그러나 오래된 것들은 량들을 많이 잃게 되어, 폭발력이 약해 전자의 힘이 약해져, 영양소의 기능은 있어도, 항암 기능은 약해진다. 그러므로 제철에 나는 싱싱한 과일과 채소일수록 항암 효과가 좋다.

햇빛을 받아 피부에서 생성된 비타민$D_3$는 원자들이 햇빛을 받아 수축되며 량들을 많이 축적하여 중성자들이 증가한 상태이어서 폭발력이 강해, 암세포들과 충돌하면 폭발하여 나온 전자들이 암세포의 산성을 중화시키므로 항암 기능이 있다.

### * 암세포들은 피톤치드를 싫어한다.

피톤치드는 살아 있는 식물에서 분비되는 휘발성 물질이어서, 폭발에 의해 발생하여 척력이 증가한 상태이므로, 방금 방출된 상태일 때는 척력이 강해 (-)성이 강해 항암 기능이 있다. 그러나 피톤치드는 폭발력이 오래 지속되지 않아 항암 기능이 빨리 약해지므로, 숲 속으로 들어가 방금 방출된 것들을 마셔야 효과가 있다.

### * 암세포들은 체온 상승을 싫어한다.

정상 체온이 36.5℃보다 높은 상태이면, 이것은 정상세포들의 폭발력이 평균보다 증가하여 있다는 뜻이다. 그래서 정상세포들은 척력이 증가하여 알칼리성이 증가한 상태이므로 암세포들의 외부 산성을 중화시킬 힘이 있다. 따라서 암세포들은 기능이 감소하게 되고, 암 덩어리는 외부 산성이 감소하여 인력이 감소하므로 외부 압력이 약해진 상태이어서 폭발이 자주 발생하게 된다. 그래서 덜 성숙된 암세포들이 방출되므로 이것들은 기능이 약해 전이가 어려워지고, 폭발이 자주 발생하므로 암 덩어리의 크기가 작아지게 된다.

정상 체온이 36.5℃보다 낮은 상태이면, 이것은 정상세포들의 폭발력이 평균보다 감소하여 있다는 뜻이다. 그래서 정상세포들은 척력이 감소하여 알칼리성이 감소한 상태이므로 암세포들의 외부 산성을 중화시키는 기능이 감소한다. 암세포들은 상대적으로 외부 산성이 증가하여 인력이 증가하므로, 외압이 증가한 상태가 된다. 그래서 암 덩어리는 더 수축되어 폭발하므로 성숙된 암세포들이 방출되어 전이가 쉬워지고, 폭발하는 수가 감소하므로, 암 덩어리는 크기가 커지게 된다.

그러므로 체온이 낮아지는 것을 방지하고 높아지게 유도할 수 있는 자연요법이 필요하다.

이상과 같이 암세포들과 정상세포들은 서로 다른 특성들을 갖고 있어, 이 차이를 활용하여 '식이요법, 운동요법, 심리요법, 수면요법'으로 암세포들의 기능을 약화시켜 암을 예방하고 치유하려는 자연요법이 '암, 시스템 힐링'이다.

'암, 시스템 힐링'의 기본 원리는 두 가지다. 하나는 암세포들의 외부 산성을 중화시켜, 흡수 기능을 약화시켜, 암세포들이 영양소들을 충분히 흡수하지 못해 영양부족으로 증식하지 못하고 아사하게 하는 것이다. 다른 하나는 암 덩어리의 외부 산성을 중화시키면 암 덩어리의 내부 압력이 상대적으로 증가하여 폭발을 촉진시켜 덜 성숙된 암세포들이 배출되게 하는 것이다. 덜 성숙된 암세포들은 전이되어도 정상세포들의 힘에 눌려 성장하지 못하기 때문이다.

항생제들은 일정 농도 이상에 도달해야 살균 효과가 있고, 자주 사용하면 내성이 생긴다. 항암약품들도 이와 유사하다.

그러나 산성과 알칼리성이 중화되는 작용은 한쪽의 양이 소량이어도 그 만큼의 다른 쪽을 중화시킬 수 있고, 암세포들의 세포막 외부에서 작용하므로, 내성이 생기지 않는다.

한두 가지 방법으로 암세포들의 산성을 감소시키는 자연요법은 있을 수 없고, 하나하나의 효과는 미미하지만, 체질에 맞게 무리하지 않고, 일상에서 자주 활용하고 있는 여러 가지 방법들을 고루 꾸준히 규칙적으로 실행하면 서서히 효과가 발생할 수 있다.

모든 식품들은 양면성이 있어, 효과가 좋은 식품도 부작용이 발생할 수 있으므로, 주의가 필요하다. 오래 사용해 전신의 기능들이 약해진 상태이므로, 조심이 최고의 미덕이다.

## 8) 기존 항암요법들과 '암, 시스템 힐링'

### * 기존 항암요법들의 문제점

현대의학은 암을 치료하기 위해 '수술요법, 방사선요법, 항암화학요법, 면역요법' 등을 활용한다.

수술요법은 커진 암 덩어리를 제거할 수 있지만, 작아서 확인이 어려워 제거하지 못한 작은 암 덩어리들이 수술 전보다 더 빨리 커지는 것을 방지할 수 없는 것이 문제이다.

방사선요법은 방사선에 쪼여 죽은 암세포들과 손상된 정상세포들에 병원균들이 침투하는 것을 어떻게 방지하느냐가 문제이다. 죽은 암세포들을 제거하지 않으면 여기에 병원균들이 침투하여 감염증이 악화될 수 있기 때문이다. 이것 역시 큰 암 덩어리가 제거되면 작은 암 덩어리들이 빨리 커지는 것을 방지할 수 없는 것이 문제이다.

항암화학요법은 효과가 있어도 면역기능이 약화되기 쉬워, 죽은 암세포들에 병원균들이 침입하여 감염증이 발생하기 쉬운 것이 문제이다. 초기에는 병원균들의 감염증이 항생제로 치료되어도 재발되면, 병원균들이 항생제에 내성을 갖게 되고,

면역세포들의 증식력과 기능이 약화되어 있어, 치료가 어려워지는 경우가 많다. 또, 면역기능이 약해지만, 정상세포들이 암세포들의 성장을 억제하는 기능이 감소하여, 전신에서 새로 발생하는 암세포들이 빠르게 증식하게 되어, 전신에서 암이 재발될 수 있는 것이 문제이다.

암을 치료하는 과정 중에 사망하는 주원인은 병원균들의 침입으로 인해 생기는 패혈증 같은 감염증이다. 치료 과정 중에 암세포들과 정상세포들이 많이 죽어 쌓이게 되어, 여기에 병원균들이 계속 침투하여 염증을 일으키게 되어, 이로 인해 생기는 독소들이 전신에 퍼지게 되어 패혈증이 발생한다. 초기에 발생하는 패혈증은 항생제로 병원균들이 제거되어 치료되지만, 반복되어 발생하면 항생제에 내성이 생긴 병원균들이 생기고 면역력이 약해져 치료가 어려워지기 때문이다.

'암, 시스템 힐링'이 언제나 최선이 될 수 있는 것은 아니다. 암 덩어리가 커진 경우에는 '암, 시스템 힐링'으로 암세포들의 증식을 억제하는 효과보다 증식 속도가 빨라 암세포들의 수가 계속 증가할 수 있기 때문이다.

그러므로 수술이 가능한 암일 경우, 암 덩어리를 수술로 제거하고, '암, 시스템 힐링'으로 몸 관리를 잘하여 면역력을 증가시키는 것이 좋을 수 있다.

그러나 이 경우에도 문제가 있다. 수술하여 큰 암 덩어리가 제거되면 작은 암 덩어리들이 빨리 성장하기 때문이다. 큰 암 덩어리가 먹었던 영양소들을 작은 암 덩어리들이 먹게 되기 때문이다. 수술하기 전에는, 전이되어 생긴 작은 암 덩어리의 암세포들이 주위의 정상세포들을 분해하여 영양소들을 흡수할 때, 흘러나온 영양소들이 혈액과 림프액을 통해 전신에 퍼지게 되어, 이것들을 큰 암 덩어리의 암세포들이 흡수했다. 큰 암 덩어리가 제거되면, 이 영양소들을 작은 암 덩어리의 암세포들이 흡수하게 되어, 증식이 촉진되어 빨리 성장하게 되는 것이다.

이 문제를 해결하기 위하여 항암화학요법으로 큰 암 덩어리를 축소시키고 수술하여 제거하는 경우가 있다. 이 경우는 전이된 암이 완전히 제거된 것이 아니어서 수술 후에 항암화학요법을 계속하게 되면, 면역력 감소가 문제될 수 있다.

그래서 큰 암 덩어리를 '암, 시스템 힐링'으로 성장이 정지되거나 수축되는 상태가 되게 한 뒤에 수술을 하고 계속 암 시스템 힐링을 시도할 필요가 있다. 암 시스템 힐링에도 여러 가지 방법들이 있어 체질에 맞는 것을 찾을 필요가 있지만, 식이요법으로 암 덩어리의 성장을 억제할 수 없는 상태이면, 면역기능이 많이 약해진 상태이어서 수술을 해도 효과를 보기가 어려울 수 있다.

현대의학은 암 치료의 어려움을 인식하게 되면서, 면역력을 증가시킬 필요가 있다는 결론에 도달했다. 그 결과 최근에는 면역세포치료법과 같은 면역요법들이 각광을 받고 있다. 그러나 이 방법들은 이동하는 암세포들을 제거하기는 쉬워도 암 덩어리 속 암세포들을 사멸하기가 어렵고, 재발되면 내성이 생길 수 있고, 치료비용이 많이 드는 것 등이 문제다.

암세포들은 필요해서 생기는 것이고 정상세포들의 기능이 약해질수록 많이 생기므로, 암은 정복될 수 없는 병이다. 그래서 수명이 길어지면 암은 필연적으로 증가하게 된다. 한두 가지 약품으로 암세포들을 사멸시킬 수는 있어도, 면역기능이 약해지면, 죽은 암세포들에 병원균들이 번식하여 감염증이 발생하게 되고, 정상세포들이 새로 생기는 암세포들의 성장을 억제하지 못해 전신에서 암세포들이 계속 증가하여, 결국에는 악액질 상태가 되는 것이 문제이다.

그래서 생활 속에서 '식이요법, 운동요법, 심리요법, 수면요법' 등을 자신의 체질에 적합하게 활용하여, 정상세포들의 기능을 상승시켜 면역력을 증가시키고 암세포들의 기능을 감소시켜, 인체에 설계된 대로 정상세포들이 암세포들을 제거하게 하는, 저렴하고, 편리하고, 신뢰할 수 있고, 지속 가능한 방법을 찾을 필요가 있다.

## * '암, 시스템 힐링'은 자연이 예비한 선물이다.

암 덩어리는 암세포들이 방출한 산성 물질들로 둘러싸여

있어, 외부에 산성의 벽이 형성되어 있다. 면역세포들은 개별적으로 작용하므로 이 벽을 뚫고 들어가기가 어렵다. 식품 속의 항암 성분들도 이 벽을 뚫고 들어가기가 어렵다. 뚫고 들어가 암세포들을 파괴할 수 있는 성분이 있는 물질은 독성이 강해 정상세포들에도 치명상을 주게 되므로 식품이 될 수 없다. 그래서 한두 가지 자연요법으로 암을 치유하기는 어려운 일이므로, 비방은 있을 수 없다. 하지만, 자연에는 문제가 있으면 길이 있다. 작은 힘들이 모여 갑자기 큰 힘이 발생하는 터널효과가 항암요법에도 발생하기 때문이다.

그래서 '암, 시스템 힐링'은 '식이요법, 운동요법, 심리요법, 수면 요법'을 분리할 수 없는 하나의 공존체로 활용한다. 이것들 하나하나는 항암 효과가 인정될 수 없어도, 생체리듬을 따라 이것들이 공조하게 되면 큰 힘이 발휘될 수 있어, 터널효과가 발생하듯이, 항암 효과가 발생하게 되기 때문이다.

시스템 이론의 순환법칙에 의하면, 모든 시스템들 하나하나에는 대립쌍이 공존한다. 이 대립쌍은 하나의 시스템이 수축과 팽창을 상호 반복하기 때문에 나타나는 현상이다. 음(−)과 양(+)도 공존하는 대립쌍이다.

빛이 입자와 파동의 이중성을 갖고 있는 이유는, 빛도 시스템이어서 대립쌍을 갖고 있기 때문이다. 빛이 폭발할 때 공간에 가득 차 있는 랑들과 충돌하여, 빛과 랑들이 힘을 주고받게 되어, 수축과 팽창을 반복하며 진동하므로, 수축할 때는 입자성이 나타나고, 팽창할 때는 파동성이 나타난다.

대립쌍들의 순환이 자연법칙이므로, 인체의 정상세포들과 암세포들도 상호 대립되는 대립쌍이어서 어느 한쪽이 강해지면 다른 쪽은 약해지는 순환이 반복된다. 하지만, (−)와 (+)가 중화되고, 빛의 입자와 파동이 사라져 량들이 되듯이, 정상세포와 암세포가 균형과 조화를 이루어 원래의 상태가 되면, 암 덩어리는 사라지게 된다.

그래서 시스템 이론의 순환법칙에 기초한 '식이요법, 운동요법, 심리요법, 수면요법'을 활용하여 생체리듬에 맞추어 최적건강을 꾸준히 유지하며 생활하면, 작은 힘들이 모여 큰 힘이 되어, 암세포들은 기능이 점점 약해지고 정상세포들은 기능이 점점 강화되어, 정상세포들이 암세포들을 제압하게 되면, 인체에 원래 설계된 대로 정상세포들이 암세포들을 분해하여 흡수하게 하게 되므로, 터널효과가 일어나듯이, 암 덩어리가 사라지게 되어, 암이 치유될 수 있다.

식이요법은 음식을 소화시켜 영양소들을 흡수하는 작용을 하므로 인력과 관계가 있고, 운동요법은 호흡하여 흡수한 산소를 활용하여 에너지를 발생시키므로 폭발력과 관계가 있고, 심리요법은 생성된 에너지를 잘 소비하기 위한 방법이므로 척력과 관계가 있고, 수면요법은 기관들을 정비하며 내일에 필요한 에너지를 생산하여 저축하므로 확산력과 관계가 있다.

그래서 이것들이 인체를 지배하는 기본 4힘을 순환시키기 때문에 항암 효과가 생기게 된다.

'암, 시스템 힐링'은 복잡하고 어렵다는 느낌이 들 수 있지만, 마음먹기에 따라서는 간편하고, 저렴하고, 즐겁고, 지속 가능한 방법이다. 해도 그만 안 해도 그만인 일들을 정리하고, 이제는 자신을 위한 시간을 가지면 된다. 암세포들이 있어서 그동안 살았던 것에 감사하며, 암세포들을 본래의 상태로 돌아가게 함으로써, 암세포들에 씌워진 누명을 벗겨 줄 필요가 있다.

'암, 시스템 힐링'은 많은 노력이 필요하지만, 잘못되었던 것을 바로잡는, 안전한 일상의 일들이므로 누구나 할 수 있는 자연요법이다. 그래서 '암, 시스템 힐링'은 자연이 인간을 위해 예비해 놓은 항암요법이다.

그러나 암세포들은 필요해서 생기는 것이어서 끊임없이 발생하므로, 완전히 사라지지 않는다. 그래서 누구도 암으로부터 자유로울 수는 없지만, 정상세포들이 암세포들을 힘으로 능가하는 최적건강이 지속되게 생활 습관을 유지하면, 암의 공포로부터 자유로울 수 있다.

### * 나비효과와 터널효과

시스템 이론의 순환법칙에 의하면, 나비효과와 터널효과는 투입된 힘보다 더 큰 힘이 발생하는 현상들이다. 존재하는 것들은 역할이 있으므로, 차이는 있어도, 모든 자연현상들은 그 나름의 역할은 미미해도 반복되면 공기 중의 량들이 합세하여 쌓이게 되어 예상보다 더 큰 힘이 발생하게 된다. 무에서 유가 발생하는 것이 아니고, 완전 탄성에 근접한 량들이 우주 공간에 가득 차 있어 발생하는 것이다.

한 마리 나비의 날갯짓이 허리케인의 방향을 바꿀 수 있다는 주장은 이론적으로 가능하다. 나비의 날갯짓이 존재했기 때문에 어떤 역할이 있었고, 모든 시스템들을 얽히고설켜 있고, 큰 원인의 근본 원인은 아주 작을 것이기 때문이다. 모든 자연현상들은 공간에 가득 차 있는 량들을 통해 상호 연계되어 있어서, 최초에는 아주 작은 힘이 중심이 되어 량들을 끌어당겨 큰 힘으로 성장하기 때문이다. 그러므로 나비의 날갯짓이 중심이 되어 큰 힘으로 성장하여 허리케인의 방향을 바꾸는 역할을 하는 현상이 발생할 수 있다.

양자역학의 터널효과는 입자들이 자신의 힘으로는 통과할 수 없는 벽을 통과하는 현상이다. 양자역학은 이런 현상을 발견했지만 왜 이런 현상이 발생하는지를 바르게 설명하지 못하고 있다.

시스템 이론의 순환법칙에 의하면, 하나의 입자가 공간에 가득 차 있는 량들과 계속 충돌하면, 서로 수축되어 인력이 증가하여 결합하므로, 인력이 계속 증가하여 폭발력이 증가하여 크게 폭발하게 되어, 터널을 통과하듯이, 벽을 통과하게 된다. 현대물리학이 미시세계에서 터널효과가 발생하는 원인을 바르게 설명하지 못하는 까닭은 우주 공간에 가득 차 있는 팽창한 기본 시스템들인 량들의 존재를 알지 못하고 있기 때문이다.

'암, 시스템 힐링'에도 나비효과와 터널효과가 발생한다. 정상세포들과 암세포들은 대립성이 있어 어느 한쪽이 강해지면 다른 쪽은 약해진다. '암, 시스템 힐링'에 있는 암세포들의 기능을 억제시킬 수 있는 여러 방법들을 꾸준히 실천하면, 하나하나는 효과가 적어 인정되지 않아도, 알칼리성들이 지속적으로 암 덩어리에 충격을 주게 되므로, 암 덩어리를 둘러싸고 있는 산성이 중화되어 무너지기 시작하게 된다. 이렇게 되면, 정상세포들은 기능이 증가하지만, 암세포들은 기능이 감소한다. 그래서 암 덩어리는 산성이 약해져 인력이 감소하여 량들을 적게 끌어당기게 되므로, 상대적으로 외압이 감소하여, 암 덩어리 속 암세포들은 내부 폭발력이 증가하게 된다. 이로 인해, 암 덩어리가 일부 폭발하여 암세포들이 이동하게 되고, 이 암세포들은 덜 성숙된 것들이어서 환경 적응력이 약해 전이되지 않고 죽게 된다. 이런 폭발이 반복되면, 암 덩어리는 크기가 차츰 줄게 된다. 크기가 줄수록 암 덩어리 속 암세포들은 외압이 감소하여 팽창하게 되어 증식 기능을 잃고 빈사상태가 된다. 이렇게 되면, 터널효과나 보스노바(bosenova) 현상이 발생하듯이, 갑자기 큰 폭발이 발생하게 된다.

암 덩어리는 계속되는 작은 알칼리성들의 공격으로 산성이 조금씩 감소하여 작은 폭발들이 자주 발생하게 되면 폭발력이 감소하여 척력이 감소한다. 이렇게 되면, 원자핵에 중성자들이 감소하고 양성자들이 증가하듯이, 암세포들은 인력이 증가하여 서로 끌어당겨 수축된다. 그러다가 전체가 연쇄적으로 폭발하게 되어, 암 덩어리가 붕괴되며 암세포들이 파괴되므로, 암이 치유된다.

'암, 시스템 힐링'은 비방이 없고 시간이 많이 필요한 것이 단점이지만, 이것은 자연이 예비한 선물이므로 현실적으로 이보다 좋은 방법을 찾기는 어렵다.

그러나 암 덩어리가 커져 있는 경우, '암, 시스템 힐링'으로는 효과가 느려 치유에 실패할 수 있다. 그러므로 '암, 시스템 힐링'은 말기 암을 치유하기 위한 방법이 아니고, 초기 암에서 암세포들의 증식과 전이를 방지하기 위한 방법과, 재발을 방지하기 위한 방법으로 활용될 수 있다. 그러나 수술을 할 수 없는 경우, 항암화학요법에 실패한 경우, 초기부터 자연요법을 원하는 경우, 자연요법으로 암을 예방하기를 원하는 경우, '암, 시스템 힐링'에 관심을 가져볼 필요가 있다.

## 9) 식이요법 : 인아랑 다이어트

항암효과가 있다고 입소문 난 식품들이 많이 있지만, 공인을 받기에는 증거가 부족하다. 어떤 식품들을 먹고 효과를 보게 된 이유는 여러 가지 항암요법들을 꾸준히 활용하여, 터널효과가 나타날 때쯤에 그 식품을 먹어 효과가 추가되어, 터널효과가 발생하여, 암이 치유된 사례로 볼 수 있다.

이런 터널효과는 식이요법에서만 나타나는 것은 아니다. 식이요법과 더불어 실행한 '운동요법, 심리요법, 수면요법'도 터널효과를 일으키는 결정적인 역할을 할 수 있다.

인체의 면역세포들은 항암기능이 있고, 이 기능은 식품들을 섭취하여 발생하므로, 식품들의 항암효과는 부정될 수 없다. 그래서 항암효과가 있는 식품들을 찾아 먹는 것이 중요하지만, 자신에게 적합한 식품들이 어떤 것인지를 알기 어려운 것이 문제다. 그래서 '인아랑 자연요법 연구소'가 창안한 순환식이요법 '인아랑 다이어트'를 소개한다. 시작 단계이어서 실증되지 않은 이론이지만, 먹는 순서를 바꾼 것뿐이어서, 체질에 맞게 잘 활용하면 효과가 있을 것이다.

## * 인아랑 다이어트

인아랑 다이어트는 아침에 생식(生食)을, 점심에 화식(火食)을, 저녁에 효식(酵食)을 매일 반복하는 식이요법이다.

아침 생식은 암세포들의 영양소 흡수기능을 약화시키고, 점심 화식은 정상세포들의 기능을 강화시키고, 저녁 효식은 암세포들의 증식을 억제시킨다. 이것을 매일 반복하면, 암세포들은 기능이 약화되어 흡수력이 약해져 영양소들을 충분히 흡수하지 못해 서서히 영양부족이 되어 증식하지 못하고 빈사상태가 되고, 정상세포들은 기능이 강화되어 흡수력이 강해져 영양소들을 충분히 흡수하여 최적건강에 이르게 된다. 그래서 인체에 원래 설계된 대로, 정상세포들이 암세포들을 분해하여 흡수하게 되어, 암이 치유될 수 있다.

아침에는 몸에 알칼리성을 증가시킬 수 있는 식품들을 생식한다. '공기, 소금, 물, 야채와 과일, 발아식품, 건조식품' 등은 체내에 흡수되면 알칼리성이 증가한다. 공기를 식품으로 취급하기는 어색하지만, 몸이 흡수해야 되는 물질이므로 넓은 뜻에서는 식품이 될 수 있다. 이것들을 아침 공복에 생으로 먹으면, (-)성 영양소들이 많아, 체액에 알칼리성이 증가하여 암세포들의 외부 산성을 중화시킨다. 그래서 암세포들은 기능이 감소하여 흡수력이 떨어지고, 정상세포들은 외부가 알칼리성이어서 기능이 강화되어 영양소들을 흡수하는 힘이 증가하게 된다.

점심에 화식을 하면, 화식에는 전자가 방출되어 (+)성 영양소들이 많아, 정상세포들은 외부가 (−)성이어서 이것들을 잘 흡수한다. 그러나 과식하면 정상세포들이 영양소들을 흡수하여 소화시키는 데 힘을 많이 사용하여 피로해져, 면역세포들이 많이 생성되지 않아, 항암 기능이 감소하게 된다. 그래서 절제하며 필요한 만큼만 먹는 절식이 필요하다.

저녁에 발효식품을 먹으면, 발효식품에는 발효를 주도한 미생물이 다른 미생물들의 번식을 억제하기 위해 생산한 물질들이 있어, 암세포들은 미생물과 비슷한 특성이 있으므로, 이 물질들이 암세포들의 증식을 억제하게 될 것이다.

하나하나의 효과는 미미해도, 이런 방식을 매일 지속하면, 작은 효과들이 모여 큰 효과가 되어, 정상세포들은 외부 알칼리성이 증가하여 기능이 강해지고, 암세포들은 외부 산성이 감소하여 기능이 약해져, 정상세포들이 암세포들을 중화시켜 분해하여 제거하게 되는 원래의 상태가 된다. 따라서 암은 차츰 치유될 수 있다.

'랑'들은 모든 자연현상들에 관여하므로 인아랑 다이어트를 잘 활용하기 위해서는 랑들의 기능을 이해할 필요가 있다.

식품들은 채취한지 오래되지 않아 싱싱할수록, 영양소의 원자들이 랑들을 많이 갖고 있어 폭발력이 강해, 폭발하여 강한 전자를 방출하는 영양소들이 많아 암세포들의 외부 산성을 중화시킬 수 있다. 전자를 방출한 영양소들은 (+)성이 증가하므로 항암 기능이 감소한다.

식품의 영양소들은 열을 받으면, 원자들이 랑들과 많이 결합하여 중성자들이 증가하여 폭발력이 증가하지만, 식는 과정에 중성자들이 폭발하여 많은 랑들을 방출하여 (+)성이 증가한다. 그래서 정상세포들은 외부가 (−)성이어서 (+)성 영양소들을 잘 흡수할 수 있어 영양 상태가 좋아진다.

그러나 사람들이 화식을 주로 하게 되면서, 정상세포들은 (+)성 영양소들을 많이 흡수하여 외부의 알칼리성이 중화되어 기능이 약해지고, 체액에 산성이 증가하게 되었다. 그래서 상황이 역전되어, 암세포들은 산성이 증가하고 정상세포들은 알칼리성이 감소하여, 암세포들이 정상세포들을 중화시켜 분해하여 영양소들을 흡수하며 성장하여, 암이 발생하게 되었다.

그러므로 항암 효과를 높이기 위해서는 생식을 많이 할 필요가 있다. 하지만, 현대인들은 화식에 익숙해져 있어 생식만 하기는 어려우므로, 아침에는 생식을, 점심에는 화식을, 저녁에는 효식을 주로 먹는 인아랑 다이어트가 필요하다.

먹고 싶은 식품을 될수록 단순하게 요리하여 먹는다. 단순해야 그 식품이 자신의 체질에 좋은지 나쁜지를 알기 쉽고, 과식을 피할 수 있다. 이것저것 가미하여 맛있게 먹으면, 과식하게 되어, 각 기관들이 피로해져 항상성들이 잘 유지되지 않아, 면역기능이 약화되어, 암세포들이 증식하기 좋아진다.

인아랑 다이어트에 필요한 식품들은 다음과 같다.

## * 공기

공기 중의 산소($O_2$)는 인체에 흡수되면, 일부가 물과 결합하여 수산화이온($OH^-$)이 된다. 수산화이온은 암세포들의 외부 산성을 중화시켜 기능을 약화시킬 수 있다. 그래서 산소는 강력한 항암기능이 있다.

산소는 부작용이 거의 없는 좋은 항암제이지만, 너무 흔해, 효과가 있다는 것을 인정하면서도 과소평가되고 있다. 될수록 많이 마시도록 노력할 필요가 있다. 숲 속의 산소는 금방 생성되어 랑들을 많이 갖고 있어 항암효과가 좋다. 그래서 숲에서 좋은 공기를 많이 흡수하며 적당히 운동하며 땀을 흘려 노폐물을 배출하는 생활을 지속하는 것은 암을 이기기 위한 필수 조건이다.

산소를 전신의 세포들에 빨리 고루 공급하기 위해서는 세포들이 생산하는 탄산가스를 몸 밖으로 배출해야 되므로 운동이 필요하다. 운동하며 땀을 흘리며 호흡을 하면, 전신의 세포들에서 산소의 흡수와 탄산가스의 배출이 잘 된다. 체력이 약해 운동하기 어렵고 시간이 없을 때는 전신의 운동 신경들과 근육들을 자극하며 호흡하는 '순환호흡 운동'이 좋다.(194쪽 순환호흡 운동 참조)

## * 물

인체에서 물이 차지하는 비율은 신생아 때는 75%대, 성년이 되면 60%대, 노인이 되면 50%대, 나이가 들수록 낮아지고 여성이 남성보다 적다. 매일 1.5리터에서 2.0리터가 필요하므로 어떻게 먹느냐가 중요하다. 물에 녹아 있는 양이온 미네랄은 가열되면 량들과 많이 결합하여 중성자들이 증가하여 폭발력이 증가하지만 식을 때, 중성자들이 연쇄 폭발하여, 가열되기 전보다 량들을 더 방출하여 인력이 증가하므로 산소와 결합하여 불용성이 된다.

그래서 생수를 끓이면 용존산소와 미네랄 이온들이 감소하고, 체온보다 찬 생수를 많이 마시는 것도 문제가 있어, 동의보감에 있는 음양탕(생숙탕)이 좋은 물로 평가된다. 음양탕은 끓는 물과 생수를 반씩 썩어 따뜻할 때 마시는 물이다.

암환자들의 소변은 산성이 강하다. 이것은 체액에 산성이 증가하여 항상성을 유지하기 위해 산성을 빼내고 있다는 뜻이다. 그러므로 물을 많이 마셔 소변을 많이 누면, 산성 노폐물들이 물과 함께 배출되므로, 체액을 알칼리성으로 전환시키는데 도움이 된다.

물은 반중성이어서 확산력이 커서 체내에 흡수되면 인력이 증가하여 노폐물들을 끌어당겨 소변으로 배출시킨다. 그래서 물은 해독제가 된다. 암으로 인해 증가한 산성 체액을 씻어내므로 상대적으로 알칼리성을 증가시킨다.

억지로 마시는 것은 손해가 될 수 있으므로, 자신의 체질에 적합하게 하루 1.5~2L정도를, 조금씩 자주 마시는 것이 좋다. 미네랄들이 함께 많이 배출될 수 있으므로, 과일 등으로 미네랄 보충이 필요하다. 콩팥 기능이 약해 부기가 발생하는 사람은 주의가 필요하다.

## * 소금

인체의 체액은 염도가 0.9%이다. 소금의 염화나트륨(NaCl)은 체내에 흡수되면, 염소이온은 수소이온과 결합하여 염산(HCl)이 되어 위장에서 배출되고, 나트륨이온은 수산화이온과 결합하여 수산화나트륨(NaOH)이 된다. 수산화나트륨은 알칼리성이어서 암세포의 외부 산성을 중화시킬 수 있다. 암세포들은 외부 산성이 중화되면, 기능이 약해지므로 영양소를 흡수하는 힘이 감소하므로, 소금은 항암 기능이 있다.

아침 공복은 혈액에 영양소들이 가장 감소한 상태이어서, 수산화나트륨이 암세포들의 외부 산성을 중화시키기 좋은 시간이다. 그래서 소금을 음양탕에 타서 많이 마시는 것이 좋지만, 먹을 수 있는 양에 한계가 있다. 콩팥 기능이 약하면 소변으로 나트륨 등이 잘 배출되지 않아 부기가 발생할 수 있고, 혈압이 오를 수 있으므로, 자신의 체질에 맞게 소금과 물의 양을 조절하여 마시는 것이 중요하다. 소금은 강력한 항암제이지만, 많이 먹을 수 없는 것이 단점이다.

화식을 하면 소금을 많이 먹게 된다. 열을 받으면, 식품 속 양이온 미네랄은 산화되어 물에 잘 녹지 않는 상태가 되어 흡수가 감소하게 되므로, 이것을 보충하기 위해 소금이 필요하다.

화식을 하면 소금을 많이 먹게 되어 항암 효과가 기대되지만, 체액의 염도 0.9% 이상은 흡수되어도 배출되므로, 먹는 양에 한계가 있다. 화식을 하면, 열에 파괴되는 영양소들이 많아 이것들을 흡수하기 위해 과식하게 되어, '탄수화물, 지방, 단백질'이 많이 흡수되어, 탄산가스의 배출이 증가하여 체액에 산성이 증가하게 된다. 그래서 화식은 암을 증가시키는 한 원인이 된다.

아침 공복에 소금 1~2g을 음양탕에 녹여서 천천히 마신다. 식사할 때는 소금을 덜 먹기 위해 싱겁게 먹는다.

공복에 소금물을 먹으면 위가 자극되어 위액이 분비될 수 있다. 아침 식전에 소금물을 먹는 것은 별 문제가 없으나, 잘 때는 위산이 분비되어 역류성 식도염이 발생할 수 있으므로 마시지 않는 것이 좋다.

체액의 염도 0.9%는 태어날 때부터 갖고 있는 항상성이다. 식물성 식품들에는 나트륨의 양이 매우 적어, 소금을 섭취하지 않고는 나트륨의 흡수가 어렵다. 소금 섭취를 줄이면, 유효한 효과들이 발생할 수 있어도, 염도 0.9%의 항상성이 무너져 세균들에 대한 저항력이 감소할 수 있어 위험하다.

## * 식초

곡물이나 과일 등을 발효시켜 만든 식초에는 여러 가지 유기산들이 있고, 그 중 가장 많은 것이 초산이다. 식초는 자극성이 있어 많이 먹을 수 없어, 먹는 방식이 중요하다. 식초를 음식에 첨가하여 잘 비벼 오래 씹어 먹는 것이 좋다. 식초의 초산은 음식 속 양이온 미네랄인 칼륨, 칼슘, 마그네슘 등과 결합하여 약알칼리성 염이 되어, 이 염들이 알칼리성으로 작용하므로, 식초는 산성이지만 알칼리성 식품으로 분류될 수 있다. 초산염들이 입에서 씹는 동안에 직접 흡수되면, 암세포들의 산성이 중화되어, 식초의 항암 기능이 기대된다.

식물성 식품들을 생식하면, 미네랄이 많이 흡수되므로, 소금을 적게 먹게 된다. 그러나 식물성 식품들을 끓이면, 미네랄이 산화되어 흡수가 감소하고, 단백질들이 굳어져 잘 소화되지 않아, 소금이 필요하다.

화식을 하면, 열을 받아 분해된 영양소들이 많아 이것들을 보충하기 위해 과식하며 소금을 많이 먹게 되어, 각 기관들이 과도하게 일을 하게 되므로, 대사성질환들이 증가하게 된다. 그래서 식초를 밥에 비벼 먹으면, 양이온 미네랄이 초산과 결합하여 잘 흡수되어, 양이온 미네랄이 체내에 증가하여, 소금을 덜 먹게 되어 콩팥에 부담이 감소하므로 대사성질환들의 악화를 방지할 수 있다.

## * 채소와 과일, 발아 곡물

채소와 과일은 비타민과 무기질, 식이섬유, 파이토케미컬 등의 섭취를 위해 반드시 필요하다. 곡류와 고기류에는 이런 영양소들이 충분하지 못하다. 채취한지 오래되지 않은 싱싱한 채소와 과일의 파이토케미컬들은 랑들과 많이 결합되어 폭발력이 증가하여 있어, 암세포들과 충돌하면 폭발하여 강한 (–)성이 생성되어 암세포들의 외부 산성을 중화시키므로, 항암 기능이 기대된다. 오래된 채소와 과일은 랑들이 많이 방출되어 폭발력이 약해져 있어 항암 기능이 저하되어 있다.

식물의 잎에서 생성되는 영양소들은 원자들이 자외선들과 충돌하며 수축되어 인력이 증가하여 주위의 랑들을 많이 끌어 당겨 결합하므로 폭발력이 증가한다. 그래서 이런 원자들이 많은 비타민C와 파이토케미컬 등은 항암 기능이 기대된다.

이 영양소들은 요리 과정에 원자들이 열을 받아 폭발력이 증가하였다 식으면 폭발하게 되어, 랑들이 많이 방출되어, 가열 전보다 (–)성이 감소하고 (+)성이 증가하므로 항암 기능이 감소한다. 그래서 채소와 과일은 싱싱한 것을 생으로 먹어야 항암 효과가 기대된다.

파이토케미컬들은 식물들이 병원균들의 침입을 막아 자신을 보호하기 위해 갖고 있는 폭발력이 강한 중성 물질들이어서 독립성이 강해 다른 영양소들과 결합하지 않고 있고, 암세포들과 충돌하면, 암세포 외부의 (+)성이 파이토케미컬의 랑들을 끌어당기므로, 파이토케미컬은 외압이 감소하여 폭발하여 전자들을 방출하므로 암세포들의 외부 (+)성을 중화시킬 수 있다. 파이토케미컬들은 위에서 위산과 충돌하면 위산의 (+)성이 파이토케미컬의 랑들을 끌어당겨, 파이토케미컬들이 폭발하게 되면 기능이 감소할 수 있으므로, 과일은 아침 공복이나 식후에 먹는 것이 좋다.

싱싱한 채소와 과일 속에 들어 있는 비타민C와 파이토케미칼은 항산화제들이다. 항산화제와 활성산소가 충돌하면, 항산화제는 전자를 방출하여 산화되고, 활성산소는 전자를 흡수하여 환원된다. 그래서 항산화제는 활성산소를 환원시켜 산화력을 제거시키므로, 과도하게 증가한 활성산소들이 체내에서 일으키는 산화작용을 방지할 수 있다.

항산화제는 암세포와 충돌하면 전자(−)를 방출하여 암세포의 산성(+)을 중화시켜 기능을 감소시킬 수 있다. 그러나 오래되었거나 가공된 식품 속의 비타민C와 파이토케미칼 같은 항산화제들은 랑들을 많이 방출한 상태이어서 폭발력이 감소하여, (−)성이 약한 전자들을 방출하게 되어, 암세포의 (+)성을 감소시키기 어렵다.

채소는 종류가 다양하고 저마다 특성이 있어, 모든 사람들에게 다 좋은 채소는 없다. 어떤 채소가 좋은지는 건강상태와 체질의 문제이고, 과유불급이므로 좋은 것들도 조금씩 자주 먹는 것이 좋다.

현미를 발아시키면 독성이 감소하고 새로운 파이토케미컬들이 생성되므로 항암기능이 기대된다. 비타민과 파이토케미컬 같은 영양소들은 열을 받으면 분해되기 쉬워 기능이 떨어지므로, 이것들을 많이 흡수하기 위해서는 생식이 필요하다. 그러나 소화가 안 될 수 있어, 발아시킨 즉시 싱싱할 때 한두 숟갈 정도를 잘 씹어 먹거나 갈아 먹고, 나머지는 밥을 해서 먹으면 소화가 잘되므로 시도해 볼 필요가 있다. 발아현미밥에 식초를 타 먹으면 칼륨과 마그네슘이 세포 속에 잘 흡수되어 세포액의 알칼리성을 증가시킬 수 있다.

## * 발효 식품

발효 식품들에는 원재료들이 미생물들에 의해 발효되어 생긴 새로운 영양소들이 많이 있다. 이 새로운 영양소들이 인체에 유익하게 작용하는 것으로 인정되어 여러 가지 발효 식품들이 나라마다 전통적으로 활용되고 있다. 발효 식품들은 발효되기 전보다 소화 흡수가 잘되는 것이 특징이다.

발효 식품들을 가열하지 않고 생으로 먹으면, 화식을 하면서 열에 의해 파괴되어 부족해지기 쉬운 영양소들을 보충할 수 있다.

요리할 때 발효 식품들을 넣고 가열을 해야 할 경우에는, 그냥 먹을 수도 있으므로, 맨 나중에 불을 끄고 넣어, 영양소들이 덜 파괴되도록 요리할 필요가 있다.

김치, 된장, 간장, 고추장, 청국장, 낫토, 요구르트, 치즈, 젓갈 등 자신의 입맛에 맞는 것들을 먹는 것이 좋다. 젓갈류에는 발효과정에 생기는 니트로사민이 발암성물질로 지목되어 있지만, 그 양이 많지 않아 반찬으로 먹는 양으로는 문제가 없다고 판단되고 있다. 선과 악은 식품에도 공존한다. 먹어왔던 음식이어서 입맛이 당겨 먹고 싶으면 먹는 것이 몸에 더 유익할 것이다.

김치와 요구르트, 치즈는 유산균 발효이고, 청국장과 낫토는 고초균 발효이어서 특성이 다르다. 청국장과 낫토가 생성되는 과정에는 식물성 식품들에 없는 비타민 B12가 생기는 것으로 알려져 있다.

미생물들은 상호 경쟁적이어서 다른 미생물들의 증식을 억제시키는 물질들을 분비한다. 이 물질들은 결국엔 자기 자신들에게 해가 한다. 그래서 모든 생명체들은 자신이 만들어낸 쓰레기로 인해 망한다. 미생물들이 만들어낸 물질들은 암세포들의 증식을 억제시킬 수 있다. 암세포들은 단세포 생명체의 특성들이 있어 미생물과 유사한 특성들이 있기 때문이다.

만성질환이 있으면, 신체의 기능들이 약해져 체온이 낮아지기 쉬워 장내세균들이 활발하게 증식하지 못해 흡수 기능이 약해지기 쉽다. 발효 식품들 중에는 장내세균들의 활성을 돕는 것들이 있어 소화 기능을 강화시키는 것들이 있다. 그래서 자신의 체질에 맞는 발효 식품들을 찾아 먹는 것이 좋다.

## * 햇빛에 말린 건조식품

햇빛에 말린 건조식품에는 원자들이 자외선과 충돌하며 량들을 많이 흡수하여 폭발력이 증가한 중성 영양소들이 많을 것이다. 그래서 건조식품들을 가열하지 않고 천천히 오래 씹어 먹으면, 중성 영양소들이 입에서 흡수되어 폭발하여 척력이 증가하여 (−)성이 되어, 암세포들의 산성을 약화시킬 수 있다. 딱딱해서 먹기 어려운 것들은 먹기 전에 갈아 먹는 것이 좋을 것이다. 미리 가루로 만들면, 중성 영양소들이 많이 폭발하여 시간이 지날수록 폭발력이 약해져 폭발할 때 (−)성이 감소하므로, 항암 효과가 감소하게 된다.

## * 오래 씹어 먹기

음식을 오래 씹어 먹으면, 소화력이 약한 사람은 소화가 잘되어 좋고, 살찐 사람은 포만감이 생겨 과식을 피할 수 있어 좋다.

싱싱한 채소와 과일에는 영양가는 낮으나 필요한 중성 영양소들이 있어, 이것들은 폭발력이 강해 폭발하면 (−)성이 되어 암세포들을 중화시키는 기능이 있으나 위산에 파괴되기 쉬워, 이것들이 입에서 흡수되게 오래 씹어 먹는 것이 좋다. 탄수화물은 (−)성이어서 양이온 미네랄과 결합하여, 단백질은 (+)성이어서 음이온 미네랄과 결합하여 흡수되기 쉽다. 그래서 탄수화물 분해 효소인 아밀레이스가 입에서 분비되는 이유는 위산에 의해 파괴되기 쉬운 탄수화물 영양소들과 양이온 미네랄들을 입에서 흡수하기 위해서라고 가정할 수 있다. 결국, 모든 생리작용들은 원자들 사이의 상호작용이므로, 이온결합, 공유결합, 금속결합, 자기결합으로 설명될 수 있다.

## * 볶거나 덖은 차

식품이 고열을 받게 되면 아크릴아마이드와 벤조피렌 같은 발암성물질들이 생성되어, 탄 식품을 피하는 경향이다. 그러나 볶거나 덖으면 맛이 좋아지는 특성이 있다. 식물성 식품들을 볶거나 덖으면 칼슘, 칼륨, 마그네슘 같은 양이온 미네랄이 유리되어 흡수되기 쉽고, 흡수되면 체내에 알칼리성이 증가하므로, 항암 효과가 기대된다. 찻잎을 덖어서 숙성시키는 까닭은 양이온 미네랄의 흡수를 증가시키기 위해서다.

동물성 식품들은 타면, 발암성물질들이 증가하고, 인과 황 같은 음이온 미네랄들이 유리되어 흡수가 잘된다. 그래서 이것들을 많이 먹으면 산성이 증가하므로 주의가 필요하다.

백미를 누렇게 볶아 그 즉시 차처럼 끓는 물에 타서 우러나온 물을 식기 전에 마시면, 백미 속에 있는 양이온 미네랄인 칼륨(K)과 마그네슘(Mg)이 세포들에 잘 흡수되어, 세포들에 알칼리성이 증가하므로, 세포들이 산성으로 기울어져 생긴 여러 가지 증세들이 개선될 수 있다.

### * 고기 요리법

동물성 식품과 식물성 식품을 혼합하여 가열하면, 새로운 영양소들이 많이 생겨, 기존의 영양소들이 많이 파괴되므로 주의가 필요하다. 양념을 하여 끓인 음식은 처음 뜨끈할 때는 맛이 좋아도 식은 뒤에 끓여 먹으면 맛이 없다. 이것은 영양소들이 많이 파괴되었다는 뜻이다. 동물성 식품을 먼저 충분히 익히고, 뒤에 식물성 식품과 양념을 넣고 살짝 익히는 요리에 익숙할 필요가 있다. 이상적인 것은 따로따로 요리하여 뜨거울 때 비벼 먹는 비빔밥이다.

가열한 음식은 소금이 첨가되지 않으면 먹기가 어렵다. 영양소들이 열을 받았다 식으며 굳어져, 씹을 때 입에서 잘 분해되지 않아 맛이 없기 때문이다. 소금은 굳어진 단백질과 탄수화물을 분해시키므로 화식에 필수다.

음식의 간을 볼 때, 맛이 좋은 상태는 우리 몸에 그 정도 비율이면 적합하다는 뜻이다. 하지만, 계속 그런 비율이 좋다는 신호는 아니므로, 짜게 먹게 된다. 그러므로 약간 싱겁게 만들고, 먹을 때 밑반찬들을 첨가하며 자신의 입에 맞게 조절하는 것이 좋다.

요리할 때, 소금이나 간장 된장은 마지막에 넣는 것이 좋다. 소금과 여러 영양소들이 끓는 온도에서 오래 상호 작용하면, 원래의 영양소들이 변할 수 있기 때문이다.

육류를 끓일 때는 맹물에 넣고 충분히 끓여서, 세포들 속에 있는 음이온 미네랄인 인(P)이 많이 우러나게 하고, 뜨끈할 때 고기를 소금이나 새우젓에 찍어 먹는 것이 좋다.

암세포는 인(P)이 많이 필요하므로, 암환자는 고기를 많이 먹지 않는 것이 좋다. 이렇게 단순하게 요리한 것이 입맛에 맞지 않으면, 몸이 원하지 않는다는 뜻이므로, 먹지 말아야 한다. 맛을 가미하여 먹으면, 필요하지 않은 것을 먹게 되어 과잉 섭취가 되므로 암세포들만 좋게 한다.

## * 순수한 맛을 추구한다.

누가 어떤 것을 먹고 효과를 보았다고 나도 효과를 볼 수 있는 것은 아니다. 무엇으로 만든 것인지도 모르는, 비방이란 것들에 현혹되지 말아야 한다. 항암요법에 비방은 없다. 완치의 비결은 인체의 항상성들을 바르게 유지하는 것이다. 여기에 필요한 영양소들은 싸고 흔한 것들이지 비싸고 귀한 것들이 아니다. 싸고 흔한 식품들은 귀중한 것들이어서 많이 소비하여 많이 생산하기 때문에 싸고 흔한 것이다. 싸고 흔한 식품들로도 충분하므로 일상의 식품들로 건강을 추구하면 된다.

암 덩어리를 자연치유로 제거하기 위해서는 암 덩어리가 커진 기간만큼의 시간이 필요하다. 암세포들은 정상세포들에 의해 제거되게 설계되어 있으므로, 정상세포들이 암세포들보다 더 건강한 상태가 유지되면 암 덩어리가 차츰 줄게 되므로, 최적건강 상태를 유지하면 암이 치유될 수 있다.

불을 사용하기 이전, 수렵채취 시대에는 식품들을 한 종류씩 꼭꼭 씹어 먹었을 것이므로, 식품 하나하나가 갖고 있는 순수한 맛을 몸이 인식하고 있었을 것이고, 그 미각이 유전되고 있을 것이다. 화식에 길들어져 있지만, 싱싱한 채소와 과일의 맛이 입에 당기는 것은 야성의 맛을 선호하는 체질적 기능이 살아있다는 뜻이다.

입맛에 맞아 잘 물리지 않는 것이 체질에 맞는 식품이고, 씹을수록 좋은 맛이 나는 식품이 몸에 좋은 것이다. 이것저것 가미한 음식은 맛이 좋아도 필요 없는 것들도 많이 먹게 되므로 치유에는 좋은 방법이 아니다.

단순한 음식이어야 야성의 맛이 있다. 향신료가 이것저것 첨가되면 색다른 맛이 있어 호기심이 생겨 입맛이 당기지만, 주재료 맛이 사라지게 되므로, 주재료의 먹는 양을 몸에서 가늠하기 어려워 과식하기 쉽다. 입에 좋은 요리법보다 몸에 좋은 요리법이 환영받는 시대가 되어야 한다. 먹는 재미도 있지만, 식품마다 고유한 맛이 있고, 체질에 맞는 것은 고유한 맛이 있어 좋다. 때문에, 먹는 재미의 기준은 사람마다 다를 수 있다.

## * 단식

건강할 때는 단식이 항암 기능을 증가시킬 수 있다. 단식하면, 몸에서 영양소들이 덜 소비되어 탄산가스는 생산이 감소하지만 호흡으로 계속 배출되므로 체액에 탄산이 감소하고, 호흡으로 산소는 계속 흡수되므로 체액에 알칼리성이 증가하기 때문이다.

그러나 암 덩어리가 커지고 몸이 약한 상태에서 단식을 오래하면, 암세포들은 혈액 속에서 영양소들을 흡수하며 동시에 옆에 있는 정상세포들을 붕괴시켜 그 영양소들을 흡수하며 증식하므로 기능이 감소하지 않지만, 정상세포들은 영양부족으로 기능이 떨어지게 되어, 암세포들이 정상세포들을 붕괴시키기가 쉬워진다. 그래서 단식요법을 항암요법에 적용하는 것은 득보다 실이 클 수 있어 주의가 필요하다.

단식은 암 예방 목적으로는 건강 상태가 좋을 경우에 유효할 수 있다. 하지만, 치유 목적으로는 체질에 적합한 '인아랑 다이어트'를 하면서 최적건강을 유지하는 것이 더 좋은 방법이 될 것이다.

## 10) 운동요법

운동은 근육세포들을 발달시켜 에너지의 축적을 증가시키고, 전신의 세포들을 자극하여 대청소하는 역할을 한다. 간단한 운동이어도 좋아하는 하나를 선택하여 열심히 하게 되면, 보조적으로 필요한 운동들을 자연스레 하게 되므로, 건강을 유지하는 데 충분한 운동량이 된다.

과도하게 운동하면, 에너지를 많이 소비하게 되어, 장기들의 활동에 필요한 에너지가 부족해져 해가 될 수 있다. 기능의 극대화를 위해 잘하는 쪽 근육들만 발달시키는 운동들은 몸 전체의 균형과 조화를 이루는데 해가 될 수 있으므로, 전신의 근육들을 고르게 사용하는 운동을 선택할 필요가 있다.

운동을 기본 4힘에 기초하여 분류하면 '유산소 운동, 무산소 운동, 스트레칭, 순환호흡 운동'이 될 수 있다. 순환호흡 운동은 신경의 전달기능을 강화시키기 위하여, 심호흡을 하면서, 기구를 사용하지 않고 전신의 근육들에 힘을 주어 운동신경들을 자극하는 운동이다. 이 네 가지 중 하나하나에는 다른 것들도 비율이 다를 뿐 공존하고 있어, 엄격하게 분류하기는 어렵지만, 각각의 특성들은 다음과 같다.

## * 유산소 운동

정상세포들은 산소가 많이 필요히고, 암세포들은 신소가 없어도 분열 증식할 수 있다. 이것은 암세포들이 산소를 싫어한다는 뜻이다. 몸에 흡수된 산소는 수소이온과 결합하여 수산화이온이 되어 알칼리성이 되므로 암세포들의 외부 산성을 중화시켜 기능을 약화시킬 수 있기 때문이다.

그래서 유산소 운동은 항암에 절대 필요한 운동이지만, 무리하면, 면역기능을 유지하는 데 필요한 에너지가 부족해져, 면역세포들의 기능이 약해지므로 역효과가 발생할 수 있다. 그래서 최적건강상태가 유지되게 운동량을 조절하여 꾸준히 지속할 필요가 있다.

유산소 운동은 산소를 많이 마셔 알칼리성을 증가시키므로, 척력을 증가시킨다. 그래서 운동하는 동안에 혈액 속 영양소들 사이에 충돌이 증가하여 혈압이 오를 수 있다.

## * 무산소 운동

무산소 운동은 짧은 시간에 많은 에너지를 소비하는 운동이다. 세게 하면 근육세포들이 찢어지게 되어 뻐근한 통증이 생긴다. 찢어진 근육세포들은 복구에 아미노산들이 많이 필요하고, 72시간 정도의 휴식이 필요하다. 이런 과정을 통해 근육세포들은 수가 증가하며 발달하게 된다.

세포들은 증식하려면 아미노산이 많이 필요하다. 3일에 한 번 근육운동을 체질에 적합하게 세게 하면, 근육세포들과 암세포들은 아미노산을 경쟁적으로 흡수하게 된다. 근육세포들은 암세포들보다 수가 많아 아미노산을 많이 흡수하게 되므로, 아미노산이 부족하면, 암세포들은 증식을 잘하지 못하게 된다.

운동을 하면 포도당이 많이 소비되어, 혈당저하를 방지하기 위해, 간과 근육에 저장된 글리코겐이 방출된다. 글리코겐에서 분리된 포도당은 생성될 때 갖고 있던 량들이 여러 과정을 거치며 많이 방출되어, (+)성이 증가하여 있어, 정상세포들에는 잘 흡수되어도 암세포들에는 잘 흡수되지 않는다. 이것은 입증되지 않은 가설이다. 그러나 글리코겐의 포도당들은 정상세포들을 위해 저장된 것이므로, 포도당을 많이 흡수하는 암세포들은 잘 흡수할 수 없게 설계되었을 것이다.

그래서 저녁 식사를 일직하고 소화된 뒤에 무산소 운동을 하면, 혈액의 포도당이 많이 소비되어, 저장된 글리코겐의 포도당들이 혈액으로 나와 혈당의 항상성을 유지하게 된다. 이 포도당들을 정상세포들은 잘 흡수하지만, 암세포들은 잘 흡수하지 못해 분열 증식이 어렵게 된다. 그러나 저녁 늦게 무산소 운동을 과도하게 하면 면역세포들의 생성이 감소하여 면역력이 약해질 수 있고 교감신경이 흥분되어 잠이 잘 오지 않을 수 있어 주의가 필요하다.

## * 스트레칭

스트레칭은 근육, 힘줄, 인대 등을 자극시키는 운동이어서, 몸이 유연해지고, 긴장이 해소되고, 혈액과 림프액이 잘 순환되어 몸을 청소하는 효과가 발생한다. 스트레칭은 구석구석의 근육세포들을 자극시키므로, 긴장되었던 근육세포들은 이완되고, 이완되었던 근육세포들은 긴장하게 되어, 정체되어 있던 체액의 흐름이 증가하기 때문이다.

## * 순환호흡 운동

순환호흡 운동은 기구 없이 순환호흡을 하며 그 순서에 따라 근육세포들에 힘을 주어 운동하는 자세를 취하며 자극을 주어 전신의 신경계통에 긴장과 이완을 반복시키는 운동이다. 순환호흡은 공기를 흡입하고 배출할 때, 기본 4힘의 증감에 맞춰 4단계로 나누어서 한다. 즉, '인력을 증가시키는 흡입, 폭발력을 증가시키는 긴장, 척력을 증가시키는 배출, 확산력을 증가시키는 이완'을 같은 속도로 반복한다. 공기를 흡입하면서 운동 자세를 준비를 한다. 흡입한 상태에서 실제 상황처럼 힘을 주어 근육세포들을 긴장시킨다. 힘을 준 긴장 상태에서 마신 공기를 서서히 배출한다. 배출하고, 근육세포들에서 힘을 빼어 긴장을 풀어 근육들을 이완시킨다.

선과 악은 공존하므로, 이것도 무리하면 문제가 생길 수 있다. 그러나 기구를 갖고 운동하는 것에 비하여 가벼운 운동이므로, 현재의 건강 상태에 맞게 무리하지 않고 재미있게 자신감을 갖고 꾸준히 하게 되면, '흡입, 긴장, 배출, 이완'이 물 흐르듯 부드러워지며 신경계통에 효과가 나타나게 된다.

전신의 운동신경들이 돌아가며 자극되어 긴장과 이완이 교대로 반복되면, 자극된 신경세포들은 산소를 잘 흡수하고 탄산가스를 잘 배출하게 되므로 건강해져 신경전달이 잘된다.

그래서 순환호흡 운동은 전신의 신경세포들을 자극하여 운동시키므로, 근육을 갑자기 쓰게 될 때 신경 전달이 잘 되어 무리 없이 쓸 수 있고, 신경세포들의 퇴화를 예방할 수 있다.

몸이 약해지면 눕거나 기대고 싶어져 자세가 한쪽으로 기울어지기 쉽고, 이렇게 되면 혈류가 지장을 받게 되어 장기들의 기능이 약해지게 된다. 어떤 상황에서나 바른 자세를 자연스럽게 유지하기 위해서는 근육들의 퇴화를 방지해야 된다. 자의로 움직일 수 있는 전신의 근육들에 힘이 생기면 바른 자세가 자연스럽게 나오게 된다. 전신의 근육세포들 속에서 랑들이 모이고 흩어짐을 반복하게 되면, 인력과 척력이 교대로 발생하고 폭발력과 확산력이 교대로 발생하여, 림프관에서 림프액이 모이고 흩어짐을 반복하게 되므로, 림프액 순환이 촉진되어 신진대사가 잘되므로, 근육세포들과 신경세포들에 쌓인 스트레스성 긴장이 풀리게 된다.

순환호흡 운동은 세기가 약해 근육세포들의 수를 증가시키지는 못해도, 약해진 호흡근육들을 강화시킬 수 있어 공기 흡입량이 증가하므로, 최적건강의 유지를 위해 필요하다.

순환호흡 운동은 언제 어디서나 할 수 있어, 유산소 운동이 어려운 경우에, 산소를 많이 흡수하기 위한 목적으로 자주 할 수 있는 운동이다. 산소를 많이 흡수하여 체액에 수산화이온이 증가하면 알칼리성이 증가하므로, 항암 효과가 기대된다.

순환호흡 운동을 하면, 신경세포들이 건강해지므로, 암세포들이 신경세포들에 침입하는 것을 억제하는 역할을 할 수 있다. 그래서 통증을 이길 수 있는 기능이 생겨, 암이 악화되어도, 진통제에 의존하지 않을 수 있다. 단점은 웬만큼 아픈 것에는 통증을 느끼지 못해서, 통증을 느낄 때는 병이 악화되어 치료가 어렵다는 것이다.

순환호흡 운동을 하는 방법은 다음과 같다.

기본 4힘이 순환법칙을 따라 증감하고, 문장 구성에 '기승전결'이 있듯이, '흡입, 긴장, 배출, 이완'을 순서대로 반복한다. 걸으면서, 누워서, 앉아서, 서서도 할 수 있고, 기본 틀은 동일하므로, 서서 하는 방법을 설명하면 다음과 같다.

# 기 : 공기 흡입

하나 둘 셋 넷을 마음속으로 세면서 입을 다물고 코로 공기를 가슴 깊이 마신다. 발과 손은 여러 가지 자세로 자유롭게 사용하며 하고 싶은 기구 운동을 하듯이 자세를 잡는다.

공기를 마시는 속도는 건강 상태에 따라 조절한다. 가슴을 크게 벌리며 처음에는 폐활량의 80% 정도를 마시고, 차츰 잘 적응되면 90%까지 마신다.

# 승 : 근육 긴장

마신 공기가 밖으로 빠지지 않게 숨을 정지하고 다섯, 여섯, 일곱, 여덟을 마음으로 세면서 전신의 근육들에 힘을 강하게 주면서 운동한다. 맨 몸으로 하지만, 힘을 주어 근육들이 튀어나오게 한다. 몸이 약한 경우, 무리하면 역효과가 날 수 있으므로, 가볍게 자주하는 것이 좋다. 한꺼번에 전신의 근육들을 긴장시키기는 어려우므로, 돌아가며 한다.

이렇게 하면, 자극을 받은 세포들은 긴장되어 랑들이 수축되어 인력이 증가하여 산소를 많이 흡수하게 되므로, 유산소 운동을 한 것 같이 된다.

시스템 이론의 순환법칙에 의하면, 세포들은 긴장하게 되면 내부에서 랑들이 수축되어 인력이 증가하므로 외부의 산소를 끌어당겨 흡수하고, 이완하게 되면 랑들이 팽창되어 척력이 증가하므로 내부의 탄산가스를 밀어내어 배출한다.

# 전 : 공기 배출

마신 공기를 둘, 둘, 셋, 넷을 속으로 세면서 서서히 코로 배출시킨다. 동시에, 긴장시킨 근육들에 힘을 주어 짜내듯이 서서히 폐 속의 공기를 배출하며 긴장을 푼다. 배출하는 속도에 맞춰 힘도 서서히 빼준다. 마신 공기가 배출되면, 세포들에 가해진 외압이 감소하므로, 세포들 속 랑들이 폭발하여 척력이 증가하므로 탄산가스가 잘 배출된다. 노래를 하듯이 입으로도 배출할 수 있다.

# 결 : 근육 이완

마신 공기가 다 빠지면, 다섯, 여섯, 일곱, 여덟을 속으로 세면서 전신의 근육들을 축 늘어지게 이완시킨다. 이완은 잠을 자는 것과 같다. 잠을 자지 않으면 피곤하듯이, 세포들도 이완 과정이 없으면 피로해질 수 있어, 역효과가 날 수 있다.

대략, 3~4초간 공기를 폐로 마시고, 3~4초간 정지하며 근육을 긴장시키고, 3~4초간 마신 공기를 배출하고, 3~4초간 근육들을 이완시킨다. 한번 할 때, 20에서 30회를 한다. 체력에 따라 빠르게 할 수 있고 느리게 할 수 있고, 손과 발을 자유롭게 활용하며 스트레칭도 할 수 있다. 무리하지 않고 부드럽게 부작용이 없게 꾸준히 실행하는 것이 필요하다.

주의할 점은 폐와 횡격막에 무리하게 힘을 주면 주위 모세혈관들이 파열될 수 있으므로 가슴에 통증이 조금이라도 있으면, 없어질 때까지 하지 않고, 며칠이고 쉬는 것이 좋다. 그러므로 효과가 생기면 운동의 강도를 낮추는 것이 좋다. 강약을 교대로 반복하는 순환이 필요하다. 순환호흡 운동은 단전호흡, 복식호흡 등과 비슷하지만, 전신의 신경세포들을 운동시켜서, 산소가 몸 전체에 잘 공급되게 하는 것이 특징이다.

# 순환호흡 운동과 무릎 묶기

무릎 묶기는 양 무릎을 한데 모아 끈이나 벨트로 살짝 묶고 앉아 있는 것이다.

혈액 순환이 잘되지 않는 사람들은 의자에 오래 앉아 있으면, 다리 쪽으로 혈액과 림프액이 잘 순환되지 않아 수분이 정체되어 심하면 다리가 붓고 근육들이 경직될 수 있다. 그래서 일어날 때 다리 근육들에 힘이 잘 주어지지 않아 일어나기 어렵고 근육통이 생길 수 있다.

비행기, 기차, 버스 등을 오래 타고 갈 때, 의자에 오래 앉아 책을 볼 때, 무릎 묶기를 하면, 다리에 피로가 덜 쌓이게 된다. 왜냐하면, 양 다리를 묶고 있어 불편함으로 인해 무의식중에 무릎 주위의 근육들을 움직이게 되어, 근육들이 긴장과 이완을 반복하게 되어, 근육세포들이 량들의 흡수와 배출을 반복하게 되어, 이 힘에 의해 다리에 흐르는 혈액과 림프액이 잘 순환되기 때문이다.

초기에는 불편하지만 금방 익숙해진다. 무릎 묶기와 순환호흡 운동을 함께 하면, 상승효과가 발생한다.

## * 산림욕

식물들이 금방 방출한 산소와 피톤치드는 척력이 증가한 상태이지만 시간이 지날수록 량들이 많이 방출되어 기능이 떨어지므로, 숲에서 방금 방출된 것들을 마시는 것이 좋다.

산소는 오래되면, 폭발력이 감소하여 수산화이온이 되는 비율이 감소하므로, 항암 기능이 감소할 것이다.

피톤치드는 많은 원소들로 이루어져 있어 변화되기 쉬워, 유효 시간이 매우 짧을 것이다. 식물이 자신을 보호하기 위해 공기 중에 방출하는 것이므로, 멀리 날아가야 할 필요가 없고, 유효 시간이 길어야 할 이유가 없기 때문이다.

그러므로 실내에 식물을 기르는 것은 보기도 좋고 방금 방출된 산소와 피톤치드를 마실 수 있어 항암 기능이 기대된다.

## * 일광욕

햇빛은 피부암을 일으킬 수 있으므로 먹는 비타민 D가 권장되지만, 햇빛을 받아 피부가 만들어 내는 비타민 $D_3$는 랑들을 많이 갖고 있어서 폭발력이 강해 항암 효과가 있다고 볼 수 있다. 그래서 암 환자는 햇빛을 충분히 쬘 필요가 있다.

여름철 한낮의 뜨거운 햇빛은 너무 강해 피하고 덜 뜨거울 때 한다. 피부를 40%이상 노출시키고, 햇빛의 세기에 따라 20분에서 30분 정도면 충분할 것이다. 비타민 D는 지용성이어서 체내에 저장되어 소모되기 때문에 햇빛을 매일 받아야 되는 것은 아니다.

만들어진지 오래되지 않는 영양소일수록 랑들을 많이 함유하고 있어서 (-)성이 강해 항암 효과가 좋고, $D_3$도 인체에서 햇빛을 받아 만들어진 것들이어야 항암 효과가 좋을 것이다.

## 11) 심리요법

암을 극복하려면 “암세포들은 필요해서 생기는 것이어서 누구에게나 생기고 있고 부적절한 생활로 악화되는 것이므로, 잘못된 습관을 개선하면 치유된다.”라는 확신이 필요하다. 정신의 기본 4힘이 육체의 기본 4힘을 조정하기 때문이다.

### * 사랑

자연에서 사랑은 일방적으로 주는 것이다. 주고받는 사랑은 인간적인 거래다. 순환법칙에서 기본 4힘이 서로 도와주는 상생성은 사랑을 주는 행위이다. 힘이 가장 증가한 A로부터 도움을 받아 힘이 증가한 B는, A에게 갚는 것이 아니고, A와 대립하는 특성이 있어 상대적으로 힘이 가장 감소하여 있는 C에게 힘을 준다. 그래서 결국 C는 힘이 가장 증가하고 A는 힘이 가장 감소한다. B의 행위는 인간적으로 보면 배신이다. 그러나 C는 힘을 준 B와 대립성이 있는 D를 돕고, D는 힘을 준 C와 대립성이 있는 A를 돕는다.

이런 사랑이 있어 자연의 기본 4힘이 상호 증감하며 순환하여 자연의 모든 것들이 이루어진다.

암세포들은 주어진 역할을 하고 나서 정상세포들의 밥이 되게 설계되어 있다. 그래서 암세포들은 선한 역할을 한다. 그러나 암세포들이 증식하여 덩어리를 형성하게 되면서, 암 덩어리 속 암세포들은 계속 성장하며 주위의 정상세포들을 약화시키므로 선보다 악한 역할이 커지고 있다. 왜 이렇게 설계되었을까? 자연에 실수는 있을 수 없으므로 이유가 있다. 암 덩어리가 커질수록 암세포들은 정상세포들과 접촉하는 면적이 상대적으로 적어지게 되므로 증식에 필요한 영양소들을 혈액에서 흡수하게 된다. 그래서 큰 암 덩어리는 작은 암 덩어리들과 경쟁적으로 영양소들을 흡수하게 되므로, 작은 암 덩어리들의 성장을 억제시키는 역할이 있다. 암세포들이 전이되는 이유는 한 장소에서 암 덩어리가 계속 성장하면 더 위험하므로 분산시키기 위해서다. 이동하는 암세포들은 면역세포들에 의해 대부분 죽게 되므로, 암 덩어리가 커지는 것을 억제하는 역할이 있다. 그러므로 암의 기능들은 생명을 연장시키기 위해 필요한 선택이었다. 암이 발생하지 않았다면, 벌써 생을 마감했을 것이다. 그러므로 암에 걸렸다는 사실에 감사하는 마음을 갖는 것이 필요하다. 암 판정을 일찍 받게 된 것에 감사해야 하고, 늦었어도 사실을 알게 된 것에 감사해야 한다. 하루하루를 즐겁게 시작하고, 기뻐하고, 감사하며, 만족하는, 긍정적이고 적극적인 생활을 할 필요가 있다. 그래야 기본 4힘의 순환이 잘되어, 항상성들이 잘 유지되어, 최적건강이 잘 유지될 수 있기 때문이다.

즐거워하는 것은 사랑을 얻는 것이어서 인력이다.
기뻐하는 것은 사랑을 나누는 것이어서 폭발력이다.
감사하는 것은 사랑을 실천하는 것이어서 척력이다.
만족하는 것은 사랑을 이룬 것이어서 확산력이다.

'불안, 저주, 분노' 이런 긴장 상태가 지속되면, 인체는 위기에 사용할 영양소들을 분해시킬 수 있는 활성산소들을 많이 비축하게 된다. 활성산소들은 상대를 산화시키는 힘이 있어 자신은 환원되어 전자를 흡수하므로 (+)성이다. 그래서 활성산소들은 암세포들과는 작용하지 않고 정상세포들과 작용하여 기능을 약화시키므로, 암세포들의 성장을 돕게 된다.

그래서 긴장을 완화시키기 위하여, 심리요법은 '사랑'에 기초하여, '감사, 웃음, 용서, 명상, 기도, 음악' 등과 같은 이완을 추구하는 행위를 실천한다. 이렇게 하면, 활성산소들이 감소하게 되어 긴장 상태가 풀려 기본 4힘의 순환이 잘 이루어지게 된다. 자신을 속이는 것이 아니고, 이렇게 자연법칙에 순응하는 것이 올바른 생활이므로, 일상의 문제들을 자연적인 방식으로 해결하자는 것이 '암, 시스템 힐링'이 추구하는 심리요법의 본질이다.

인체는 정신과 육체의 공존체이고, 정신은 육체의 기능들을 통제하는 역할이 있어, 정신이 확고한 자신감에 기초하여 안정된 상태를 유지하면, 폭발력이 감소하며 확산력이 증가하게 되어, 육체가 긴장상태에서 풀리게 되어, 육체의 기능들이 정상으로 작동되어, 최적건강이 발휘될 수 있다.

# 암은 기회다.

암세포들은 필요해서 생기고, 나이가 들수록 증가하고 있어, 암 덩어리는 누구에게나 있다고 볼 수 있다. 크기가 작아 확인이 되지 않을 뿐이다. 그래서 노후의 암은 잘못해서 생긴 병이 아니고 자연적인 현상이므로, 암으로 인한 사망은 자연사다. 치매보다 훨씬 양호한 병이므로 감사하며 암을 사랑으로 포용하는 용기가 필요하다. 그러므로 암의 공포에서 벗어나 남은 시간을 자유롭고 즐겁게 보내는 방식이 올바른 선택일 수 있다. 노후의 암은 완치를 목표로 하면 무리가 발생할 수 있기 때문이다.

## * 종교

종교는 확신하고, 철학은 의심한다. 확신하는 모든 행위는 종교다. 무신론도 확신하므로 종교다. 인간이 다른 생명체와 다른 점은 종교를 갖고 있는 것이다. 순환법칙에는 있던 것이 없어지거나 없던 것이 생기는 현상은 없다.

창조와 진화는 자연의 이중성이다. 시간은 무한이어서 창조는 진행형이므로 진화는 창조의 과정이다. 물질에서 생명체가 탄생했다는 과학적 증거는 없고, 이것을 과학적으로 설명할 수 있는 이론도 없다. 그러므로 창조를 수용하지 않는 진화론은 무신론적 믿음에 근거한 종교다. 신의 존재를 긍정하는 믿음도, 부정하는 믿음도, 모든 믿음은 종교다.

종교와 철학은 분리될 수 없는 공존하는 이중성이다. 자신의 종교를 언제나 100%확신하기는 어렵다. 무신론자들도 사후세계에 대한 궁금증이 있게 마련이다. 내세를 긍정하는 종교는 구속을 받지만 목표가 있다. 내세를 부정하는 무신론은 자유스럽지만 목표가 없고 있어도 바뀔 수 있다. 그래서 자유에 길들여진 무신론자는 어떻게 변할지 알 수 없어 신뢰하기가 어렵다.

종교가 암 치유에 어떤 역할을 할까?

자연법칙은 한쪽으로만 가는 일방성이어서, 자연법칙의 사랑은 일방성이어서 대가를 바라지 않고 줄 때 약이 될 수 있다. 주고받는 사랑은 거래이어서 자연법칙에 위배되므로 약이 될 수 없다. 사랑은 상대를 구속하는 것이 아니고 자유로워지게 도와주는 것이다.

자연법칙은 신이 만든 불변의 법칙이므로, 자연법칙을 준수하는 것은 신의 법칙을 따르는 것이다.

## * 음악

모든 시스템들은 수축과 팽창을 반복하는 진동을 하고 있고, 그 진동이 랑들에 전달되어 이동하므로, 파동을 발생시킨다. 생명체를 구성하고 있는 원자들도 진동하므로, 생명체들도 파동을 발생시킨다. 도시의 잡음들이 모여 윙윙거리는 파동이 되듯이, 생명체들도 원자들의 진동이 모여 파동을 발생시킨다. 그래서 생명체들은 자신의 파동과 위상이 같은 파동을 만나면 파동이 보강되어 정상세포들의 기능이 상승하므로 면역력이 증가하게 되고, 다른 위상의 파동을 만나면 파동이 상쇄되거나 리듬이 불안정해져 정상세포들의 기능이 감소하므로 면역력이 감소하게 된다.

사람들은 노래가 갖고 있는 '리듬, 멜로디, 하모니, 템포' 등의 균형과 조화를 통하여 심리적 안정과 만족이 가능하다. 그러므로 자신이 좋아하는 노래에 심취하는 것은 자신에게 적합한 생체리듬을 찾아 즐기는 행위이므로, 인체의 기본 4힘이 균형과 조화를 이루게 되어, 최적건강을 유지하는데 도움이 된다.

웃음은 일종의 노래다. 마음에 와 닿는 노래를 들을 때, 눈시울이 적셔지기도, 가슴이 뭉클해지기도, 기뻐 함께 부르기도 하는 현상은 소리의 파동이 뇌신경의 파동과 공조가 이루어져 공감하기 때문이다. 마찬가지로 웃음은 긴장하여 수축되어 폭발력이 증가하여 있던 정신이 자신의 생각과 같아 위상이 같은 파동을 만나 증폭되어 갑자기 폭발하는 현상이다.

웃음은 긴장되어 있는 정상세포들을 폭발시켜 전자들을 발생시키므로, 정상세포들은 순환운동이 잘되어 기능이 회복되어 면역세포들이 많이 잘 생성되고, 발생한 전자들은 암세포들의 외부 산성을 중화시키므로, 암세포들은 기능이 약해진다. 그래서 웃음은 항암 능력이 있다.

큰 소리로 억지웃음을 반복하는 것도 간절히 소망하며 즐거운 마음으로 하면, 즐거우므로 유효하다.

## * 반성

반성은 겸손해지기 위한 것이다. '면죄부효과, 보상심리, 메뉴판효과' 등의 유혹에 빠지는 것은 겸손한 마음으로 반성하지 않았다는 뜻이다. 그만큼 치유는 지연되거나 어렵게 된다.

자연요법으로 암을 극복하기 위해서는 자기 자신이 행위의 주체가 되어야 한다. 그래야 남 탓하지 않고 적극적으로 나서는 힘이 생긴다.

암이 완치되어도 옛날 습관으로 돌아가면, 각 기관들의 기능들이 약해져 면역력이 감소하므로, 감염증이 쉽게 발생할 수 있고, 암이 빠르게 재발될 수 있으므로 올바른 습관을 계속 유지해야 된다.

## 12) 수면요법

수면은 '식이요법, 운동요법, 심리요법'이 잘 실행되고 있는지를 판단할 수 있는 기준이다. 수면은 의지와는 거리가 있다. 잘 먹고 즐기고 행복하면, 수면도 순환 과정의 일부이므로, 충분한 수면이 자연적으로 발생하게 된다. 그러므로 잠이 잘 오지 않는다는 것은 생활 리듬이 깨졌거나 만족하지 못한 무언가가 마음속에 있다는 뜻이다.

### * 잠은 규칙성이 필요하다.

잠자는 시간이 일정해야 잠이 잘 온다. 일어나는 시간은 몸 상태에 따라 자유롭게 하는 것이 좋다. 규칙적으로 일정한 시간에 일어나는 것이 좋다는 주장이 있지만, 이것은 건강한 사람들의 이야기다. 암환자는 저녁 9시에서 10시 사이에 자는 습관을 가질 필요가 있다. 힘이 있어야 일을 잘 할 수 있듯이, 힘이 있어야 잠을 잘 잘 수 있고, 잘 자야 부교감신경이 잘 작동하여 면역력이 증가할 수 있다. 잠자는 시간이 지나면 잠이 오지 않는 것은 힘이 있는 상태에서 잠을 자는 습관이 있었다는 뜻이다. 밤늦게 더 버틸 힘이 없는 상태에서 잠을 자는 것은 나쁜 습관이다. 지친 몸을 풀어주고 내일을 위해 준비하기 위해서는 힘이 필요하므로, 힘이 있을 때 자야 건강할 수 있다.

### * 접지

현대인들은 몸을 뚫고 나가는 무수히 많은 전자기파들에 의해 한 순간도 쉴 새 없이 난타당하며 살고 있다. 이로 인해 인체의 모든 세포들이 자극을 받게 되어, 세포들을 구성하는 모든 원자들은 전자기파가 많지 않았던 과거보다 강하게 진동하게 된다. 그래서 세포들의 기능이 항진되어 이상이 생겨, 여러 가지 병들이 발생한다.

그러나 전자기파가 병의 직접적인 제1 원인은 아니다. 가장 약해진 기관의 정상세포들이 자극되어 기능이 더 약해져 병이 발생하게 되므로, 사람들마다 가장 약해진 부위가 달라서, 전자기파로 인해 생기는 병의 종류는 사람들마다 동일하기가 어렵다. 그래서 심증은 가지만, 전자기파가 병의 발생에 어떤 역할을 하는지가 입증되기는 어렵다. 그래서 전자기파 문제는 결말을 얻지 못하고 편리 속에 가려져 있다. 이 문제를 어느 정도라도 해결할 수 있는 방법은 접지뿐이다.

순환법칙에 의하면, 전자기파들은 세포 속의 원자들을 둘러싸고 있는 량들에 충돌하므로, 충돌한 량들은 압축되어 인력이 증가하여 주위의 량들을 끌어당겨 결합하게 된다. 그래서 원자들은 더 많은 량들과 결합하여 강하게 진동하게 되므로, 상대적으로 과거보다 더 강한 전자들이 방출되어 더 강한 정전기가 발생하게 된다. 이 정전기의 힘은 약하지만, 전자기파들이 증가하고 있어, 총량이 증가하고 있다.

맨발로 살던 시절에는 정전기는 생기는 즉시 땅에 흡수되었지만, 지금은 전기가 잘 통하지 않는 신발을 신고 다니고 하루 종일 전기가 잘 통하지 않는 구조 속에서 살고 있어, 정전기가 몸에 체류하는 시간이 길어지고 있다. 그래서 정전기는 세포들의 기능을 약화시켜 만성병들을 악화시키는 한 원인이 되고 있으므로, 이것들을 생기는 즉시 제거할 필요가 있다. 그래서 몸과 땅을 전선으로 연결시켜, 몸에 생긴 정전기를 땅으로 흡수시켜 제거하는 접지가 필요하다. 접지를 하면, 다음과 같은 효과들을 기대할 수 있다.

첫째, 정전기를 생기는 즉시 제거할 수 있어 항암 효과가 기대된다. 정전기는 세포 내부의 생리 작용 과정에 주로 발생하며 (-)성이다. 정상세포 속은 (+)성이어서 여기서 발생한 정전기는 중화되어 정상세포들의 기능을 약화시킨다. 암세포 속은 (-)성이어서, 여기서 발생한 정전기는 (-)성이 증가하므로 암세포들의 기능을 강화시킨다. 그래서 정전기를 접지로 제거하면, 정상세포들이 약해지는 것이 방지될 수 있고, 암세포들의 기능이 강화되는 것이 방지될 수 있을 것이다.

또, 순환법칙에 의하면, 원자들은 수축후반기의 특성이 강해 척력보다 인력이 더 큰 상태에 주로 있다. 그래서 지구의 모든 원자들은 주위의 량들을 끌어당겨 수축시키고 있고, 수축된 량들은 인력이 증가하여 서로 끌어당겨 내부 원자들을 수축시키므로, 지구 중심에 있는 원자들일수록 더 수축되고 주위의 량들은 더 수축되어 플러스(+)성이 증가하여 인력이 증가한 상태이므로, 지구는 거대한 인력을 갖고 있다. 이 인력이 중력이다. 인체도 원자들의 결합체이므로 인력을 갖고 있다. 그래서 접지하면, 인체는 (+)성이므로 대기 중에 있는 정전기를 흡수하여 땅으로 배출하게 된다. 이때 이동하는 정전기는 정상세포들의 기능을 강화시키고 암세포들의 기능을 약화시킨다. 왜냐하면, 접지되어 대기로부터 정전기가 흡수되면, 정상세포들은 외부가 (−)성이어서 자극되어 기능이 강해지고, 암세포들은 외부가 (+)성이어서 중화되어 기능이 약해지기 때문이다. 모든 생명체들은 접지된 상태에서 살고 있다.

둘째, 접지는 몸에 증가한 활성산소들의 기능을 감소시키다. 활성산소는 산화시키므로 상대의 전자를 흡수한다. 접지하여 대기 중에서 흡수한 정전기는 땅에 흡수되기 전에 몸속 활성산소와 충돌하므로, 활성산소는 전자를 얻어 기능이 감소한다. 그래서 접지는 활성산소의 증가로 생긴 만성질환들의 예방과 치유에 도움이 된다.

접지는 피부와 땅을 구리선으로 연결하여 몸에 생긴 정전기를 땅에 흡수시킨다. 전기제품에서 발생하는 정전기를 땅에 흡수시키는 아스처럼, 몸을 접지한다. 피뢰침이 되어 위험할 수도 있지만, 피부와 수도꼭지를 구리선으로 연결하는 것으로 충분하다. 혹시나 감전이 있을 수 있으므로 구리선 중간에 퓨즈를 설치하면 안전하다. 이것도 위험하다 생각되면, 방바닥 시멘트에 구리선을 접촉시키고 한쪽을 몸에 대고 잠을 잔다. 흡수력은 약하지만 안한 것보다 유효할 것이다.

접지 효과가 단시일에 나타날 수도 있지만, 효과를 보지 못하는 경우도 많다. 정전기가 병의 제1 원인이 아니기 때문이다. 그러나 접지를 생활화하여 오래 지속하면, 몸 전체의 건강이 상대적으로 좋아졌다는 사실을 확인할 수 있을 것이다. 배가리개와 함께 하면, 상승효과가 기대된다.

## * 배가리개

현대인들은 운동량이 부족하여 근육에서 발생하는 열이 감소하고 있고, 뇌를 많이 사용하고 있어 머리에 혈액이 많이 흘러 뇌에 열이 상승하는 경우가 많다. 이럴 때 사람들은 체온이 상승한 것으로 생각하고 차가운 것을 즐겨 먹어 복부가 차가워져 장 내부 균들의 활동이 약해져 열이 덜 발생하여 체온이 낮아지고 있다. 낮에는 활동하므로 큰 문제가 없어도, 밤에는 자기 때문에 근육세포들의 열 생산이 감소하므로 체온이 낮아져 추위를 느끼게 된다.

이 문제를 해결하기 위하여, 실내 온도를 올리고 적절한 잠옷과 이불을 사용하여 정상 체온을 유지하고 자게 된다. 이렇게 하면, 전신이 보온된 상태이어서, 장 내부 온도가 37℃ 이하이어도, 머리에서 느끼는 체온은 36.5℃가 유지되어, 잠이 잘 오게 된다.

머리에서 느끼는 체온은 정상이어서 마음이 안정되지만, 장 속 온도가 37℃이상 오르지 않으면, 균들의 활동이 약해져, 발효가 잘되지 않아, 생산되는 영양소들이 덜 성숙되어 생체 작용에 부담이 생기고, 체온이 낮아 심장박동이 약해져 혈액의 흐름이 약해 혈관에 찌꺼기들이 쌓이기 쉬워진다.

이불을 두껍게 덮어 장 속 온도를 상승시키면, 머리에 열이 올라 답답해져 이불을 차고 자, 장 속 온도가 내려가게 된다. 장의 온도를 37℃ 이상 올리면서 머리의 온도를 36.5℃로 유지하고 자는 방법이 필요하다.

나이가 들수록 장에서 열 생산량이 감소하므로 배를 따뜻하게 할 필요가 있다. 배를 두터운 수건 2, 3장으로 덮어 장 온도가 37℃이상 되게 하고, 실내 온도를 약간 낮추어, 장에서 생긴 열이 팔다리로 이동하며 식게 하여, 머리에서 36.5℃가 유지되게 하면, 뇌는 정상상태가 되므로, 잠을 잘 자게 된다. 이렇게 하여 장내 온도가 37℃ 이상을 유지하게 되면, 음식물이 잘 소화되어 좋은 영양소들이 생산되고, 혈액 순환이 잘되어 장기들의 기능이 상승하게 되므로, 장 내부의 온도가 낮았던 것으로 인해 생긴 병들이 사라지게 된다.

주의할 점은, 잠자리에 들어갈 때의 실내 온도를 밤새 유지하면 잠자는 동안에 배가리개로 인해 체온이 상승하여 답답해져 이불을 차고 자게 되어 배가리개의 효과를 보지 못하게 되므로, 실내 온도가 내려가게 조절해야 된다. 전기 매트를 사용하고 있으면, 매트 바닥을 두텁게 해서, 끄고 자는 것이 좋을 것이다. 배가 따뜻해지면, 혈액 순환이 잘되어 전신이 따뜻해지고 이불 속이 따뜻해지므로 추위를 덜 느끼게 된다.

어깨가 시린 증세가 있는 사람은 배가리개의 효과를 보게 된다. 배가리개는 정상세포들의 기능을 증가시키므로 항암 기능이 기대된다.

배가리개의 효능은 시스템 이론의 순환법칙으로 잘 설명된다. 배를 두터운 수건으로 덮으면, 장에서 방출되는 열이 빠져나가지 못하고 집결되어, 열이 올라 장에서 량들이 충돌하며 수축되어 인력이 증가하므로, 주위의 량들이 몰려들어 수축되어 인력이 계속 증가한다. 계속 주위의 량들이 모여 인력이 증가하면 폭발력이 증가하여 온도가 상승하므로 장이 따뜻해진다. 장의 온도가 상승하면, 혈액의 흐름이 좋아지고, 장내균들은 높은 온도에서 영양소들을 생산하게 되고, 이 영양소들은 량들을 많이 끌어당기고 있어 기능이 좋아진다.

젊을 때는 배가리개가 필요 없어도, 나이가 들어 만성질환들이 생기면 배가리개를 할 필요가 있다.

수건들을 배 위에 덮고 자면, 수건들이 움직여 배를 덮지 않은 상태가 되어 배가리개 효과가 나지 않게 되고, 신경이 쓰이게 된다. 그래서 수건 2,3장을 속내의에 누벼 고정시켜 잘 때 입고 자면 좋다.

이상의 방법들 하나하나로는 암세포들을 사멸시킬 수 없다. 하지만, 전체가 매일매일 지속되면, 작은 소리들이 모여 커지듯이 큰 힘이 된다. 그래서 정상세포들은 기능이 강화되어 면역력이 증가하게 되고, 암세포들은 기능이 약해져 증식을 못하고 빈사상태가 되므로, 이 방법들을 꾸준히 활용하면, 터널효과가 발생하듯이, 암을 극복할 수 있는 길이 열리게 된다.

## 13) '암, 시스템 힐링'의 하루 일정

아침은 생식, 점심은 화식, 저녁은 효식을 한다.

생식은 암세포들의 산성을 중화시켜 기능을 약화시킨다.

화식은 정상세포들에 필요한 영양소들을 공급한다.

효식은 암세포들의 증식을 억제시킨다.

### (1) 아침

# 순환호흡 운동

아침에 눈뜨고 몸이 무거워 일어나기가 싫을 땐, 이불 속에서 팔다리를 쭉 뻗고 가볍게 순환호흡 운동을 10여 번한다. 먼지가 일어나지 않게 팔다리를 움직이지 않고, 전신에 힘을 주었다 빼다를 반복하면서 코로만 호흡한다.

일어나서 창문을 열어 환기시키고, 순환호흡 운동을 20, 30회 실시한다.

순환호흡 운동은 운동신경들을 자극하여 전신의 세포들에 산소를 고루 공급하는 것이 목적이다. 아기의 첫울음은 호흡의 시작이다. 나이가 들면 호흡근육이 약해지고 기능이 감소하여 산소를 충분히 흡수하지 못해 대사기능들이 약해진다. 그래서 호흡 운동을 생활화할 필요가 있다. 복식호흡, 단전호흡 등이 있지만, 왠지 일반인들과는 거리가 있어, 이것을 일상 생활화하기 위한 방식이 순환호흡 운동이다.

공기 좋은 곳에서 유산소 운동을 하면 다 해결될 수 있다. 그럴 수 없을 때는 어디서 언제든지 맨 손으로 조용히 강하게 전신의 근육세포들을 자극하며 순환호흡 운동을 하면, 산소가 잘 흡수되어 전신에 전달되고 탄산가스가 잘 배출되어 몸이 가벼워질 수 있다.

그래서 순환호흡 운동은 만성질환들을 치유하는 기본 운동이 될 수 있다. 순환호흡 운동만 잘해도 만성질환들은 다 치유된다는 확신을 가질만하다. 그러나 선과 악은 공존하므로, 욕심은 금물이다. 하루하루 최적건강을 유지하는 것이 '암, 시스템 힐링'의 목표이므로, 조금씩 강도를 조절하며 꾸준히 하는 것이 필요하다.

# 전신 온수 마찰하기

세수하면서 전신을 물수건으로 가볍게 문질러준다. 머리에서 발가락들 사이까지 가볍게 문질러 주면, 혈액순환이 잘되고, 땀 구멍이 열려 노폐물 배출이 잘되어 피부가 건강해질 수 있고, 가벼운 준비운동도 되므로, 세수만 하는 것보다 좋다. 비누를 사용하지 않고, 5~10분이면 충분하다.

# 아침 공복에 소금물 먹기

소금은 체액에 알칼리성을 증가시킨다. 혈액에 수산화이온이 증가하면, 정상세포들은 식욕이 증가하고 암세포들은 식욕이 감소한다. 소금1~2g을 음양탕 약300ml에 타서 녹여 천천히 마신다. 소금은 천일염을 살짝 볶은 것을 권하고 싶다.

고열에 구운 소금은 알칼리성이 증가하지만, 이 알칼리성 물질들은 위산과 결합하면 중화되므로 특별한 의미가 있다고 보기 어렵다. 고열에 용융시킨 소금을 입에서 천천히 녹여 먹으면 알칼리성이 흡수되어 유효할 수 있지만, 먹는 양에 한계가 있고 과하면 구강에 무리가 될 수 있고, 소금을 고열로 용융시키는 것은 자연적인 방법이 아니어서 주의가 필요하다.

아침 공복은 저녁 식사 후 12시간 정도 지난 때여서, 혈액에 영양소들이 가장 감소하여, 소금의 주성분인 염화나트륨이 혈액에 흡수되어 나트륨이 수산화이온과 결합하여 수산화나트륨으로 전환될 확률이 높아 항암 효과가 기대된다.

점심과 저녁의 식전 공복에 소금물을 먹는 것은 의미가 없다. 콩팥 기능이 좋아 많이 먹어도 나쁘지 않은 체질은 시도해 볼 수 있지만, 콩팥은 말이 없는 기관이어서 문제가 생겼을 땐 늦을 수 있다. 소금물 먹기도 여러 가지 방법들 중의 하나일 뿐이다

# 아침 유산소 운동

공기 중의 기체입자들은 낮에 햇빛을 받으며 수축되어 인

력이 증가하여 많은 량들을 끌어당겨 중성자들이 증가하게 되고, 밤에는 기온이 낮아져 외압이 감소하므로 증가한 중성자들이 폭발하여 량들이 방출된다. 량들을 방출한 기체입자들은 팽창하여 확산력이 증가한다. 확산력이 증가한 기체입자들은 충돌하면 수축되며 인력이 증가하므로, 새벽에는 산소와 질소가 폐에서 잘 흡수되고, 기온이 낮아 몸이 움츠려져 혈관들이 수축되어, 혈관 속 기체입자들의 충돌이 증가하여 혈압이 상승할 수 있으므로, 고혈압 환자는 주의가 필요하다.

인체에서 질소의 역할은 알려진 것이 거의 없다. 폐에서 흡수된 질소분자($N_2$)들은 원자들이 강하게 결합되어 인체에서 분리되지 않아 생체 활동에 관여하지 않고 혈액에만 있게 되므로, 혈관 속에서 서로 충돌할 기회가 많다. 질소분자들이 서로 충돌하면 갖고 있는 량들이 수축되어 인력이 증가하며 결합하여 중성자들이 증가하였다가 폭발하게 된다. 이 폭발력이 혈관을 확장시키며 혈액을 밀게 되므로 혈액순환을 돕게 된다. 심장의 힘만으로는 혈액의 빠른 속도를 설명하기 어렵다. 고혈압의 주원인은 혈관의 신축성이 떨어지고 때가 껴 좁아지고 혈액이 탁해지면서 입자들의 밀도가 높아지고 흡수된 질소분자들이 잘 배출되지 않아 충돌이 증가하기 때문이다.

아침에 무리하지 않고 속보로 숲 속을 걷는 유산소 운동을 하면, 산소와 질소가 많이 흡수되고 이것들과 결합한 량들도 많이 흡수된다. 산소는 헤모글로빈과 결합하여 이동하고, 질소는 독립적으로 혈관 속을 이동하며 서로 충돌할 때 랑들이 많이 방출되고, 랑들은 일종의 전자들이어서, 이것들이 활성산소들과 충돌하면 활성산소들은 전자를 얻어 환원되어 산화력을 잃게 되고, 암세포들과 충돌하면 암세포들의 외부 산성을 중화시켜 암세포들의 기능을 약화시킨다. 그래서 아침 유산소 운동은 암을 치유하는 효과가 있다. 질소분자들의 이런 역할은 입증되지 않은 가설이지만, 연구할 가치가 있다.

아침 공복에 걷기 운동하기가 어려우면, 순환호흡 운동을 하며 스트레칭과 스쿼트(squat), 플랭크(plank) 등을 병행하는 것이 좋다. 근육은 사용하지 않으면 약해지기 쉽고, 근육을 움직여야 림프액이 잘 순환되어 건강해질 수 있기 때문에 운동은 필수다.

세포들의 기능이 쇠퇴하면, 혈액 속의 영양소들이 세포들 속으로 흡수되는 속도가 느려지고, 노폐물들이 콩팥을 통해 배출되는 속도가 느려지고, 혈액 속에 소비되지 않고 떠도는 영양소들이 랑들을 많이 끌어당기며 서로 밀게 되어 척력이 증가하여 세포들을 압박하므로 필요한 영양소들이 세포 속으로 흡수되기 어려워진다. 이렇게 되면 세포 내부에 산성이 증가하여, 비만, 고혈압, 당뇨, 암 등과 같은 만성질환들이 증가하게 된다. 이것들을 예방하고 치유할 수 있는 가장 효과적인 방법은 아침 공복에 유산소 운동을 하는 것이고, 그 다음은 순환호흡 운동이다. 밤에 자는 동안에 노폐물이 많이 생기므로, 산소는 노폐물을, 질소분자들이 충돌하며 발생시킨 랑들은 활성산소를 제거하기 좋은 시간이기 때문이다.

근력을 키우기 위해서는 식후에 소화되고 나서 운동하는 것이 좋지만, 만성질환들을 치유하기 위해서는 공복 운동이 더 좋다. 선과 악은 공존하므로, 할 수 있는 능력의 80%를 넘지 않는 가벼운 운동이어야 되고, 운동량의 기준은 언제나 기분 좋아 더 하고 싶을 때가 정점이다. 애매한 정점이지만, 체질과 체력에 맞게 운동하며 스스로 터득해야 된다. 무리하면 병이 더 악화될 수 있다.

잠수병은 질소분자와 관계가 있다. 깊은 물속에 오래 있으면, 강한 외압을 많이 받게 되어, 외압에 대응하기 위하여, 폐에서 질소분자들이 흡수되어 혈액 속에 많이 축적된다. 이 질소분자들은 압축되어 폭발력이 증가한 상태이어서 몸의 내부 압력을 증가시키므로 물속에서 받는 외압에 저항하게 되지만, 떠오르기 위해 상승하면, 압축된 질소분자들이 폭발하게 되어, 몸이 폭발력을 감당하지 못하면 여러 가지 병이 발생하게 된다.

# 아침에는 생식을 한다.

야채와 과일, 이것들과 미역, 양파, 마늘, 발아현미, 들깨 등을 생으로 함께 조금씩 꼭꼭 오래 씹어 먹거나 갈아서 천천히 마신다. 운동하고 이렇게 생식하면, 비타민C와 파이토케미컬 같은 항산화제들이 많이 흡수되어, 이것들이 취침 중 생긴 노폐물과 활성산소들을 제거할 수 있어 좋다.

유산소 운동을 격렬하게 하거나 등산 등을 오래하면, 혈관에 부착되어 있던 노폐물들이 떨어져 나와 모세혈관들을 막을 수 있다. 좋은 점이 있으면 나쁜 점도 있는 것이 자연이므로, 격렬한 운동 중에 발생한 노폐물과 활성산소 등을 제거하기 위해서는 야채와 과일만 먹고 푹 자는 것이 좋다. 운동하고 잘 먹으면, 모세혈관들이 막히기 쉽다.

채소와 과일, 미역, 발아 곡물, 등에 들어있는 파이토케미컬은 약알칼리성이어서 암세포들의 외부 산성과 결합하여 암세포들의 기능을 저하시킨다. 그러나 여기에 식초를 넣으면, 식초는 알칼리성 영양소들을 중화시킬 수 있어, 이것들의 항암 기능이 감소할 수 있다. 그래서 식초는 점심이나 저녁에 밥에 넣고 비벼 먹는 것이 좋다.

## (2) 점심

점심에는 정상세포들에 좋은 음식을 먹는다. 최적건강을 유지하는 것이 목표이므로, 먹고 싶은 것을 먹고 소화가 잘 되게 관리하여 기운을 돋우는 것이 기본 원칙이다.

소화력이 약하면, 밥을 국에 말아 먹는 것은 소화가 더 안되어 나쁘므로, 국물 없이 밥을 오래 씹어 침으로 삼키고, 1

시간 반 이상 지나서 물이 먹고 싶을 때 조금씩 충분히 마시는 것이 좋다.

점심에 먹고 싶은 것을 먹으면, 정상세포들은 아침 생식으로 중성 영양소들을 많이 흡수하여 폭발력이 증가하여 (−)성이 증가하여 기능이 강해져 (+)성 영양소들을 많이 흡수할 수 있어 건강해지고, 암세포들은 아침 생식으로 (−)성 영양소들을 많이 흡수하여 기능이 약해져 있어 영양소들을 많이 흡수하지 못해 점점 영양실조 상태가 된다.

점심에도 아침처럼 순환호흡 운동을 하고, 소금물, 채소와 과일, 발아현미 등을 먹을 수 있지만, 몸 상태에 따라 먹고 싶은 것을 먹는 것이 좋다. 과식은 여러 기관들의 기능에 무리를 주게 되고, 암세포들에게 영양소를 많이 공급하게 되므로 피해야 된다.

오후에는 힘이 축적되어 있어 운동하기 좋다. 그러나 과도하여 에너지가 많이 소비되면, 기관들의 기능이 약해져, 면역세포들의 생성이 감소하고 그 기능이 약해져 역효과가 날 수 있다. 암은 항상성들이 잘 유지되어야 치유가 될 수 있는 질환이어서, 일상의 모든 행위가 과유불급이므로, 최선의 치유법은 최적건강을 잘 유지하는 것이다. 이럴 때, 느리지만, 정상세포들이 암세포들을 서서히 이기게 되기 때문이다.

암세포들은 빠르게 성장하므로 단백질이 많이 필요하고, 정상세포들도 단백질이 필요하다. 식물성 단백질보다 동물성 단백질이 흡수가 잘되고 맛도 좋지만, 암세포들이 동물성 단백질을 잘 흡수하므로, 동물성 단백질을 먹지 말라는 주장들도 만만치가 않다.

병원에서 항암요법으로 암세포들을 죽였을 경우는, 죽은 암세포들이 고기를 먹고 살아날 일은 없으므로, 먹고 싶은 고기류를 먹는 것이 좋다. 그러나 자연요법을 하는 사람들은 암세포들이 살아 있어, 마음 놓고 고기를 먹기가 찜찜하므로, 요리 방법을 바꿔볼 필요가 있다.

육류를 맹물에 푹 삶아, 뜨거울 때 건더기만 소금에 찍어 먹는다. 처음에는 맛이 좋아 잘 먹지만, 맛이 없어지면, 필요한 양을 먹었다는 신호이므로 더 먹지 않는 것이 좋다.

육류가 입에서 당기는데 안 먹으면, 정상세포들의 기능이 더 약해질 수 있어 결과적으로 암세포들에 득이 될 수 있다.

식물은 뿌리가 땅 속에 있어, 땅은 (+)성이므로, 공기 중의 량들을 끌어당겨 흡수한다. 식물 영양소들의 원자들은 자외선과 충돌하면 수축되어 인력이 증가하여 주위의 량들을 끌어당겨 결합하므로, 양성자들과 중성자들이 더 수축되어 폭발력이 증가한다. 그래서 식물의 영양소들은 강한 폭발력을 갖고 있어, 외부의 병원체들이 침투하면, 폭발하여 저항하게 된다. 이 폭발력은 채취된 뒤에 시간이 갈수록 서서히 감소하게 된다. 식물 영양소들의 원자들은 채취된 되에는 주위에 량들을 끌어당기지 못해 량들의 밀도가 점점 감소하여 폭발력이 감소하기 때문이다.

콩팥 기능이 약해진 사람은 소량으로 효과를 봐야 하므로, 발아현미밥에 식초를 소량 넣고 비벼 초밥을 만들어 먹으면, 소화가 잘되고 영양가가 높고, 소금을 덜 먹게 될 수 있다.

### (3) 저녁

저녁에는 발효식품들을 주로 먹는다. 발효식품들은 암세포들의 증식을 억제시킨다고 보기 때문이다.

모든 생명체들은 경쟁 상대를 견제하는 기능들이 있다. 세균들 사이에도 상호 견제하는 기능들이 있다. 암세포들은 단세포 생명체의 특성을 갖고 있어, 단세포인 세균들과 유사성이 있어 세균들과 경쟁관계에 있다. 그래서 식품을 발효시킨 균들은 다른 균들의 발생을 억제시키는 물질들을 생성할 것이고, 이것들은 암세포들의 증식을 억제시킬 것이다. 우리의 전통 발효식품들인 김치, 청국장, 간장, 된장, 고추장, 식해, 새우젓, 등을 저녁에 먹는 항암 식품으로 활용할 필요가 있다.

김치, 낫토(natto), 요구르트 등 발효식품들이 슈퍼푸드에 선발되는 이유는 만성질환들에 유효성이 인정되기 때문이다. 만성질환들과 암은 차이가 있지만, 체액의 산성화가 주원인이어서, 뿌리가 같아 식이요법에는 큰 차이가 없다. 그래서 이 식품들이 항암 효과가 있다는 것이 실험적으로는 입증되지 않아도 통계적으로는 무시할 수 없다. 어떤 식품도 항암 효과가 객관적으로 입증되기는 어렵지만, 면역세포들은 음식을 통해 생성되고 암세포들에도 작용하므로, 식품들에 항암 기능이 있다는 것은 부정될 수 없고, 만성질환들에 효과가 있는 식품들은 암에도 효과가 있다. 하나하나의 효과는 미미하지만 모이면 큰 힘이 되어 터널효과가 발생하게 된다.

우리의 청국장과 일본의 낫토는 뿌리가 같다. 청국장은 마른 볏짚 등에 있는 야생 고초균(Bacillus Subtilis)들을 이용하여 발효시키고, 낫토는 잘 정제시킨 낫토균을 이용한다. 낫토균은 청국장의 고초균과 동일하지만, 배양하여 야성이 감소한, 가축처럼 길들여진 균이다. 그래서 낫토는 역한 냄새가 약해 생으로 먹기가 쉬운 것이 특징이다. 청국장은 냄새가 강해 생으로 먹기 어렵다. 그래서 소금과 고춧가루 등을 첨가하여 저장하며 숙성시켜, 찌개용으로 주로 먹지만, 생으로 조금씩 먹어 버릇하면, 낫토처럼 먹을 수 있다. 청국장은 야성이 있기 때문에 항암 효과가 낫토보다 더 있다고 본다. 그래서 저녁에는 청국장을 낫토처럼 생으로 먹는 것이 좋다.

생청국장에 김치, 식해, 새우젓, 간장, 된장 등 발효식품들을 조금씩 첨가하여 먹으면, 탄수화물을 될수록 줄이고, 암세포들의 증식을 억제할 수 있을 것이다. 무엇보다, 먹고 기분이 좋아야 효과가 있는 것이므로 억지로 먹을 필요는 없다. 콩이 체질에 맞지 않으면 먹지 않는 것이 좋다.

요구르트는 우유를 젖산균으로 발효시키는 과정에 생기는 새콤한 맛이 있어 먹기가 좋다. 우유를 잘 소화시키지 못하는 사람들도 대체로 무난하게 먹을 수 있다. 많이 먹어야 좋은 것은 아니다. 식물성 식품들에 없는 영양소들을 섭취하기 위해 먹는 것이다.

저녁에는 암세포들의 증식을 방해하기 위하여 탄수화물이 많이 있는 식품들의 섭취를 될수록 제한한다. 탄수화물의 양을 줄여 포도당이 부족하면, 간과 근육세포들에 저장되어 있는 글리코겐이 분해되어 생긴 포도당들이 혈액에 방출되므로, 혈당의 항상성이 유지된다. 이 포도당들은 (+)성이어서 (−)성인 정상세포들에 잘 흡수되지만, (+)성인 암세포들은 글리코겐에서 나온 (+)성 포도당들을 잘 섭취하지 못해 증식이 억제된다. 외부에서 충돌하는 (+)성 물체들은 사이의 량들에 의해 서로 미는 현상이 발생하기 때문이다.

식물이 햇빛을 받아 생산한 에너지를 저장한 녹말은 압축된 상태이어서 폭발력이 강하다. 그래서 녹말이 대사되는 과정에 생기는 포도당들은 압축된 상태에서 폭발하여 생겨 척력이 강해 (−)성이어서 암세포들이 잘 흡수한다. 이 (−)성 포도당들은 인슐린과 결합하여 세포 속에 흡수되고, 이때 (−)성 포도당들은 전자를 방출하여 확산력이 증가한 반중성 상태로 되어 세포 속에서 서로 결합하여 글리코겐으로 되고, 글리코겐은 글루카곤 호르몬에 의해 분리될 때 중성자들이 폭발하여 양성자들이 증가하므로, 글리코겐에서 분리된 반중성 포도당들은 (+)성이 되어 혈액에 배출된다. 이것들은 시스템 이론의 순환법칙에 근거한 가설이지만, 연구할 가치가 있다.

### (4) 취침

잠자기 전에 하루하루를 긍정적으로 평가하고 매사에 감사하며 진심으로 행복을 느낄 수 있게 노력할 필요가 있다.

잠은 생활하며 피로해진 기능들에 생긴 불균형과 부조화를 정비하고 내일에 필요한 것들을 준비하는 시간이다. 잠을 충분히 많이 자는 것이 최적건강을 유지하는 비결이다.

물을 자기 2시간 전에 충분히 마시고, 자기 1시간 전에 순환호흡 운동을 하고, 가볍게 온수 마찰하고 자는 습관을 들인다. 체내에 물과 산소가 부족하면 입이 말라 잠에서 깨어나 소변을 자주 보게 될 수 있고, 온수마찰은 피부의 노폐물 배출 기능을 증가시킬 수 있기 때문이다.

그리고 배가리개하고, 접지하고 오후 10시전에 잔다.

이렇게 하는 것이 '암, 시스템 힐링'의 하루 일정이다. 이런 생활을 지속하게 되면, 암은 치유될 수 있을 것이다. 치유가 되지 않을 수도 있지만, 이런 생활을 하는 것이 삶의 질을 높이게 될 것이므로 후회 없는 생활이 될 것이다.

# 3. 바이러스, 시스템 힐링

## 1) 바이러스의 특성

### * 바이러스의 일반적 특성

바이러스들은 세균을 비롯하여 식물과 동물의 모든 생명체들에 기생하고 있으며, 독립적으로 증식을 할 수 있는 기능이 없어, 살아 있는 숙주 세포 속에서 필요한 것들을 활용하여 증식한다.

숙주세포 밖에 있는 바이러스들은 핵산과 이것을 감싸고 있는 단백질로 된 껍질인 캡시드(capsid)로만 구성되어 있다. 세포질이 없어 통상적인 세포 구조를 갖고 있지 않아, 이 상태의 바이러스를 비리온(virion)이라 하고, 비리온은 무생물의 특징이 있어, 생물과 무생물의 중간 존재로 취급되기도 한다.

바이러스들은 숙주의 모든 세포들에 기생하는 것이 아니고, 종류에 따라 기생하는 세포들이 있다.

바이러스들은 크기가 대략 20~300nm이며, 작은 것들의 관찰은 전자현미경으로만 가능하다.

바이러스들은 유전자가 DNA나 RNA 어느 한쪽만 갖고 있다. 그래서 DNA 바이러스와 RNA 바이러스가 있다.

## * 순환법칙으로 유추한 바이러스의 특성

바이러스들은 다른 숙주 세포로 이동하는 과정의 비리온 상태 때는 수축되어 폭발력최대점에 있어 전하가 중성이다. 그래서 바이러스들은 인체 세포에 충돌하면, 폭발하여 척력이 증가하여 알칼리성으로 전환된다. 이 폭발로 바이러스들은 반발력이 발생하여 이동속도가 빨라지므로 다른 세포들에 침투하기가 쉬워진다. 만약, 바이러스들의 외부가 산성이면, 바이러스들은 인체 세포의 외부 알칼리성에 중화되어 세포 속으로 침투하기 어려울 것이다.

세포 속으로 침투한 바이러스들은 팽창하여 폭발력이 감소하므로 확산력최대점에 도달하여 팽창이 끝나면 수축되어 산성이 증가한다. 인체 세포는 세포액이 산성이어서, 바이러스들은 세포액의 영양소들을 흡수하여 증식한다.

RNA바이러스는 단일가닥이어서 이중가닥인 DNA바이러스보다 척력이 강해 상대적으로 알칼리성이 강하고, DNA바이러스는 상대적으로 산성이 강하다. 여기서 상대적이란 뜻은, 비리온 상태의 바이러스들은 모두 중성이어서 충돌할 때 폭발하여 알칼리성이 생기는데, 바이러스들의 종류에 따라 알칼리성의 세기에 차이가 있어, 상호 비교하여 알칼리성이 더 강한 쪽을 알칼리성으로, 알칼리성이 약한 쪽을 산성으로 표기한 것이다.

인체 세포 속으로 침투한 RNA바이러스들은 알칼리성이 강하지만, 폭발하면 감소하여 확산력최대점을 지나 수축되며 산성이 증가한다. 그래서 바이러스들은 인체 세포가 산성으로 기울어진 상태이면 증식력이 증가하고, 알칼리성으로 기울어진 상태이면 증식력이 약해진다.

그러므로 산성 식품을 많이 먹어 체액에 산성 영양소들이 증가하면, 세포들은 이것들을 흡수하여 산성이 증가하므로, 산성이 증가한 세포들 속에 침투한 RNA바이러스들은 증식하기 좋아진다. 반대로, 알칼리성 식품을 많이 먹어 체액에 알칼리성 영양소들이 증가하면, 세포들은 이것들을 많이 흡수하여 알칼리성이 증가하므로, 알칼리성이 증가한 세포들 속에 침투한 RNA바이러스들은 중화되어 증식하기 어려워진다.

시스템 이론의 순환법칙에 의하면, 바이러스들은 기본 4힘의 세기에 따라 기본 4종류로 분류되고, 인체의 면역세포들도 기본 4종류로 분류되고, 면역기능을 돕는 영양소들도 기본 4종류로 분류된다. 이것들이 어떤 상황에서 상호 작용하느냐에 따라 병이 발생할 수 있고, 병이 치유될 수 있다.

여기에 근거하여, 숲을 보는 방법인 '바이러스, 시스템 힐링'은 시스템 전체가 갖고 있는 기본 4힘의 세기가 식이요법과 운동요법 같은 자연적인 방식으로 균형과 조화를 이루어 최적건강이 이루어지게 하여, 바이러스에 대한 세포들의 면역력을 강화시켜, 바이러스 질환들을 예방하고 치유한다.

## 2) 코로나19 : 식초가 답이다.

‘시스템 이론의 순환법칙’은 ‘모든 것의 이론’이어서 모든 자연현상들과 관련이 있다. 여기에 기초한 ‘바이러스, 시스템 힐링’은 현재 세계적으로 대유행하고 있는 코로나19는 물론 앞으로 발생할 수 있는 새로운 바이러스 질환들을 예방하고 치유할 수 있는 방법을 제시할 책임이 있다.

코로나19(코로나바이러스감염증19, COVID-19)의 세계적 대유행이 수그러들지 않고 있다. 계속 확산될지 언제 끝날지 예측이 어렵다. 이 병을 발생시키는 코로나바이러스(SARS-CoV-2)가 토착화될 우려가 있고, 치료약도 백신도 없어 개발 중에 있기 때문이다. 그러나 개발되어 퇴치에 성공하여도, 해결해야 할 근원적인 문제가 있다. 바이러스는 변종이 잘 생겨 새로운 바이러스가 언제든지 나타날 수 있고, 변종이나 새로운 바이러스들은 기존의 치료약이나 백신은 효과가 없어, 그때마다 새로운 치료약과 백신을 개발해야 되는데, 개발이 쉽지 않기 때문이다.

모든 바이러스들에 유효한 치료약이나 백신의 개발은 이루어질 수 없다. 인체에는 여러 종류의 바이러스들이 공생하고 있어, 모든 바이러스들에 유효한 치료약이나 백신은 인체에 유익한 바이러스들도 퇴치하게 되어, 인체에 치명적인 부작용이 발생할 수 있기 때문이다.

코로나19의 치료약이나 백신이 개발되기까지는, 코로나바이러스에 대한 면역력을 강화시키는 식이요법을 시도해 볼 필요가 있다. 그래서 '바이러스, 시스템 힐링'은 '식초요법'을 제안한다.

## * 식초요법

자연발효식초(6~8%) 5~10ml를 밥에 넣고 잘 비벼, 초밥을 만들어, 싱싱한 채소들과 반찬들을 함께 꼭꼭 씹어 먹는다. 밥 한 그릇을 먹는 속도는 30분 이상, 체질에 따라 1회 먹는 식초의 양을 조절하고, 먹는 횟수를 1일 1~3회로, 경우에 따라서는 격일로 실행한다. 초밥이 죽이 되도록 오래 씹어 먹는 것이 관건이다. 밥 대신 빵에 식초를 쳐서 먹어도 좋고, 콩을 식초에 담가 불린 초콩을 한두 수저씩 함께 먹는 것도 좋다.

천연발효식초가 좋지만, 공장에서 양산하는 자연발효식초도 좋다. 식초의 주성분인 초산이 주로 작용하기 때문이다.

식초가 식도와 위장을 자극할 수 있으므로, 속이 쓰리거나 소화에 문제가 생기면, 식초를 먹지 말고, 물을 자주 먹는다.

회복되면 양과 횟수를 줄여 다시 시도하고, 그래도 문제가 생기면 먹지 않고 대신 싱싱한 채소와 과일을 많이 오래 씹어 먹는다. 위장병, 고혈압, 당뇨 등 기저질환이 있는 분들은 조심할 필요가 있다. 빙초산은 사용 금지다.

## * 왜 식초인가?

시스템 이론의 순환법칙에 의하면, 숙주 세포에서 나와 새로운 숙주 세포로 이동하는 바이러스들은 매우 수축된 상태이어서 폭발력이 증가한 중성이다. 그래서 이동하는 바이러스들은 인체에 침투하여 정상세포들의 외부 알칼리성과 충돌하면 폭발하게 되고, 이때 발생하는 반발력에 의해 이동 속도가 증가하여 정상세포들로 침투하게 된다.

세포 속으로 침투한 코로나바이러스들은 폭발력이 감소하는 상태이어서 확산력이 증가하여 확산력최대점을 지나 수축되면 인력이 증가하여 산성이 증가한다. 세포 속으로 침투한 코로나바이러스는 산성이 되므로, 인체 세포 내부도 산성이어서, 영양소들을 흡수하여 증식한다. 만일, 코로나바이러스가 세포 속에서도 알칼리성이라면 크기가 작아 정상세포의 산성을 이길 수 없어 중화되어 증식할 수 없다.

인체 세포 속에는 칼륨과 마그네슘이 혈액 속보다 대략 30~40배 들어있다. 이것들이 정상보다 적으면 세포 속에 산성이 증가하므로, 세포 속으로 침투한 코로나바이러스들은 산성이어서 활발하게 증식할 수 있다. 그러나 칼륨과 마그네슘이 정상보다 많으면 알칼리성이 증가하므로, 세포 속에 침투한 코로나바이러스들은 산성이어서 중화되어 증식이 억제된다. 그러므로 코로나바이러스의 증식을 억제 시키려면 세포 속에 칼륨과 마그네슘의 양을 증가시킬 필요가 있다.

이 역할을 하는 것이 식초다. 식초의 주성분은 초산이다. 식물성 음식에는 칼륨과 마그네슘이 많고, 이것들이 초산과 결합한 초산염이 인체에 흡수되면, 이 초산염은 약알칼리성이어서 인체 세포 표면의 약알칼리성과 충돌하며 반발력에 의해 인체 세포를 통과하여 들어가면, 중화되어, 칼륨과 마그네슘이 유리되어 세포 속 수산화이온과 결합하여 알칼리성이 되므로, 세포 속에 알칼리성이 증가하게 된다. 세포 속은 산성이지만, 증가한 칼륨과 마그네슘의 알칼리성이 세포 속에 침투한 코로나바이러스들의 (+)성을 중화시켜 증식을 억제시키므로, 코로나바이러스들은 퇴치된다.

그러므로 식초를 식물성 음식에 넣고 비벼 먹는 것은 식초를 먹는 것이 아니고, 칼륨과 마그네슘이 식초의 초산과 결합한 초산염을 먹는 것이다. 이것들은 입에서 잘 흡수될 수 있고, 이것이 더 유효할 수 있어 오래 씹어 먹는 것이 좋다. 왜냐하면, 식품 속의 칼륨과 마그네슘은 위에서 위산과 결합하여 염산염으로 되고, 이 염산염들은 체내에 흡수되어도 분리되기 어려워, 칼륨과 마그네슘이 세포 속에 잘 흡수되지 않기 때문이다. 그래서 코로나바이러스들이 체내에 침투하였을 경우에는, 칼륨과 마그네슘이 세포들 속에 빨리 많이 흡수되어야 증식이 억제되는 효과가 있으므로, 입에서 흡수되게 오래 씹어 먹을 필요가 있다.

식초가 입 점막을 손상시킬 수 있어 주의가 필요하므로, 식초의 양과 먹는 횟수를 적절히 조절할 필요가 있다.

초산과 결합한 칼륨과 마그네슘이 인체에 흡수되는 양은 사람들의 체질과 건강 상태에 따라, 식품의 종류에 따라 차이가 있어 효과가 다르게 나타난다. 그래서 식초를 먹는 양을 일정하게 규정하기가 어렵다. 하루에 흡수할 수 있는 양이 많지 않아 효과가 바로 나타나기 어렵고, 효과가 없는 사람도 있을 수 있다. 그래서 식초요법은 효과를 인정받기가 어려울 수 있다. 그러나 코로나19가 각국에 발생하여 나타난 지금까지의 결과들을 분석하여 보면, 칼륨과 마그네슘을 많이 흡수하는 식생활 습관을 가진 나라들이 코로나바이러스에 대한 저항성이 상대적으로 강하다는 것이 입증된다.

중국은 최초로 발생이 보고된 국가이고 인구가 많지만 상대적으로 피해가 크지 않은 상태이다. 특징은 끓인 차를 많이 마신다.

한국은 초기에 급속하게 확산되어 위험해 보였지만 상대적으로 잘 대처하고 있다. 특징은 김치를 많이 먹는다.

일본은 감염자가 많이 생긴 상태에서 국가적 방역을 시작해 피해가 클 것으로 예상되었지만 상대적으로 잘 대처하고 있다. 특징은 초밥을 즐겨 먹는다.

독일은 이탈리아와 프랑스, 영국, 미국 등에 비해 피해가 상대적으로 적은 편이다. 특징은 맥주를 즐겨 마신다.

이런 관습들이 유래하는 까닭은 여러 가지 유효성이 오랜 기간 경험을 통해 입증되었기 때문이다. 우연이라고 평가하기는 어렵다.

찻잎을 덖거나 찌면 찻잎에서 칼륨과 마그네슘이 유리되기 쉽고, 오래 숙성시키는 과정에 칼륨과 마그네슘이 유기산과 결합하여 세포 속에 잘 흡수될 것이다. 그래서 차는 코로나바이러스의 증식을 억제시키는 역할이 있다고 볼 수 있다.

김치가 바이러스 질환에 유효하다는 연구도 있고 없다는 연구도 있지만, 통계적으로는 유효하다. 김치 속 칼륨과 마그네슘이 유기산과 결합하여 흡수되어 세포 속에 많이 저장되어 있어, 코로나바이러스의 증식이 억제된다고 볼 수 있다.

초밥을 먹는 습관은 칼륨과 마그네슘이 초산과 결합하여 흡수될 수 있어, 세포들 속에 칼륨과 마그네슘이 많이 축적되어, 코로나바이러스의 증식이 억제된다고 할 수 있다.

보리와 호프를 사용하는 맥주는 포도를 사용하는 포도주보다 칼륨과 마그네슘이 많고 마시는 양이 많다. 그래서 세포들 속에 칼륨과 마그네슘이 상대적으로 많이 축적되어 있어, 코로나바이러스의 증식을 억제하는 역할이 상대적으로 크다고 할 수 있다.

커피는 원두를 볶는 과정에 칼륨과 마그네슘이 산화되는

것들이 많아, 흡수가 잘 되지 않아, 코로나바이러스에 대한 저항성이 약하다고 평가될 수 있다.

현재까지 나타난 결과로 볼 때, 고기를 많이 먹어 세포 속에 산성이 증가한 사람들보다 식물성을 많이 먹어 알칼리성이 증가한 사람들이 코로나바이러스에 대한 저항성이 상대적으로 강하다고 할 수 있다.

인체의 장기들은 수소이온농도의 항상성에 큰 차이가 있고, 이것들이 유지되는 것은 세포들 속의 이온화된 영양소들이 배출되어 조절되기 때문이다. 그러므로 세포들 속의 수소이온농도는 먹는 음식의 특성에 따라 늘 변하고 있다. 그래서 세포들 속의 항상성이 잘 유지되어야 몸 전체의 항상성들이 잘 유지되어, 건강이 잘 유지될 수 있다.

## * 식초요법의 효과는 통계로만 확인된다.

식초는 코로나바이러스의 단백질 껍질을 용해시키지 못해 퇴치에 효과가 없다. 그러나 식초요법은 음식 속의 칼륨과 마그네슘이 초산과 결합하여 인체에 흡수되어, 칼륨과 마그네슘이 세포 속에 들어가 알칼리성을 증가시켜 코로나바이러스의 증식을 억제하여 퇴치하는 방식을 추구한다. 그러므로 식초는 코로나바이러스를 퇴치할 수 없지만, 식초요법은 차원이 다른 방법이어서 코로나바이러스를 퇴치할 수 있다.

식초요법은 효과가 느려서, 코로나바이러스에 감염되어 증세가 심한 사람들에게는 적합하지 않아도, 증상이 없거나 증세가 가벼운 사람들에게는 치료효과가 기대되고, 감염되지 않은 사람들에게는 예방효과가 기대된다. 면역력이 약해진 사람은 식초요법의 효과가 약할 것이다. 식초요법에 거부 반응이 나타나는 사람들도 있을 것이다. 그래서 식초요법의 효과는 많은 사람들이 실행하여 결과가 많이 축적된 통계로만 확인될 수 있다.

식초는 인류가 오래전부터 사용하고 있는 발효식품이다. 천연발효식초 속에는 다양한 유기산들이 있지만 초산이 주류를 이루고 있으므로, 식초 효과의 주축은 초산이다. 식품공장에서 생산한 자연발효식초는 초산이 유기산의 거의 전부이지만 효과를 기대해 본다. 초밥을 먹으면 인체 세포 속에 알칼리성이 증가하고, 이것이 코로나바이러스의 증식을 억제시킨다는 연구 결과는 없다. 그래서 식초요법은 검증되지 않은 이론이지만, 지금까지 나온 통계로 볼 때, 효과가 있을 가능성은 충분하다.

식초요법의 장점은 세포 속에 알칼리성을 증가시켜 코로나바이러스의 증식을 억제하는 방식이어서, 내성이 생기지 않아, 변형된 코로나바이어스들과 새로운 바이러스들에도 유효하다는 것이다.

코로나바이러스들은 RNA바이러스이어서 변형이 잘된다.

변형된 바이러스들은 변형되기 전에 유효했던 치료약이나 백신에 내성이 생겨, 효과가 없어, 그래서 새로운 치료약과 백신이 필요한 것이 문제이다. 식초요법은 중화작용이므로 내성이 생기지 않는다.

그러나 식초요법은 효과가 아직 입증되지 않아서 사용을 결정하기가 어렵다. 하지만, 매우 안전한 방법이어서, 현재하고 있는 예방 수칙들과 병행하면 상승효과가 기대된다.

적은 수의 코로나바이러스가 침입하였을 때는 면역력에 의해 퇴치될 수 있지만, 면역력을 능가하는 많은 수가 침입하였을 경우는 발병할 수 있고, 세포들이 코로나바이러스의 증식을 억제하는 힘이 강하면 병이 약하게 진행되어 완치가 빨리 될 수 있다. 식초요법은 소량의 식초를 사용하여도 그 만큼의 효과가 기대된다.

백신은 특정 바이러스를 예방하는 방법이어서 적중하면 효과가 탁월하다. 하지만, 기존의 백신들로는 변종이나 새로운 바이러스들에 효과가 없어 새로운 백신을 만들어야 하는 어려움이 있다. 그래서 코로나19의 경우처럼 대유행이 발생할 경우를 대비한 차선책이 필요하다.

바이러스에 대한 식초요법은 위력은 약하지만, 유효 범위가 넓은 것이 특징이어서 새로운 바이러스들의 감염을 어느 정도 예방할 수 있고, 안전한 방법이어서 나무를 보는 기존의 방법들과 공존하며 차선책으로 발전할 수 있다.

바이러스들은 살아 있는 세포 속에서만 증식하므로, 바이러스질환들을 예방하고 치유할 수 있는 근본 원인이 인체의 세포 속에 있다. 그래서 인체의 세포 속에 증가한 산성이 근본 원인이므로 알칼리성을 증가시키기 위하여 식초요법을 활용하는 것이다. 그러나 식초요법은 항체가 형성되지 않아 유행하고 있는 바이러스로부터 몇 번이고 공격을 받을 수 있어서, 언제나 최적건강을 유지해야 되는 약점이 있다. 그러나 이 약점은 과거에도 있었고 미래에도 없어질 수 없다.

## * 숲을 보는 생활방식에 충실할 필요가 있다.

인간이 배출하는 쓰레기가 증가할수록 지구의 생명체들은 적응하기 위해 변하게 되고, 생명체들에 기생하는 바이러스들도 따라서 변하게 된다. 그래서 예전에 없던 새로운 바이러스들이 생겨 인간에게 계속 도전할 것이다. 결국, 인간의 최대적은 거대한 육식동물들에서 세균들을 거쳐 이제는 가장 작은 생명체인 바이러스들이다. 극과 극의 대결이다.

인간은 지혜가 발달하여 있지만, 바이러스들은 변신의 귀재들이다. 바이러스의 약점은 스스로는 살아갈 기능이 없어 숙주 생명체의 살아있는 세포 속에서만 증식하는 것이다. 그래서 이기기 위해서는 다음과 같은 생활방식으로 각자 갖고 있는 기본 4힘의 균형과 조화를 추구하여 자신의 세포들을 건강하게 만들어 바이러스들의 증식을 억제시킬 필요가 있다.

"밥이 보약이다." 잘 먹어야 바이러스들을 이길 수 있다. 동물성 식품에 치우치면 세포 속에 산성이 증가하여 바이러스에 대한 면역력이 감소할 수 있으므로 곡물류와 싱싱한 채소와 과일을 많이 섭취하여 알칼리성을 증가시킬 필요가 있다. 비싸야 좋은 것은 아니다. 싸고 흔한 싱싱한 식품들이면 충분하다. 인력은 질량을 증가시켜 에너지를 축적시키고, 밥은 에너지의 주체이므로, 밥은 인력을 증가시키는 보약이다.

초밥이 바이러스 문제를 완전히 해결할 수는 없다. 그러나 체질에 맞게 먹은 사람들이 먹지 않은 사람들보다 훨씬 높은 저항력이 있다는 사실이 통계적으로 밝혀질 것이다.

"운동이 보약이다." 운동은 건강을 위한 투자다. 운동하며 좋은 공기 많이 마시고, 햇빛 많이 받고, 물도 충분히 마시면, 혈액 순환이 잘되어 노폐물이 잘 빠져나가고 영양소들이 모든 세포들에 고루 잘 공급된다. 이렇게 되면 전신의 모든 기능들이 상호 균형과 조화를 이루게 되어 면역기능이 증가한다.

건강 유지에 필요한 운동은 방에서도 충분하다. 창문을 활짝 열고 조용히 할 수 있는 맨손체조와 순환호흡 운동은 폭발력을 증가시킬 수 있어 충분하다. 숲을 찾아 맑은 공기를 많이 마시는 호강을 자주 할 필요가 있다. 그래서 운동은 폭발력을 증가시키는 보약이다.

"사랑이 보약이다." 시스템 이론의 순환법칙에서 기본 4힘은 서로 돕는 상생성이 있다. 이 상생성은 한 방향으로만 작용하는 일방성이다. 이 상생성이 사랑이다. 그래서 사랑은 주기만 한다. 서로 주고받는 것은 거래이므로 사랑이 아니다.

사랑은 주는 기쁨이다. 사람은 자연법칙을 따라 살고 있어, 주는 기쁨이 없으면 순환이 정체되어 병이 발생하므로, 주는 기쁨이 있어야 한다. 그래서 인생은 아름다운 사랑이다.

사랑은 에너지를 고루 나누어주는 힘이어서, 사랑하는 힘이 강하면 모든 세포들에 활력이 증가하므로 바이러스 침입을 막을 수 있다. 그래서 사랑은 척력을 증가시키는 보약이다.

"잠이 보약이다." 잠은 정비하고 준비하는 시간이다. 준비하지 않고 할 수 있는 것은 화내는 것뿐이다. 낮에 주로 활동하는 세포들은 밤이 되면 확산력이 증가하여 쉬고, 증식하는 세포들은 밤이 되면 상대적으로 폭발력이 증가하여 활동한다.

면역세포들은 바이러스들을 파괴하기 위해 폭발력이 강하고, 그래서 생성되는 데 많은 시간이 필요하고, 수명이 짧은 세포들이어서, 일찍 자고 충분히 자야, 자는 동안에 많이 생성될 수 있어, 바이러스들 침입을 이길 수 있다. 그래서 잠은 확산력을 증가시키는 보약이다.

'밥, 운동, 사랑, 잠'이 균형과 조화를 이루어 잘 순환하면, 인체는 모든 기능들에 활력이 생겨 최적건강을 유지할 수 있어 바이러스에 대한 저항력이 증가할 것이다.

# 제3장

# 민주주의, 시스템 힐링

# 1. 민주주의는 자유진보를 추구한다.

사람은 누구나 독립된 시스템을 이루고 있어서 자유를 추구하지만, 집단생활을 하고 있어 공존이 필요하므로 평등도 추구한다. 그래서 자유와 평등은 인간의 시스템들 속에 공존하는 대립쌍이어서 하나가 증가하면 다른 것은 감소하는 특성이 있어, 불균형이 자주 발생하게 되므로, 균형과 조화를 이룰 수 있는 방법이 필요하다. 그래서 현실의 불균형을 개선할 수 있는 이상적인 방법을 추구하는 진보가 필요하다. 그러나 어떤 방법도 완전할 수 없고, 진보가 추구하는 이상은 결과가 입증된 것이 아니어서 옳은 것만은 아니다. 그래서 현재의 방법이 옳다고 고수하는 보수가 있다.

그러므로 '자유와 평등, 진보와 보수'는 현대 정치를 이끌고 있는 기본 힘들이다. 순환법칙의 기본 4힘은 불변성이 있다. 자유와 평등은 불변의 개념들이어서 기본 힘들이 될 수 있다. 하지만, 진보와 보수는 추구하는 목표가 정치제도에 따라 다를 수 있어, 한 나라에서는 진보적인 사상이 다른 나라에서는 보수가 될 수 있고, 이것의 역도 성립된다. 그래서 진보와 보수는 내용이 바뀔 수 있는 개념들 이어서, 기본 힘들이 될 수 없다.

그러나 진보는 이상을 추구하는 힘이 강하고 보수는 현실을 추구하는 힘이 강하므로, 추구하는 사상에 관계없이 진보와 보수를 기본 힘으로 분류하면, 진보는 이상이고 보수는 현실이다. 그러므로 정치를 지배하는 기본 4힘을 정의하면 '자유, 평등, 현실, 이상'이 된다.

기본 4힘 '자유, 평등, 현실, 이상'에 기초하여 정치제도를 분류하면 다음과 같다.

---〉 사회(이상, 확산력, 종교) ---〉
사회주의
문화(평등, 척력, 문학) 경제(자유, 인력, 과학)
평등주의 자유주의
민주주의
〈--- 정치(현실, 폭발력, 철학) 〈---

모든 시스템들에는 기본 4힘이 공존하며 증감하므로, 모든 정치제도들에도 '자유주의, 민주주의, 평등주의, 사회주의'가 공존하며 세기가 증감한다.

자유에 대한 집착이 강해 자유주의가 오래 유지되면, 경쟁이 치열해져, 승자는 감소하고 패자는 증가하므로, 평등을 추구하는 힘이 증가하여, 자유와 평등의 균형을 추구하는 민주주의가 득세하게 된다. 민주주의가 성장하면 경쟁이 증가하여 평등을 추구하는 사람들이 증가하여 선거를 지배하게 되므로 평등주의가 힘을 얻게 된다. 평등주의는 자유를 규제하지 않을 수 없어 불만이 쌓이게 되므로, 국가를 앞세운 사회주의로 기울어지게 된다. 사회주의는 평등과 자유의 균형과 조화를 추구하지만, 평등에 익숙해져 창의력이 감소하고 이상에 치우쳐 현실성이 부족해서, 발전이 느려 경제가 어려워진다. 그래서 자유시장경제를 추구하는 자유주의가 성장하게 된다.

자유주의와 평등주의는 한쪽에 치우쳐 있어 단점이 쉽게 노출된다. 그래서 현대 정치는 자유와 평등의 균형과 조화를 추구하는 민주주의와 사회주의로 양분된다.

민주주의의 사전적 해석은 '주권이 국민에게 있고 국민을 위해 정치를 하는 제도, 또는 그런 정치를 지향하는 사상'이다.

사회주의의 사전적 해석은 '사유재산 제도를 폐지하고 생산수단의 사회적 공유를 기본으로 하는 제도'이다.

인류는 여러 정치제도들을 만들어 활용해 왔다. 그 중에서 민주주의는 가장 합리적인 제도로 평가되고 있지만, 식량이 부족하면 언제든지 피라미드 구조로 전환될 수 있는 취약성이 있다. 생존본능이 정치를 지배하는 것이 현실이고, 민주주의는 현실을 추구하므로 폭발력이 강해 다툼이 많아 여러 가지 약점들을 갖고 있기 때문이다. 민주주의의 약점들을 보완하기 위해 사회주의가 등장한다.

민주주의는 국민이 있어야 국가가 있으므로 국민이 주인이다. 국가가 하나의 시스템이듯이 국민들도 하나의 시스템이므로, 국민들은 국가를 구성하는 기본 시스템들이다. 그래서 민주주의 국가는 자유와 독립을 선호하는 사람들이 모여 사는 서로 다른 철학들이 공존하는 시스템이어서, 경쟁이 심해 폭발력이 증가하여 있어, 작은 충돌이 많아 시끄러운 구조이다.

사회주의는 국가가 있어야 국민이 있으므로 국가가 우선이다. 국민들은 국가를 구성하는 부품들이다. 그래서 사회주의는 국민들을 통일된 철학으로 결합하여 새로운 시스템을 만드는 것과 같아, 새로운 창조이어서, 현실보다 엘리트주의에 기초한 이상에 치우쳐 있다.

민주주의는 다원주의와 현실에 기초되어 있어 경쟁이 심해 폭발력최대점에 있기 때문에, 평등을 지향하는 힘이 증가하기 시작하면, 폭발하게 되므로, 붕괴되기 쉬운 제도이다. 그래서 민주주의는 경제를 발전시키며 빈부격차를 줄여, 자유와 독립을 선호하는 중산층을 키우는 합리적인 노력을 해야 지속될 수 있다.

사회주의는 국가가 있어야 국민들도 있다는 사상이 강해, 주체가 국가이어서, 국가의 이익이 우선이다. 사회주의는 현실보다 이상을 추구하므로 확산력최대점의 상태에 있다. 그래서 평등과 자유가 구성원 모두에게 이상적으로 균형과 조화가 이루어질 것으로 기대된다. 그러나 제도가 이루어지는 그 순간부터, 사회주의는 인간의 본성인 자유지향성을 억제하기 위해 규제를 강화하고 반대세력들을 배척하므로 일당 독재로 진행된다. 그래서 사회주의가 지속되면, 순환이 정체되어, 정치는 득세하고 경제는 어려워지게 되므로, 경제적 자산이 부족한 국가는 점점 더 어려워지게 된다. 경제는 자유를 먹고 산다.

사회주의가 추구하는 진보는 평등을 지향하므로 '평등진보'다. 평등진보는 이상을 향해 질주하므로 박수를 받을 수 있지만, 정권을 장악하여 추구하던 평등이 달성되면, 평등에는 한계가 있어, 목표를 잃게 되고, 평등을 유지하기 위해 자유를 계속 규제하게 된다. 그래서 평등진보는 평등보수로 전환되므로, 순환이 정체되고 자유가 규제되어 경제가 어려워진다. 책임 추궁을 피하기 위해 기득권자들은 권력을 유지해야 되므로 일당 독재를 추구하게 되는 것이다.

이런 문제를 해소하기 위해 '사회민주주의, 민주사회주의' 등이 등장한다. 하지만, 정치는 폭발력최대점에 있어 치열한 경쟁에서 이긴 승자들의 소유이어서 권력을 계속 장악하려는 본성이 있다. 그래서 제도는 유혹일 뿐이다. 어떤 제도도 오래 지속되면 순환이 정체되어 문제가 발생하므로, 민주주의 정치제도는 선거를 통해 권력이 자연스럽게 순환할 수 있는 유연성을 갖고 있어야 성공적으로 지속될 수 있다.

그래서 현대 국가가 추구할 수 있는 이상적인 정치제도는, '자유진보'를 지향하는 민주주의 즉 '자유진보민주주의'이다. 태양계와 원자들은 수축후반기에 있고, 이것이 자연의 현실이다. 그러므로 자유진보는 자유와 현실에 기초한 수축후반기의 특성을 갖고 있다. 원자들이 수축후반기에 있어 끊임없이 진동하듯이, 자유진보는 수축후반기에 있어 경쟁과 충돌이 많아 이로 인해 발생하는 문제들을 합리적으로 해결하기 위한 최선의 길을 추구한다.

자유진보는 자유와 현실에 기초하여 자유시장경제를 추구하므로, 경쟁이 심해, 올바른 경쟁을 유도하기 위해 정치가 공정해야 되므로, 독재가 탄생하기 어렵다.

자유진보는 평등을 추구하는 사업들을 환영한다. 폭발력이 증가하고 있어 큰 폭발을 방지하기 위해서는 평등을 추구하는 작은 폭발들이 계속 있어야 되기 때문이다. 그래서 자유진보는 종교와 언론의 자유를 지지한다. 종교가 지향하는 사랑과 자비는 평등진보를 대신할 수 있고, 언론의 비판은 작은 폭발들을 자주 발생시켜 순환이 잘 되게 돕기 때문이다.

사회주의는 자유를 추구하는 사업들을 금지하고, 종교와 언론의 자유를 규제하지 않을 수 없다. 방치하면 자유가 증가하여 사회주의가 무너질 수 있기 때문이다. 그래서 자유가 제한되므로 창의력이 두각을 나타내지 못해, 평등진보가 추구하는 계획경제는 자유진보가 추구하는 시장경제를 능가할 수 없어 국가 간 경쟁에서 밀리게 된다. 그래서 평등진보는 무기를 만드는 기업들을 적극 지원하여 군사력을 증강시킨다. 이것은 자유진보가 경계해야 할 사항이므로, 자유진보는 이 문제를 적극적으로 해결해야 한다.

결론적으로, 현대 국가가 현실적으로 추구할 수 있는 정치 제도는 자유진보민주주의이다. 원자들이 끊임없이 수축과 팽창을 반복하며 현재 상태를 유지하는 원인은 원자를 구성하고 있는 작은 시스템들이 순환운동 과정들에 고루 분포되어 있지만, 인력이 척력보다 더 강하고 폭발력이 확산력보다 더 강한 수축후반기의 작은 시스템들이 더 많기 때문이다. 마찬가지로, 자유진보민주주의는 자유가 평등보다 더 강하고 현실이 이상보다 더 강한 수축후반기의 특성을 강하게 유지하고 있는 사람들과 조직들이 많아야 즉 중산층이 두터워야, 작은 폭발들이 자주 발생하여 수축과 팽창이 반복되어도, 전체가 무너지지 않고 지속될 수 있다.

평등진보는 목표가 완수되면 목표를 지키는 평등보수가 되어 순환이 정지되므로, 사회주의는 이상에 치우쳐 일종의 종교가 된다. 그래서 사회주의를 추구하는 사람들은 정치적 엘리트주의가 강해 자신들의 이념이 절대적이어서 반대세력을 억압하게 되고, 무신론을 선호하고, 자유시장경제를 주도하는 기업들의 활동을 통제하고, 집권을 위해 무엇이든 할 수 있는 자유를 즐기는 경향이 있다. 그래서 사회주의가 추구하는 평등진보는 권력을 장악하기 위한 수단으로는 훌륭하지만, 정치권력을 강화한 제도이어서, 그 가치에 대한 평가는 역사가 말해준다. 따라서 평등진보에 기초한 사회주의 낙원은 권력을 잡기 위한 명분이고, 사회주의를 달성한 공신 엘리트 계급들의 독재로 직행하는 과정이 된다.

그러나 민주주의는 다원주의에 기초되어 있어서 경쟁이 심하고 승자가 패자를 지배할 수 있는 구조이어서, 엘리트주의에 기초한 사회주의가 없으면 건전하게 발전하지 못하고 정체되어 폭발할 수 있다. 그래서 민주주의와 사회주의는 대립쌍이어서 공존하고 있다.

자유진보민주주의는 자유와 현실이 강한 상태이지만, 평등과 이상이 공존하고, 이 기본 4힘에 기초하여 문제들을 해결하므로, 문제에 따라 해결하는 정치철학이 다를 수 있다. 어떤 문제는 민주주의 방식으로, 어떤 문제는 사회주의 방식으로, 어떤 문제는 평등주의 방식으로, 어떤 문제는 자유주의 방식으로 해결할 수 있다.

문제는 누가 이런 해결 방식들을 선택하여 시행하느냐이다. 그래서 자유진보민주주의는 '국민과 함께하는 정부'를 추구한다.

## 2. 국민과 함께하는 정부

미국의 아브라함 링컨(A. Lincoln) 대통령의 게티즈버그 연설에 있는 "국민의(of the people), 국민에 의한(by the people), 국민을 위한(for the people) 정부"는 민주주의를 간결하면서도 적절하게 표현했다는 평가를 받고 있다. 이 3원칙은 사회주의에도 동일하게 적용되어야 한다. 그래서 이 3원칙은 현재와 미래의 정치를 지배하는 불변의 정치철학이다. 그러나 이것만으로는 완전하지 못하다.

이 3원칙은 삼원론(三元論)에 근거한다. 역사적으로 삼원론은 이원론(二元論)이 갖고 있는 대립성을 상호 견제와 균형으로 해결하려는 철학이다. 그러나 '시스템 이론의 순환법칙'은 사원론(四元論)이므로 삼원론의 문제점을 지적한다.

국민의 정부이므로, 모두에게 나의 정부가 된다. 국민에 의한 정부이지만, 모두가 직접 참가할 수 없으므로, 국민에 의해 선출된 대의원들이 운영한다. 국민을 위한 정부이므로, 선출된 대의원들은 국민 모두를 위해 공정하게 일해야 되는데, 다시 선출되기 위해, 자신을 지지한 사람들을 위한 편향

된 정책들을 추진하게 되면서 국민들 사이에 갈등이 생기게 된다. 대의원들이 정당을 만들어 자신들에게 유리한 정책들을 추진하면서, 갈등이 더욱 커지게 된다.

그 결과, 현실에 기초하여 자유와 평등의 균형과 조화를 추구하는 민주주의가 비판을 받게 된다. 그래서 자유와 평등의 균형과 조화를 이상에 기초하여 추구하는 사회주의가 등장하게 된다. 사회주의는 평등에 뿌리를 두고 이상에 기초한 정치철학을 추구하고 있어, 승자보다는 패자가 증가하는 현실에서는 민주주의를 제치고 다수가 되기 쉽다. 사회주의가 장기집권하면, 자유가 감소하여 자유시장경제가 어려워지고 중산층이 무너지게 되어, 결국에는 피라미드 구조의 일당 독재로 바뀌게 된다. 이런 과정은 피할 수 없는 자연법칙이다.

이 문제를 해결하기 위해서는 '국민의, 국민에 의한, 국민을 위한' 정부에 '국민과 함께하는(with the people)' 정부를 추가한 사권 분립이 필요하다. 과거에 사원론은 이원론과 동일하게 평가되어 주목을 받지 못했다. 그러나 기본 4힘이 증감하며 수축과 팽창을 반복하는 시스템 이론에 기초한 사원론인 '시스템 이론의 순환법칙'은 새로운 지평을 연다.

'국민과 함께하는'의 실례는 미국의 배심원제도이다. 배심원제도는 미국의 자존심이다. 국민들은 재판에 직접 참여하면서 법의 공정성을 신뢰하게 되었고, 이러한 신뢰는 법치주의를 이루는 바탕이 되었다. 그래서 시스템 이론의 순환법칙은 배심원제도에 기초한 법치주의가 오늘의 미국을 만들었고 미국의 민주주의를 지탱하는 가장 큰 힘이라고 평가한다.

법치주의가 흔들리면, 국민들은 중심을 잡지 못하고 불안해져 권력의 눈치를 보게 되어 자신들의 일에 전념하기 어렵다. 법치주의가 확립되어야 국민들이 안심하고 자신의 분야에 집중할 수 있어 경제가 발전하고, 중산층이 성장할 수 있다.

보다 완전한 '국민과 함께하는 정부'를 이루기 위해서, 배심원제도는 사법부를 포함하여 행정부와 입법부로 확대되어야 한다.

사법배심원들은 과거에 있었던 사건들을 다루지만, 행정배심원들과 입법배심원들은 현재 진행 중이거나 미래의 일들을 다룬다. 그래서 취급하는 대상에 차이가 있으므로, 배심원들의 자격에 차이가 있을 수 있다. 순환법칙의 기본 4힘에 기초하여, 배심원제도의 적절한 운영 방법을 찾을 필요가 있다.

사법배심원은 모든 유권자들에서, 행정배심원은 현직을 갖고 있는 유권자들에서, 입법배심원은 보다 젊은 유권자들에서 선발될 수 있다. 행정과 입법이 추진하고 있는 일들은 젊은 사람들과 관계가 더 있어서, 선거가 아니므로, 그들이 선택하도록 하는 것이 공정하다. 어른들은 원로의 입장에서 젊은이들에게 의견을 제시하고 직접 참여는 않는 것이 기본 4힘의 다양성과 상통한다.

그래서 행정·입법배심원제는 선거의 4원칙과 다수결 원칙이 갖고 있는 약점인 포퓔리슴을 감소시킬 수 있는 대안이 될 수 있다. 이것이 현대 사회에 필요한 이유는 다음과 같다.

### * 변화의 속도가 빠르다.

문명의 발달로 사회의 변화 속도가 빨라지면서, 예측이 더 어려워지고 있어 미래에 대한 준비가 힘들어지고 있고, 위험도가 증가하고 있다. 변화 속도를 늦추자는 것이 아니다. 기존의 정치제도로는 다양한 시스템들의 서로 다른 속도들을 조절하기 어려우므로, 시스템들이 균형과 조화를 이루어 안전하게 가게 돕자는 것이다.

### * 집단이기주의가 증가하고 있다.

산업이 발전하며 분야별 전문화가 심화되어 상호 교류가 어려워 자신들만을 위한 집단이기주의가 증가하고 있어, 상호 보완하며 균형과 조화를 추구할 수 있는 제도가 필요하다.

### * 소외감이 증가하고 있다.

변화의 속도가 빨라지고 전문화가 심화되면서, 사회 구조가 복잡해지고 있다. 민주주의는 기본 4힘인 '자유와 평등, 이상과 현실'의 균형과 조화를 추구하지만, 현실은 양극화 체제로 역행하고 있다. 이런 현상이 발생하는 원인의 중심에는 승자독식이 자리를 잡고 있다. 승자독식은 권력과 부와 명예를 모두 차지하였던 피라미드 구조인 왕권제도의 악습이다.

경쟁에 뒤지면서 생긴 소외감은 가족의 해체와 일인가구의 증가로 표출되고 있다. 승자에 치우친 분배의 결과다. 공정한 분배를 위해서는 승자의 일방적 시각에서 벗어나 다수의 다원적 시각에 기초하여 결과를 안배하고 조정할 수 있는 시스템이 필요하다. 일등만을 기억하고 이하 모두를 패자로 인식하는 의식구조에 문제가 있다. 패자들이 있기에 일등이 있다.

### * 빠른 교정이 필요하다.

새로운 일을 실행하게 되면 실수가 있게 마련이다. 실행 중에 잘못이 확인되면, 공직자들이 선택하였을 경우는 잘못을 만회하기 위하여 사실을 숨기고 무리를 하다가 화를 더 키울 수 있다. 하지만, 배심원들이 선택하였을 경우는 잘못을 숨길 필요가 없으므로 빠른 교정이 가능하다.

### * 외부 간섭을 배제할 수 있다.

공직자들이 사업의 진행에 직접적으로 영향을 줄 수 있는 경우는 외압과 간섭이 있게 마련이다. 외압과 간섭을 배제할 수 있는 제도적 장치가 필요하다.

## * 정책에 대한 국민의 이해가 필요하다.

배심원들은 전문가가 아니므로 판정에 어려움이 있다. 하지만, 어떤 일에나 찬성하는 전문가들이 있고 반대하는 전문가들이 있게 마련이다. 이견이 없으면 배심원이 필요 없다. 배심원들은 양쪽 전문가들의 의견을 경청하고 그 중 어느 한 쪽의 손을 들어주면 된다. 결과는 전문가들이 제안한 내용을 선택한 것이므로, 배심원들의 선택에 문제가 될 것은 없다.

비전문가들인 배심원들에게 선택권을 양도하는 것은, 국민들이 문제의 중요성을 잘 이해하지 못할 수 있어, 서로 다른 의견을 갖고 있는 전문가들이 자신들의 주장을 국민에게 설명하고 이해시킬 기회를 갖는 것이다.

## * 창의력 계발이 필요하다.

변화의 속도가 빨라지고 있지만, 행정과 입법의 변화 속도는 느리다. 사회 곳곳에 증가하고 있는 집단이기주의들로부터 견제를 받게 되므로, 공직자들이 위험을 감수하며 나서야 할 이유가 없기 때문이다.

'국민과 함께하는'을 활용하면, 새로운 제안에 대한 논의가 공개적으로 활발하게 진행될 수 있고, 이렇게 되면 공직자들은 보다 적극적으로 역할을 수행하게 될 것이다.

## * 포퓔리슴과 권력의 남용이 감소할 수 있다.

고대 그리스의 도시국가였던 아테네의 한 감옥에서, 기원전 399년 봄, 소크라테스는 배심원들이 내린 사형선고로 독배를 마시고 70년의 생을 마감했다. 그 후 61년 뒤 기원전 338년에 아테네가 마케도니아에게 망하면서 배심원제는 역사에서 찾아보기 어렵게 되었다. 국가 규모가 커지고 국가들 간의 경쟁이 치열해지면서, 배심원제도는 엘리트제도에 눌려 거의 사라졌었다.

당시 배심원제도는 희망자 중에서 무작위로 선출한 것이 정치꾼들을 불러드려 신뢰가 떨어지게 되었다.

시스템 이론의 순환법칙은 대립성을 인정하므로, 배심원들과 판사를 대립쌍으로 보고, 판사가 소신을 밝히고 배심원평결을 거부할 수 있게 장치하는 것에 동의한다. 행정 · 입법배심원제도에도 이와 유사한 장치를 두어 엘리트제도의 장점을 보존할 필요가 있다.

지금은 정보의 전파 속도가 빨라지고, 교육의 기회가 많아지고, 대중의 상식 영역이 넓어지고, 교통의 발달로 생활권이 확대되어 결과적으로 좁아져, '국민과 함께하는'이 과거보다 더 가능하게 되었다.

'국민과 함께하는'은 선거의 4원칙이 갖고 있는 약점을 보완할 수 있다. 선거의 4원칙이 고정되면서, 한 표라도 더 얻기 위해 소수의 의견들을 원칙과 기준이 없이 수용하게 되어, 소수가 다수를 지배하는 역현상이 발생하고 있고, 포퓰리슴의 증가로 열심히 일할 의욕이 감소하기 때문이다.

그래서 행정배심원과 입법배심원의 자격을 은퇴하지 않고 현직을 갖고 일을 하고 있는 유권자들과 전문성을 갖고 있는 유권자들 중에서, 희망자들이 아니고, 각각 무작위로 일정 인원을 선출하여 운영할 필요가 있다. 이렇게 되면, 표를 의식한 포퓰리슴, 권력의 남용, 어쩔 수 없이 밀고 나가야 되는 공직의 속성, 등이 감소할 수 있다.

배심원들의 선출은 투표와는 성격이 다르므로 선거의 4원칙이 적용되어야 할 이유는 없다. 지금도 '국민과 함께하는'이 부분적으로 실시되고 있지만, 보다 더 확대시킬 필요가 있다. 그러나 인간 사회는 종족 보존을 추구하는 성격이 강한 시스템이어서, 좋은 제도가 잘 운영되어도, 배가 고프면 일순간에 무너지고 피라미드 제도로 전환되게 시작부터 설계되어 있다.

그래서 민주주의는 의식주가 풍족해야 유지될 수 있다. 그러나 피라미드 제도가 되었다고 민주주의가 완전히 사라지는 것은 아니다. 정치권력에 눌려 기를 피지 못하고 있지만, 권력의 횡포가 서서히 증가하고, 이로 인해 피라미드 제도의 기초가 흔들리게 되면, 민심은 자유에 기초한 민주주의를 표방하는 새로운 세력으로 모이는 과정이 인간의 역사다.

## * ‘자연의 기본 4힘’과 ‘인간의 기본 4힘’, 상호 관계

국민과 함께하는(with)

---〉 확산력, 이상, 사회, 여론, 종교 ---〉

국민을 위한(for), 척력 인력, 국민의(of)

평등, 사법, 문화, 문학 자유, 경제, 입법, 과학

〈--- 폭발력, 현실, 정치, 행정, 철학 〈---

국민에 의한(by)

자연의 기본 4힘 : 확산력, 인력, 폭발력, 척력

사상의 기본 4힘 : 이상, 자유, 현실, 평등

국가의 기본 4힘 : 사회, 경제, 정치, 문화

정치의 기본 4힘 : 여론, 입법, 행정, 사법

학문의 기본 4힘 : 종교, 과학, 철학, 문학

민주주의의 기본 4힘 : with, of, by, for

‘국민과 함께하는’은 이상을, ‘국민의’는 자유를, ‘국민에 의한’은 현실을, ‘국민을 위한’은 평등을 추구하는 힘들이다.

어휘들을 이렇게 정의하면, 처음에는 어색하지만, 기본 4힘들은 상통하므로, 뜻들이 명확하게 구분되어져, 시스템들의 순환 운동을 이해하는데 도움이 된다.

# 제4장

# 대한민국, 시스템 힐링

# 1. 아리랑과 쓰리랑의 어원

"아리 아리랑 쓰리 쓰리랑 아라리가 났네."

이 노래를 역사적으로 해석하면 '아리아 인(Arian)과 수메르 인(Sumerian)은 아랄 해(Aral Sea) 일대에서 태어난 고향이 같은 종족들이니 잘 어울려 살자'라는 뜻이다. 이 노래(lore) 속에 우리의 5천년 역사가 압축되어 있다.

지금으로부터 1만여 년 전에 빙하기가 끝나고 지구의 기온이 상승하면서, 중앙아시아의 아랄 해로 흐르는 두 개의 강, 아무 다리아와 시르 다리아 일대에 거대한 초원이 형성되었다. 이곳으로 초식 동물들이 모여들면서 그 뒤를 따라 동쪽과 서쪽에서 살던 종족들이 이주하게 되었다. 기원전 5000년경부터, 서쪽에서 모여든 종족들은 아무 다리아강 유역에서 융화되어 아리아 인이 되었고, 동쪽에서 모여든 종족들은 시르 다리아강 유역에서 융화되어 수메르 인이 되었다. 이 두 종족들이 각각 거대 집단으로 성장하여 상호 대립·충돌·융화되는 과정에, 인류 역사상 최초라고 할 수 있는, 원시 거대 집단 문명인 '알알(Aral) 문명'이 탄생했다.

두 집단이 커지면서 식량 자원이 부족해져 충돌이 많아지며 이동이 시작되었다. 수메르 인들은 기원전 3500년경부터 그리스, 이집트, 메소포타미아, 인도, 중국 등지로 이동하여 고대 문명들을 탄생시킴으로써 인류의 역사 시대가 시작되었다. 아리아 인들은 기원전 2000년경부터 유럽과 인도로 이동하여 인도유럽어족의 언어들을 형성시켰고, 그리스와 로마 문명의 주체가 되었으며, 일부는 중국으로 이동했다.

중국의 황하 유역으로 이동했던 수메르 인과 아리아 인이 한반도로 이주하여 쓰리랑과 아리랑이 되었다. 쓰리랑은 수메르 인이고, 아리랑은 아리아 인이다. 한국의 고인돌들은 수메르 인이 남겼고, 단군 조선은 아리아 인이 세운 나라였다. 수메르 인과 아리아 인의 언어가 한국어의 기초가 되었다. 그래서 한국어는 수메르 인과 아리아 인이 세계 고대 문명들에 남긴 전통 어휘들을 해석할 수 있다.

그러므로 대한민국은 기원전 3천 년경부터 시작되었으므로 5천년 역사를 갖고 있고, 한국어는 수메르 인과 아리아 인의 언어를 간직하고 있어, 세계 4대 고대문명들이 남기 어휘들의 뜻을 해석할 수 있고, 그리스 알파벳의 소리와 대문자·소문자의 뜻을 해석할 수 있다. 이것을 통해 세계가 잃어버린, 종족 대이동의 역사가 밝혀진다.

기존의 역사관으로는 선뜻 받아들이기가 어려운 주장들이다. 하지만, 그리스 알파벳의 소리와 글자 모양의 뜻이 한국어와 영어로 해석되고(267쪽 참조), 한국어와 영어의 어휘들 중에는 어원이 같다고 할 수 있는 단어들이 200여개 있고(332쪽 참조), 수메르 인들이 이주지들에 남긴 어휘들에는 한국어와 기원이 같다고 할 수 있는 것들이 있다. 수메르 인들이 점토판에 남긴 수메르 어에는 한국어와 기원이 같다고 볼 수 있는 어휘들이 있다고 주장하는 학자도 있다.

일본의 고대 역사책인 '일본서기'의 신화시대 기록에는 아랄 해에서 한반도를 거쳐 일본으로 이주한 종족들이 있었다는 것을 암시하는 언어 흔적들이 있다.(351쪽 참조)

이렇게 여러 가지 많은 유사성들이 우연이나 억지 해석으로 발생할 수는 없다. 세계 4대 고대문명은 유사성이 많아 이것들의 기원이 되는 원주지 문명이 있다는 주장들도 있지만 역사적인 증거들이 부족해 빛을 보지 못하고 있다. 그러나 한국어의 역사성이 등장하면서, 아랄 해 일대에서 원주지 문명인 '알랄 문명'이 있었다는 사실이 밝혀지게 되었다.

'알알'은 '알'이 많다는 뜻이다. 아랄 해에 섬이 많아, 이곳에 기러기와 오리 같은 철새들이 많이 이동하여 산란기에 알들을 많이 낳아, 이것들이 식량원으로 쓰였다. 알을 먹어야 출산을 한다는 믿음이 생겨, 난생신화의 기원이 되었다.

아랄 해 일대에서 상고시대에 알알 문명이 존재했었고, 이 문명을 일구었던 한 종족인 수메르 인들이 이동하여 세계 4대 고대문명들의 탄생에 불을 지핀 역사가 있었다. 잊혀졌던, 세계가 잃어버렸던 고대사가 한국어를 통해 밝혀지게 되었다.

# 2. 그리스 알파벳은 한국어다.

대한민국의 기원은 고조선이다. 단군신화에 의하면 고조선은 기원전 2천년 경에 건국되었다. 신화는 역사의 압축이다. 단군신화 속의 곰은 환웅보다 앞서 이 땅에 정착한 종족이므로, 모계 족보로 따지면, 대한민국의 역사는 기원전 3천년 이전으로 올라간다. 기원전 3천년 경부터 시작되는 세계 4대 고대문명의 발상지들에서 당시 사용된 국명이나 지명 등이 갖고 있는 소리들과, 그리스 알파벳의 소리들을 한국어로 해석하면, 뜻이 통해, 세계가 잃어버린 역사를 찾을 수 있기 때문이다.

기원전 3천년 이전부터 중앙아시아의 아랄 해 일대에서 인류 최초의 집단 문명인 '알알 문명'이 탄생하였고, 이곳에서 동방 종족들이 형성한 거대 집단인 수메르 인들이 이동하여 세계 4대 고대문명의 탄생에 불을 지폈다. 단군신화의 곰은 황하를 거쳐 한반도에 정착한 수메르 인이다.

그리스 알파벳은 여러 나라에서 현재 사용하는 알파벳들의 기원이다. 그리스 알파벳의 24개 중에서 '소리, 대문자, 소문자'의 뜻이 바르게 해석된 것은 델타(delta, Δ δ)뿐이다.

델타(delta, Δ δ)가 삼각주를 그린 그림 문자이면 나머지 문자들도 그림 문자일 것이다. 델타의 뜻이 대문자와 소문자의 모양에 담긴 뜻과 상통하므로, 나머지 문자들도 소리의 뜻이 대문자와 소문자에 담긴 뜻과 상통할 것이다. 그러나 그리스 어를 비롯하여 인도유럽어족의 어떤 언어도 나머지 문자들의 소리와 모양에 담긴 뜻을 설명하지 못하고 있다.

델타(delta, Δ δ)가 삼각주를 그린 그림문자란 사실을 알 수 있었던 것은 '델타(delta)'의 뜻이 '삼각주'이기 때문이다. 나머지 문자들도 무엇을 그린 것들이겠지만 소리의 뜻을 모르기 때문에 해석할 길이 없었다. 'A'는 '소의 머리 모양을 그린 문자'란 해석이 있지만, 소리의 뜻과 상통하지 않는다.

그림 문자들이므로 소리와 모양에 뜻이 담겨있을 것이지만, 이것들을 해석할 수 있는 언어가 없었다. 그러나 영어를 도우미로 하여, 한국어로 그리스 문자들을 해석하면 소리의 뜻이 대문자 · 소문자의 모양과 일치하거나 연관성이 있다는 것을 알 수 있다. 그리스 문자 하나하나의 '소리 · 대문자 · 소문자'가 자연스럽게 해석되어, "그리스 알파벳의 모양은 그림 문자다."라는 사실이 밝혀진다. 이것은 먼 옛날에 중앙아시아의 아랄 해 일대에서 한 언어권을 형성하고 살던 종족들이 이동하여 그리스를 거쳐 영국으로, 중국을 거쳐 한국으로 이주한 역사가 있었음을 입증하는 하나의 증거이다.

그리스 알파벳의 소리와 대문자 · 소문자의 모양에 담긴 뜻은, 영어를 도움이로 하여, 한국어로 다음과 같이 밝혀진다.

(1) 알파 (alpha, Α α)

모양 : 아랄 해(Aral Sea) 일대의 지도

소리 : 아랄 평화[Aral peace], '삼국유사'의 알평(謁平)

알파(Α α)는 델타(Δ δ)와 비슷한 모양을 이루고 있다. 차이는 꼬리에 있다. 알파는 대문자·소문자에 꼬리가 각각 두 개 있고, 델타는 소문자에만 꼬리가 한 개 있다. 델타는 삼각주이므로 소문자(δ)의 꼬리는 강을 그린 것이다. 알파와 델타의 글자 모양이 비슷한 점으로 볼 때, 알파(Α α)의 두 꼬리는 두 개의 강을 그린 것으로 볼 수 있다. 그러므로 델타는 하나의 강이 흐르는 곳에 있는 삼각주를 그린 그림 문자이고, 알파는 두 개의 강이 한 곳으로 흘러들어가고, 빠지는 곳이 없는 무구호가 있는 지역을 그린 그림 문자라고 할 수 있다.

알파가 지역을 그린 그림 문자이면서 첫 번째 글자로 쓰였다는 것은 알파가 갖고 있는 의미가 대단히 크다는 뜻이다. 그러므로 알파는 자신들의 고향을 그린 지도라고 할 수 있다. 두 개의 강이 한 곳으로 흘러들어가는, 무구호가 있는, 알파의 문자 모양과 같은 지역이 어딘가에 지금도 있을 것이다. 알파(alpha, Α α)는 중앙아시아의 아랄 해(Aral Sea)와 이곳으로 흐르는 아무 다리아와 시르 다리아 두 강을 그린 그림 문자라고 할 수 있다. 알파의 문자 모양에서 세모나 둥근 부분은 무구호인 아랄 해를 그린 것이고, 밖으로 나온 두 선은 두 강을 그렸다고 볼 수 있기 때문이다.

'알파'의 '알'은 '아랄(Aral)'을 줄인 것이고 '파'는 영어로 평화라는 말인 '피스(peace)'와 어원이 같다고 볼 수 있으므로, '알파'의 뜻은 '아랄의 평화'다. 이렇게 해석할 수 있는 근거는 '삼국유사'에 나오는 알평(謁平)이다. 알평은 고조선계 여섯 마을 촌장의 명칭들 중에서 첫 번째로 기록되어 있다. 그래서 '알파'와 '알평'은 동질성을 갖고 있어, '알평(謁平)'의 '평(平)'은 평화를 뜻하므로, '알파'의 '파'도 평화를 뜻한다고 해석할 수 있다.

그리스 문자에서 '알파'가 첫 번째로 있고 고조선 촌장의 이름인 '알평'이 첫 번째로 있는 동질성으로 볼 때, 이것은 아랄 지역에서부터 '아랄의 평화'를 기원하며 '알파'라는 말을 '제일, 으뜸'이란 의미로 취급한 전통을 갖고 있었던 종족들이 그리스와 영국, 한국으로 이주한 역사가 있었다는 증거다.

영어 'peace'를 '페아세'로 읽으면, 'peace'는 한국어로 '싸우지 말고 피하자'란 말인 '피하세'와 어원이 같다. 이러 해석은 두 번째 글자인 베타(beta, Β β)의 어원을 한국어 '빼틀레', 영어의 'battle'로 보는 해석과 어울린다.

(2) 베타 (beta, Β β)

모양 : Β는 엎은활, β는 부린활

소리 : 빼틀레[battle, 전쟁]

베타의 대문자(Β)는 시위를 걸어 놓은 엎은활을, 소문자

(β)는 시위를 벗겨 놓은 부린활을 그린 글자다. 활은 싸움을 상징했다고 볼 수 있으므로, '베타'는 영어로 전쟁이란 말인 '배틀(battle)'과 어원이 같다고 볼 수 있다.

'배틀(battle)'의 어원은 한국어 '빼앗다'의 사투리 '빼틀다'의 명령형 '빼트러'·'빼틀레'와 같다고 볼 수 있다. 이런 기초 어휘들의 유사성은 한 언어권에서 살던 종족들이 이들 지역으로 각각 이동한 역사가 있었기 때문에 생길 수 있는 것이다.

알파를 첫 번째 글자로 베타를 두 번째 글자로 사용한 것은 당시에 종족들 간의 분쟁이 심하여 평화와 전쟁에 대한 관심이 대단히 높았다는 뜻이다.

(3) 감마 (gamma, Γ γ)

모양 : 말의 머리를 옆에서 그린 그림

소리 : 위대한 말[great mare], '삼국유사'의 구례마(俱禮馬)

감마의 대문자(Γ)와 소문자(γ)는 말의 머리를 옆에서 그린 그림이다. 대문자(Γ)는 성장한 말의 당당한 모습을, 소문자(γ)는 어린 말을 그린 것으로 볼 수 있다. 고대 그리스 문자에 지금은 사용되지 않고 있는 '디감마(digamma, F)'가 있었다. 이 문자는 성장한 말 두 마리를 겹쳐 그린 그림이라고 할 수 있다. 이 문자를 통해 당시에 말이 식용으로만 사육된 것이 아니고, 수레와 농경에 활용되었다는 것을 알 수 있다.

감마의 글자 모양을 말의 머리를 옆에서 그린 그림이라고

| alpha(Α α) | beta(Β β) | gamma(Γ γ) |
|---|---|---|
|  |  |  |
| 아랄의 평화<br>(Aral peace) | 활(battle) | 위대한 말<br>(great mare) |
| delta(Δ δ) | epsilon(Ε ε) | zeta(Ζ ζ) |
|  |  |  |
| 삼각주(delta) | 임신녀<br>(임신한 여인) | 절터(기도하는 사람,<br>춤추는 무당) |
| eta(Η η) | theta(Θ θ) | iota(Ι ι) |
|  |  | 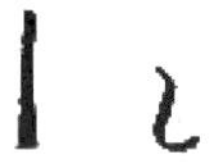 |
| 이두(관공서 대문,<br>간청하는 사람) | 씨름터<br>(theater) | 일터<br>(농사용 기구) |
| kappa(Κ κ) | lambda(Λ λ) | mu(Μ μ) |
|  |  |  |
| 갚아(은혜를 갚다) | 덫(새끼 양을 미끼로<br>한 덫) | 뫼(mountain) |

| nu(N ν) | xi(Ξ ξ) | omicron(O o) |
|---|---|---|
|  |  |  |
| 눈(눈보라, 눈에 미끄러진 사람) | 글쎄(그사이, 꽁무니 빼는 사람) | 나의 친구 (oh my crony) |
| pi(Π π) | rho(P ρ) | sigma(Σ σ) |
|  |  |  |
| 파이(pie) (바비큐, 화덕) | 노(row) | 새끼 말 (태 속 새끼 말) |
| tau(T τ) | upsilon(Y υ) | phi(Φ φ) |
|  |  | 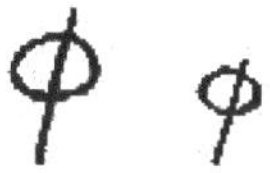 |
| 도끼(ax) | 을씨년(whore) 을씨년스럽다 | 피(blood) |
| khi(X χ) | psi(Ψ ψ) | omega(Ω ω) |
|  |  |  |
| 가위(scissors) 가위눌리다 | 부시다(push) | 무덤 (Oh my God) |

보게 된 근거는 '삼국유사'에 나오는 고조선계 여섯 마을 촌장의 이름들 중에서 세 번째 표기된 구례마(俱禮馬, 仇禮馬)다. '구례마'의 '구례'는 영어로 '위대한'이란 뜻인 '그레이트(great)', '마'는 암말이라는 뜻인 '메어(mare)'와 어원이 같다고 볼 수 있기 때문이다. 그러므로 '감마'의 뜻은 '위대한 말'이라고 할 수 있다. 영어의 'mare'는 한국어의 '말'과 소리와 뜻이 비슷하므로, 어원이 같다고 볼 수 있다.

그리스 알파벳 중에는 소리와 뜻이 한자와 같다고 볼 수 있는 글자가 몇 개 있다. '감마(gamma, Γ γ)'의 '마'는 한자의 '마(馬)', 17번째 글자인 '로(rho, Ρ ρ)'는 배를 젓는 기구인 한자의 '노(櫓)', 지금은 사용되지 않고 있는 고대 그리스 문자인 '산(san, Ϻ)'은 한자의 '산(山)'과 어원이 같다고 볼 수 있다. 이 유사성은 하나의 언어권에서 살았던 종족들이 그리스, 영국, 중국, 한국 등으로 각각 이동하여 그들의 언어를 파종했기 때문에 생겼다고 볼 수 있다.

(4) 델타 (delta, Δ δ)

모양 : 대문자는 삼각주, 소문자는 삼각주와 강

소리 : 삼각주, 달 터(초생달 모양의 땅)

삼각주을 뜻하는 델타(delta, Δ δ)가 네 번째 글자로 쓰였다는 것은 당시에 농경이 중시되었다는 뜻이다. 아랄 해로 흐르는 두 강의 삼각주 일대에서 농경이 발달했었음을 유추할 수 있다. '델타'의 '델'은 한국어의 '달', '타'는 장소를 뜻하는 '터'와 어원이 같고, 달은 농경과 관계가 있으므로 태음력을 사용한 흔적이 담겼다고 볼 수 있다.

(5) 엡실론 (epsilon, Ε ε)

모양 : 임신한 여인의 옆모습

소리 : 임신녀(姙娠女), 임신한 여인

'엡실론(epsilon, Ε ε)'의 '론'과 20번째 '입실론(upsilon, Υ υ)'의 '론'은 한국어로 여자를 지칭하는 말인 '년'과 어원이 같다고 볼 수 있다. 엡실론(Ε ε)은 임신한 여인의 옆모습이나 젖이 부른 가슴을 그린 문자라고 하면, 소리의 뜻은 '임신한 여인'으로 볼 수 있어, 소리와 모양의 뜻이 서로 통하기 때문이다. 그러므로 '임신'이란 말은 순수 한국어라고 할 수 있다. '입실론(Υ υ)'의 경우도 '론'을 '년'으로 보면 그 뜻을 알 수가 있다.

(6) 제타 (zeta, Ζ ζ)

모양 : Ζ는 무릎을 꿇고 고개를 숙이고 절하는 모습

ζ는 춤을 추는 무당의 옆모습

소리 : 절터

그리스 문자 '델타 · 제타 · 에타 · 세타 · 이오타'의 '타'는 한국어로 장소를 뜻하는 말인 '터'와 어원이 같다고 보면, 이 어휘들의 뜻이 풀리게 된다.

'제타(zeta, Z ζ)'는 한국어 '절터'와 어원이 같다고 볼 수 있다. 소리가 비슷하고, '절터'의 '절'과 '절하다'의 '절'은 순수 한국어이므로 둘은 어원이 같다고 볼 수 있기 때문이다. 어원이 같다면, '절터'의 원 뜻은 '절하는 터'이고, 대문자(Z)는 무릎을 꿇고 머리를 숙여 기도하는 사람의 옆모습을 그린 그림문자이고, 소문자(ζ)는 춤을 추는 무당의 모습을 그린 그림문자로 볼 수 있어 서로의 뜻들이 통하게 된다.

고대 그리스 어에 '타'란 말이 있는 것으로 볼 때 '절터'라는 말은 한국에 불교가 들어오기 이전부터 신전이 있는 곳을 이르던 말이었다고 볼 수 있다.

(7) 에타(eta, H η)

모양 : H는 대문, η는 허리를 구부린 사람의 옆모습

소리 : 관공서가 있는 곳, 관아 터, 이두(吏讀)

'에타'는 '관공서가 있는 곳'이란 뜻이고, 한국어 '이두(吏讀)', 영어 'educate(교육하다)'의 'edu'와 어원이 같다. 그러므로 관공서의 기원은 교육 기관이었다고 볼 수 있다.

대문자(H)의 모양은 당시의 관공서 앞에 세워진 문을 그린 것이라고 할 수 있다. 요즘도 이와 비슷한 형태의 문을 왕릉의 입구에서 볼 수가 있다. 문을 H자 모양으로 한 이유가

있을 것이다. 두 사람이 손을 맞잡고 있는 모양을 연상시켜서 사람들에게 협동과 화해의 정신을 고취하기 위함이었다고 볼 수 있다.

소문자(η)의 모양은 서서 허리를 구부리고 팔을 앞으로 내리고 있는 사람의 옆모습이라고 할 수 있다. 무릎을 꿇고 허리를 구부리고 손을 뻗어 땅을 짚고 있는 모습 같기도 하다. 당시 사람들이 관청에 가서 무엇을 간청할 때, 소문자(η)의 모양과 같은 자세를 취했던 것으로 볼 수 있다.

대문자와 소문자의 모양들을 비교하여 보면, 소문자에는 동작을 나타낸 표현이 많다. 아마도 대문자는 명사로, 소문자는 동사로 쓰였다고 볼 수 있다. 그러므로 '관청'을 표기할 때는 대문자(H)를, '관청에 가서 무엇을 간청하다'란 뜻을 표기할 때는 소문자(η)를 썼다고 볼 수 있다.

(8) 세타(theta, Θ θ)

모양 : 씨름 터, 공연장

소리 : 씨름 터, 시어터(theater)

세타(theta, Θ θ)는 한국어 '씨름 터', 영어로 극장이란 말인 '시어터(theater)'와 어원이 같다고 볼 수 있다. 소리가 비슷하고, 원은 씨름 터를, 원 속의 점과 선은 씨름 선수들을 그린 것이라고 할 수 있기 때문이다. 그러므로 극장의 기원은 야외 씨름 터였다.

(9) 이오타(iota, Ι ι)

모양 : 농사용 기구

소리 : 일터

'이오타'는 한국어 '일터'와 어원이 같다고 볼 수 있다.

대문자(Ι)는 씨앗을 밭에 심을 때 사용하던 막대기를 그린 그림이라고 할 수 있다. 막대기로 땅을 가볍게 내리눌러 구멍을 파고 거기에 씨앗을 넣고 흙을 덮었던 것으로 볼 수 있다. 지금도 이런 방식을 사용하여 씨앗을 심고 있는 곳도 있다.

소문자(ι)는 땅을 파는데 사용했던 기구라고 할 수 있다.

(10) 카파(kappa, Κ κ)

모양 : 한쪽 발을 앞으로 내밀고 두 손으로 물건을 바치는 사람의 옆모습

소리 : 갚아, 은혜를 갚다.

'카파'의 뜻이 한국어 '갚다'의 명령형 '갚아'로 보게 된 동기는 초기 그리스 문자에 있었던 '코파(koppa, Ϙ ϙ)'다. '코파'의 모양과 뜻은 한국어 '꼽다'의 명령형 '꼽아'와 같다고 볼 수 있기 때문이다. '카파'는 '갚아', '코파'는 '꼽아'와 소리가 같고, 소리의 한국어 뜻이 글자 모양의 뜻과 상통한다. 이것이 우연일 수는 없다. 이 유사성은 한국어와 고대 그리스 알파벳이

같은 언어권에서 나왔다고 볼 수 있는 하나의 증거다.

대문자(K)의 모양은 선 자세에서 한쪽 발을 앞으로 내밀고 두 손으로 물건을 바치는 사람의 옆모습이다. 소문자(κ)의 모양은 두 다리를 구부린 자세에서 한쪽 무릎은 땅에 대고 다른 쪽 발은 앞으로 내밀고 물건을 바치는 사람의 옆모습이다. 지금도 이런 자세는 낯설지가 않다.

(11) 람다(lambda, Λ λ)

모양 : 덫

소리 : 램(lamb 새끼 양)을 미끼로 맹수를 잡는 덫

람다(Λ λ)의 글자 모양은 덫이라고 할 수 있다. '람다'의 '람'은 영어로 새끼 양이란 말인 '램(lamb)'이고, '다'는 한국어의 '덫'과 어원이 같다고 볼 수 있다. 그러므로 '람다'의 뜻은 '어린양을 미끼로 맹수를 잡기 위하여 설치한 덫'이라고 할 수 있다.

(12) 뮤(mu, M μ)

모양 : 산

소리 : 뫼[산(山)]

대문자(M)는 산을, 소문자(μ)는 물이 흐르는 계곡을 그린 그림 문자이다. '뮤'는 한국어에서 산의 고어인 '뫼'와 어원이

같다고 볼 수 있고, 초기 그리스 문자에 있었던 산(san, M)은 뮤(mu, M μ)와 대문자 모양이 같다. 높은 산을 경외했기 때문에 '산'이란 말인 '산(san, M)'에 '터'가 붙은 '산터'가 성인이란 말인 '세인트(saint), 산타(Santa)'가 되었다고 볼 수 있다.

(13) 뉴(nu, N ν)

모양 : N는 눈보라가 치는 모양, ν는 미끄러져 엉덩방아를 찧는 사람의 옆모습.

소리 : 눈(snow)

'뉴(nu, N ν)'는 한국어의 '눈(snow)'과 어원이 같다고 볼 수 있다. 대문자(N)의 모양은 눈이 펄펄 내리는 상태를 그린 것이고, 소문자(ν)의 모양은 눈에 미끄러지며 엉덩방아를 찧는 사람의 옆모습을 그린 것이다. 눈이 오거나 눈에 미끄러진 상태를 그린 그림 문자에 이보다 더 멋진 걸작은 없을 것이다.

이집트 신화에서 눈(Nun, Nu)은 태양신 라(Ra, Re)의 아버지이며, 세상을 온통 에워싸고 있는 원초의 물이다. 하늘에서 비가 내려오는 까닭을 설명하기 위해서는 녹으면 물이 되는 눈이 높은 하늘에 가득 차 있다고 보지 않을 수가 없었을 것이다. 이러한 우주론적인 눈의 개념은 이집트 본래의 것이 아니고, 태양신 라(Ra)와 더불어, 수메르 인들이 이집트로 이동하여 파종했기 때문에 생긴 것으로 볼 수 있다. 이집트 신화에 나오는 셋(Set, Seth)은 이집트로 이동한 수메르 인으로 볼 수 있다.

그리스 알파벳의 '뉴', 이집트 신화의 '눈(Nun, Nu)', 한국어의 '눈'은 수메르 어에서 기원했다고 볼 수 있다. 이것은 수메르 인들이 그리스 · 이집트 · 한국으로 이주한 역사가 있었다는 것을 확인할 수 있는 증거들 중의 하나다.

(14) 크사이(xi, Ξ ξ)

모양 : Ξ은 둘의 중간, ξ은 꽁무니를 빼는 사람의 옆모습

소리 : 그 사이, 글쎄, 꽁무니를 빼다.

'크사이(xi, Ξ ξ)'는 '글쎄'·'그 사이'와 어원이 같다고 보면, 대문자(Ξ)와 소문자(ξ)의 두 모양이 상호 연계되면서, 글자의 뜻이 풀린다. 대문자(Ξ)는 어느 쪽이 옳다고 해야 할지 결정하기 어려울 때 둘 사이의 중간이란 뜻인 '그 사이'로 표현했다고 볼 수 있다. 그러므로 '크사이' · '글쎄'·'그 사이'는 기원이 같다고 볼 수 있다. 소문자(ξ)는 결정하기 어려워, 꽁무니를 빼고 도망가는 사람의 옆모습을 그린 그림이라고 할 수 있다. 이렇게 해석되는 것이 꿈만 같다. 해몽이 좋은 것이 아니고, 고대인들의 발상이 현대를 뺨친다.

(15) 오미크론(Omicron, Ο ο)

모양 : 동그라미

소리 : 오 나의 친구[Oh my crony]

'오미크론(O o)'의 어원은 '오 마이 크로니(Oh my crony)'와 같다고 볼 수 있다. 크로니(crony)는 친구라는 뜻이고, 'O'는 친구를 두 팔로 껴안을 때 둥근 두 팔 모양을 그린 것이다. 좋으면 끌어안는 것은 자연스런 행동이다. 한국어 '동그라미'는 친애하는 친구라는 뜻인 '돈 크로니(Don crony)'와 기원이 같다고 볼 수 있다.

맞으면 O, 틀리면 X로 표시하는 관습은 우연히 발생한 것이 아니다. 이 관습은 그리스 문자에서 유래되었다고 볼 수 있다. 오미크론(O o)은 친구를 뜻하고, 22번째 글자 카이(khi, X χ)는 고문 기구를 뜻하기 때문이다.

(16) 파이(pi, Π π)

모양 : 요리용 장치, 화덕

소리 : 파이(pie, pai)

대문자(Π)는 고기를 막대기에 달아매어 굽는 즉, 바비큐를 위한 장치를 그린 문자다. 소문자(π)는 파이(pie)를 굽기 위해 화덕에 넓적한 돌을 얹어 놓은 모양을 그린 문자다. 이 두 장치는 석기 시대에 불을 이용하여 요리하던 도구들이다.

(17) 로(rho, Ρ ρ)

모양 : 배를 젓는 노

소리 : 영어의 로(row), 한국어의 노(櫓)

대문자(Ρ)는 배를 젓는 노(櫓)란 뜻이고, 소문자(ρ)는 선의 부드러움으로 볼 때 배를 젓는 동사로 사용한 문자였다고 볼 수 있다. 로(rho, Ρ ρ)는 영어로 '배를 젓다'라는 말인 로(row)와, 한자의 노(櫓)와 소리와 뜻이 같다. '노'란 말이 그리스 문자에도 있다는 것은 한국어의 '노'란 말은 한자에서 기원한 것이 아니라는 뜻이다.

(18) 시그마(sigma, Σ σ)

모양 : 막 태어난 말, 소문자는 '새끼를 배다'라는 뜻

소리 : 새끼 말[마(馬)]

'시그마'의 '시그'는 한국어의 '새끼', '마'는 '말'과 어원이 같다고 볼 수 있으므로, '대문자(Σ)는 금방 태어난 새끼 말이 일어서지 못하고 누워있는 모양을 그린 것이고, 소문자(σ)는 어린 새끼가 태 속에 있는 모양을 그린 것으로 볼 수 있다. 그러므로 '시그마'의 뜻은 '새끼 말'이다. '시그마'의 '마', '감마'의 '마', 한자의 '마(馬)', 영어로 암말이라는 단어인 'mare', 한국어의 '말[馬]' 등은 어원이 같다고 볼 수 있다. 이 어휘들로 미루어 볼 때, 아랄 시절에 말이 사육되었다고 볼 수 있다.

(19) 타우(tau, Τ τ)

모양 : 도끼 모양의 도구

소리 : 도끼

'타우'의 모양은 돌도끼였고, 한국어 '도끼'와 어원이 같다고 볼 수 있다. '도끼'는 '타우'에 전성 어미 '-기'가 결합된 '타우기'가 어원이라고 할 수 있기 때문이다.

(20) 입실론(upsilon, Υ υ)

모양 : Υ는 여자의 국부, υ는 누워 다리를 올린 여자

소리 : 을씨년스럽다, 음란한 여인

대문자(Υ)는 여자의 국부를 그린 그림이고, 소문자(υ)는 누워서 두 다리를 올리고 있는 여자의 옆모습을 그린 그림이라고 할 수 있다. 음담패설을 뜻하는 속어 '와이담'의 '와이(Y)'가 '입실론'과 무관하다고 보기는 어렵다.

'입실론'은 한국어 '을씨년스럽다'의 '을씨년'과 어원이 같다고 볼 수 있다. '을씨년스럽다'는 '보기에 쓸쓸하다, 보기에 군색한 듯하다'라는 뜻이다. 입실론의 글자 모양과 '을씨년스럽다'의 뜻을 묶어 추리해 볼 때, 입실론의 어원은 영어로 '음란한'이란 말인 'obscene'에 한국어로 여자를 뜻하는 말인 '년'이 붙은 것이고, 그 뜻은 '음란한 여인, 형편이 어려운 창녀(?)'라고 할 수 있다.

(21) 파이(phi, Φ φ)

모양 : 가시에 찔려 상처가 난 모양

소리 : 피[혈(血)] (fai)

파이(phi, Φ φ)는 가시에 찔려 피가 나는 모양을 그린 그림 문자라고 할 수 있다. 'phi'의 원래 소리는 한국어의 '피'와 같다고 볼 수 있다.

(22) 카이(khi, Χ χ)

모양 : 가위 모양

소리 : 가위 모양의 고문 기구

'카이(Χ χ)'는 한국어 '가위'와 어원이 같다고 볼 수 있다. 아랄 시절은 청동기나 신석기 시대였다고 볼 수 있으므로 천을 자르는 가위가 있었다고 볼 수 없다. 그러므로 '카이'는 한국어 '가위눌리다'의 '가위'와 어원이 같다고 볼 수 있다. '가위눌리다'의 뜻은 "꿈에 몸을 마음대로 움직이지 못하고 답답함을 느끼다."이다. 이것은 몸이 무엇에 눌리고 조여 움직이지 못해 몹시 답답하고 괴롭다는 뜻이다. 그러므로 '카이'는 나무를 X자 모양으로 엮은 고문 기구였다고 볼 수 있다. 이러한 역사가 있어 '카이'에서 기원한 엑스(X)는 나쁘다는 표시로, 오 나의 친구라는 뜻인 '오미크론'에서 기원한 오(O)는 좋다는 표시로 쓰이는 것이다.

(23) 프시(psi, Ψ ψ)

모양 : 막대기로 푹 찌르는 모습

소리 : 한국어의 '부시다', 영어의 'push'

‘프시’의 어원은 한국어 ‘부시다’의 ‘부시’, 영어로 ‘밀다’라는 말인 ‘push’와 같다고 볼 수 있다. 프시(Ψ)의 모양은 막대기로 푹 찔렀기 때문에 움푹 들어간 상태를 그린 것이다.

(24) 오메가(omega, Ω ω)

모양 : 무덤

소리 : 오 마이 갓(Oh my God)

대문자(Ω)는 무덤의 봉분을 그린 것이고, 소문자(ω)는 무덤을 파고 시신을 안치한 모양을 그린 것이다. ‘오메가’는 한국어에서 깜짝 놀라거나 끔찍한 느낌이 들었을 때 내는 소리 ‘어마나’와 유사하다. ‘오메가’는 영어로 ‘오 나의 신’이라는 말인 ‘오 마이 갓(Oh my God)’과 어원이 같다고 볼 수 있다. ‘오메가’에는 신에 대한 원망과 소망이 한데 어울린 절규가 담겨 있다고 할 수 있다. 오메가는 무덤을 그린 문자이기 때문에 마지막 글자로 쓰인 것이다.

‘오미크론(Oh my crony)’의 ‘오’는 반가울 때 나오는 고음이고, ‘오메가(Oh my God)’의 ‘오’는 슬플 때 나오는 저음이다.

영어 알파벳 순서는 그리스 알파벳과 거의 같지만, 의도적으로 바꾸었다고 볼 수 있는 것이 있다. 그리스 알파벳에서는 여섯 번째 글자인 제타(zeta, Z ζ)가 영어에서는 맨 끝 글자가 된 것이다. 그리스 알파벳에서 맨 끝은 죽음을 뜻하는 오메가의 자리다. 그 자리에 오메가를 없애고 제타(zeta, Z ζ)를 옮겨 놓은 까닭은 무엇일까?

그리스 문자에서 '오미크론'의 '오'는 높은 음이고 '오메가'의 '오'는 낮은 음이지만, 영어에서는 하나로 통합되면서 오메가는 사용되지 않게 되었다고 볼 수 있다. 하지만, 이것이 Z를 맨 뒤로 옮긴 이유였다고 볼 수는 없다.

Z로 시작되는 단어의 수가 적은 것이 원인이었다면, Z의 반도 되지 않는 X가 맨 끝이 되었어야 할 것이다.

의미가 없는, 우연한 일이라고 보기도 어렵다. '절터'라는 뜻으로 해석되는 제타(zeta, Z ζ)의 글자 모양에 원시 종교의 티가 있기 때문이다. 그러므로 Z를 맨 뒤로 옮긴 것은 원시 종교에 대한 일종의 탄압이었다. Z를 맨 뒤로 옮긴 사람들은 Z의 뜻을 잘 알고 있었기 때문에 이렇게 했을 것이다.

그리스 문자의 대문자와 소문자를 합한 48자들 하나하나가 사실적으로 그려진 걸작들이어서, 글자의 모양들을 통해 당시의 생활상이 유추될 수 있다. 이렇게 자연스럽게, 그리스 알파벳이 한국어와 영어로 해석된다는 것은 상고시대에 하나의 언어권에서 살던 종족들이 분산되어 그리스 · 영국 · 한국 등으로 이동한 역사가 있었다는 뜻이다.

그들은 어떤 종족이었을까? 현대 그리스 어가 인도유럽어족의 아리아 어에서 기원했다고 해서, 그리스 문자를 아리아인이 남겼다고 단정하기는 어렵다. 아리아 인들보다 먼저 이동한 종족들이 그리스 문자의 형성에 영향을 주었을 가능성이 있다. 왜냐하면, 인도유럽어족의 어떤 언어로도 해석되지 않던 그리스 문자가, 영어를 도우미로 하여, 한국어로 해석된다는 것은 아랄 해 일대에서 성장하며 하나의 언어권을 형성하였던 종족들이 한국과 그리스로 이동한 역사가 있었다는 뜻이고, 이것은 인도유럽어족의 아리아 어를 사용한 아리아 인보다 먼저 그리스로 이동한 종족이 있었다는 증거이고, 그들은 아리아 어가 아닌 다른 언어를 사용했다는 뜻이기 때문이다.

그리스 알파벳을 사용한 종족은 수메르 인이다. 이 수메르 인은 메소포타미아에서 수메르 문명을 일군 수메르 인과 뿌리가 같은, 중앙아시아의 아랄 해에서 성장하여 이동한 종족이다. 이들보다 뒤에 이주한 아리아 인은 수메르 어의 알파벳을 그대로 사용했다. 그래서 아리아 어로는 해석되지 않는 어휘들이 그리스 알파벳에 남아 있다. 이것은 아리아 인이 이동해 오기 이전부터 그리스에 살던 수메르 인들이 그림 문자를 사용하다가 그 그림 문자를 표음 문자로 전환하여 쓰고 있었고, 그 뿌리가 깊어서, 뒤에 이주한 아리아 인들이 수용했다는 증거가 된다.

"아리 아리랑 쓰리 쓰리랑 아랄이가 났네."의 '아리랑'은 아리아 인이고, '쓰리랑'은 수메르 인이다. 그래서 한국어는 수메르 인과 아리아 인들이 상고 시대에 세계로 이동하여 남긴 어휘들의 뜻을 해석할 수 있고, 그리스 알파벳의 소리들에 담긴 뜻들을 해석할 수 있다.

## 3. 대한민국의 정체성

오늘의 대한민국은 국민의 절대다수가 수긍할 수 있는 정체성을 확립할 필요가 있다. 정체성은 생존을 위한 철학이다.

답은 명확하다. '자주독립, 자유시장경제, 자유진보민주주의, 법치주의'를 확립하여 유지 계승하는 것이다.

### * 대한민국의 자주독립은 세계 평화의 상징이다.

세계는 하나가 되어가고 있지만, 세계가 유엔의 깃발 아래 하나가 되면 분쟁이 없는 평화가 올 수 있을까? 다양성이 존중되는 다원 세계가 인간의 존엄성에 더 유익할까?

역사적으로 다양성이 존재하면 충돌이 증가하여 시끄러웠다. 그러나 하나의 세계에는 더 큰 문제가 있다. 자연에서 시스템들이 결합하여 하나의 시스템으로 형성되어 가면 폭발력이 점점 증가한 상태가 된다. 마찬가지로 하나의 세계는 평등을 지향하므로 자유를 제한해야 유지될 수 있어, 자유를 규제하기 위해 강력한 힘을 가진 소수 집단이 등장하게 된다.

강력한 힘을 가진 소수 집단은 본능적으로 집단을 유지하기 위해 피라미드 독재를 하게 된다.

그래서 시스템 이론의 순환법칙은, 자연의 모든 시스템들은 시스템 속 시스템이므로, 다양성이 존중되는 다원 세계들이 공존하며 질서 있게 순환하는 하나의 세계를 이루는 것이 인간의 존엄성을 유지하는 데 더 유익하다고 주장한다.

대한민국은 5천년 역사를 유지 계승하고 있고, 세계가 잃어버린 세계의 고대사가 대한민국의 언어를 통해 밝혀진다. 우리의 언어에 이런 역사성이 있다는 것은 우리의 선조들이 5천년 자주독립의 역사를 유지 계승하여 왔다는 뜻이다. 이 전통을 유지 계승하는 것은 대한민국 국민의 의무이자 권리이고 이상이다. 그래서 대한민국의 자주독립은 다원 세계를 지향하는 모든 국가들에 규범이 되는 사례가 되므로 세계 평화의 상징이 될 것이다.

중국은 역사적으로 하나의 세계를 추구하는 전통이 있다. 황하와 양자강이 평원을 사이에 두고 근접해 같은 방향으로 흐르기 때문이다. 대한민국이 중국의 한 성이 되지 않은 것은 기적이란 평가도 있지만, 역사적으로 두 강을 통일한 세력이 요하를 건너 한반도로 진입하면, 평원의 세력이라 산악 지형에 익숙하지 못해, 지치게 되어, 정치적으로 위기가 생겨 총력을 집중할 수 없었기 때문이다.

그러나 내면적으로는 대한민국에는 5천년 역사의 전통을

이어온 "아리랑 아리랑 아라리요."와 "아리 아리랑 쓰리 쓰리랑 아라리가 났네."란 노래(lore)가 정신적 결속을 이루게 하여 자주독립을 추구했기 때문이다.

하나의 세계를 추구하는 중국에게는 다원 세계를 추구하는 대한민국이 못마땅할 수 있지만, 이제 세계는 다원 세계를 지향하는 대한민국을 응원할 것이고, 중국도 다원 세계를 지지해야 세계화가 가능할 것이다. 다원성이 공존하며 균형과 조화를 추구하는 세계화가 21세기의 추세이기 때문이다.

문제는 어떤 방법으로 자주독립의 전통을 유지 계승하느냐는 것이다. 정치가 해결해야 할 문제이지만, 정치인들에게만 맞길 수는 없다. 정치는 폭발력이 가장 증가한 상태이어서 언제 어떻게 폭발할지 알 수 없는 시스템이기 때문이다.

밀실 정치에서 벗어나 공개 정치를 지향해야 다원 세계를 추구하는 국가들의 규범이 될 수 있고, 국민들의 지지를 받을 수 있다. 그러므로 자주독립을 위한 공개 토론이 언제든지 청명하게 이루어질 수 있어야 할 것이다.

## * 자유시장경제는 필수다.

먹고 살아야 자주독립도 가능하다. 국토는 작고 인구는 많아, 식량자급률이 47% 정도로 낮은 것이 가장 큰 문제이다. 세계에서 인구가 5천만 명 이상이고 국민 소득이 3만 달러를

넘는 5030클럽에 7번째 국가로 등장했지만, 여전히 불안하다.

식량자급이 가능했던 시절에는 정치가 경제를 이끌었지만, 식량 자급률이 50% 이하인 국가에서는 정치가 경제를 이끌 수 없다. 식량 문제를 해결하는 것은 정치가 아니고 경제이기 때문이다. 그래서 자주독립을 계승하려면, 경제를 튼튼하게 발전시킬 수 있는 지속 가능한 경제정책이 필요하다.

역사적으로 빈부격차는 언제나 있었고, 어떤 제도도 이 문제를 해결할 수 없었다. 이 문제의 중심에 토지가 있다. 현재의 토지제도는 외면적으로는 개인 소유가 인정되고 있지만, 내면적으로는 국유화되어 있다. 법과 시장원리에 따라 개인이 토지를 소유하게 하고, 국가는 임대료를 매년 거두고, 자유로운 양도를 허용하며 차익이 생기거나 증여 상속이 될 경우에는 일정액을 거두고, 필요하면 세율을 조절할 수 있고, 공적으로 필요한 경우에는 법에 근거하여 매입할 수 있고 차입할 수 있는 제도이기 때문이다.

국가가 시장원리를 배제하고 법에 근거하여 토지를 운영하게 되면, 토지운영에 정치권력이 관여하게 되어, 공정성에 문제가 발생하기 쉽다. 토지공개념은 기존의 제도보다 좋은 점이 이론적으로 밝혀져야 가능하다. 그렇지 못하면, 명분을 앞세워, 정치권력이 자신들의 파이를 키우려는 책략에 불과하다.

경제의 발전 속도가 빨라, 적응속도가 빠르면 많이 벌고, 느리면 적게 벌게 된다. 많이 벌면 많이 거두면 된다. 위로 오를 수 있는 사다리를 많이 만들어 놓으면, 순환이 잘되어, 빈부 차이가 자연스럽게 순환될 수 있다. 선택을 받아야만 오를 수 있는 사다리들이 아니고, 자력으로 오를 수 있는 사다리들을 많이 만들어 놓기 위해서는 자유시장경제가 필수다.

대기업들의 기준에 맞춘 일률적인 제도들은 중소기업들의 성장을 억제하므로, 예외 규정들을 많이 만들어, 중소기업들이 성장할 수 있게 해야 된다. 대기업들은 살만한 집단이어서 나태해지고 노쇠해지므로 창의적인 중소기업들이 성장하여 노쇠해지는 대기업들을 대체할 수 있어야 된다. 이래야 자유시장경제가 건전하게 지속될 수 있다.

계획경제로는 빠른 속도로 변하고 있는 경제를 이끌어 가기 어렵다. 자유시장경제의 장점은 자발적으로 열심히 일해서 번 돈을 쓰지 않고 모아 기업들을 키우는 취미를 가진 기업가들을 양산할 수 있다는 것이다. 이런 기업가들은 꿈에서도 일하므로 하루 24시간 일한다. 이런 기업가들이 많이 있어야 새로운 기업들이 많이 생겨 새로운 일자리들이 창출되고, 새로운 대기업들이 생기게 된다.

기업들은 국가란 시스템 속에 있는 작은 시스템들이다. 전체와 부분은 동질성을 갖고 있으므로, 국가가 사회주의를 지향하면 기업들도 사회주의가 된다. 그러나 인간의 본성은 자유지향성이 강하고, 그 중에서도 기업가들은 더 자유지향성이 강해 자유시장경제이어야 제대로 활동할 수 있다. 생산 활동의 주체는 정치가 아니고 경제이므로, 기업들을 이끌어가는 기업가들의 역할에 대한 사회적 평가가 제대로 되어야 한다. 국가를 유지하는 데 필요한, 세금으로 유지되는 일자리들은 이미 다 채워져 있다. 세금을 내는 일자리들을 만드는 것은 기업들의 몫이고, 새로운 기업들의 설립은 기업가들의 몫이다. 누구나 가수가 되어 성공할 수 없듯이, 기업가도 기질이 있어야 하고, 노력이 있어야 성공한다. 기업가들에 대한 부정적 평가는 정치가 경제를 지배했기 때문에 생겼다고 할 수 있다. 정치가 법치주의에 근거하여 자유시장경제를 정의롭게 유지하면 기업가들에 대한 사회적 평가가 긍정적으로 바뀔 것이다.

자유시장경제의 단점은 경쟁에 처진 사람들을 국가가 보살펴야 되는 것이다. 사회주의 계획경제에서는 국가가 국민 모두를 보살펴야 된다.

경제가 발전할수록 생활이 팍팍해지고, 일인가구가 증가하는 등 인간소외현상들이 증폭된다. 그 이유는 수입이 증가하면서 써야 되고 하고 싶어 써야 할 곳이 많아, 그래서 욕망이 쌓이며 응축되어 폭발력이 증가하며 척력이 증가하여, 독립성이 커지기 때문이다. 이런 인간소외현상의 증폭은 성공한 자유시장경제의 약점이다. 그러나 이 문제의 해결은 문화와 사회의 몫이다. 정치와 경제는 이 문제를 해결할 수 있는 주체가 아니다. 자유는 경제를, 현실은 정치를, 평등은 문화를, 이상은 사회를 이끌어가는 동력이다. 인간소외현상이 증폭되고 있다는 것은 평등을 추구하는 문학과 이상을 지향하는 종교에 문제가 있다는 뜻이다.

지금까지 문학과 종교는 인간의 가치관을 이분법으로 정의하여 선과 악으로만 평가한 전통이 있다. 이제는 선과 악과 더불어, 선을 악으로 전환시키는 힘이 있어 선에도 악이 있고, 악을 선으로 전환시키는 힘이 있어 악에도 선이 있어, 이것들이 하나의 시스템 속에 공존한다는 사실을 수용하고, 이것들의 균형과 조화를 추구해야 바르게 발전할 수 있다. 문학과 종교는 경제와 정치가 지나치게 자유와 현실에 기초하여 운영하고 있는, 잘못된 정책들을 지적하여, 이 문제들을 평등과 이상에 기초하여 해결하는 일에 앞장서 더불어 사는 시스템을 구축해야 할 책임이 있다. 흑백논리로 편을 가르는 일에 앞장서는 것은 자기우상화적 발상이다.

## * 자유진보민주주의가 필요하다.

'인간은 사회적 동물'이란 말은 누구나 수긍하지만, '사유재산 제도의 폐지'와 '생산 수단의 사회적 공유'를 공감하기는 어렵다. 전체를 구성하는 부분들도 시스템을 이루고 있으므로, 국가가 하나의 시스템을 이루고 소유하듯이, '기업, 가정, 개인'도 시스템들이어서 국가의 축소판이므로 소유하는 것은 자연법칙을 따르는 것이다. 국가 비상시, 사유재산의 제한과 생산 수단의 사회적 공유는 법으로 현재도 가능하다. 국가가 소유를 제한하고 규제를 언제나 계속 시행된다면, 누가 이것을 감독하느냐가 문제이다. 정치가 감독하고 문학이 나팔을 불게 되면, 경제가 위축되므로, 자주독립은 물 건너간다.

자주독립을 유지하기 위해서는 자유시장경제가 필요하고, 자유시장경제를 잘 유지하기 위해서는 자유진보민주주의를 추구하지 않을 수 없다. 식량이 부족해지면, 자유진보민주주의는 붕괴된다. 그러므로 자유진보민주주의는 식량부족이 발생하지 않도록 잘 준비해야 되고, 선거에 이기기 위해서는 중산층을 계속 증가시키는 정책을 실시해야 된다.

## * 법치주의가 확립되어야 한다.

현실적으로 '자주독립, 자유시장경제, 자유진보민주주의'를 유지 발전시키기 위해서는 평등에 기초한 법이 제정되고, 법이 공정하게 시행되고, 국가권력이 법에 의해 통제되는 '법치주의'가 확립되어야 한다. 이래야 질서가 확립되어 공정한 경쟁이 이루어져, 국민들이 안정을 찾게 되어 자신감을 갖고 활동하게 된다.

법은 평등에 기초하므로 법치주의는 자유주의를 견제한다. 그러나 법치주의가 확립되어야, 국민 생활이 안정되어, 자유시장경제와 자유진보민주주의가 성장할 수 있다.

법은 공표되어 시행되는 순간부터 자연의 법칙인 순환이 정지된다. 그래서 순환이 필요하므로 "예외 없는 법은 없다."가 성립된다. 자연스런 순환을 위해 예외가 많이 인정되어야 한다.

# 4. 자유진보민주주의가 가야 할 방향

## * 정당은 미래 계획서를 밝혀야 한다.

정치는 현실이고 폭발력이 가장 증가한 시스템이어서 언제 어떻게 변할지 알기 어려운 분야다. 정당들이 정치패거리들이 되지 않기 위해서는 미래 계획서를 국민 앞에 구체적으로 설계하여 발표해야 된다. 그래야 정당들이 지향하는 목표가 올바른지, 실천 가능한 길인지를 국민들이 평가할 수 있다.

당선되고 다른 길을 가거나 엉뚱한 행동을 하면, 국민의 저항이 필요하지만, 국민의 다수는 확산력최대점에 있어 작용에 대하여 작용하는 본성이 있어, 강자의 편에 편승하여 안정을 추구하기 위하여 본능적으로 블랙홀에 빨려들게 된다. 그래서 정치는 전제주의를 지향하는 잠재적 본능이 있으므로, 자유진보민주주의를 지키기 위해서는 정당들이 어떤 생각을 하고 있는지를 국민들이 잘 알아야 하므로, 정당들은 대한민국의 정체성을 어떻게 유지 계승할 것인지를 계획서로 발표해야 된다. 올바른 토론 문화가 필요하다.

## * 선출직 공직자 연령제한

공직에는 정년이 있지만, 민주적인 선거를 통해 선출되는 공직에는 정년이 없다. 선거는 자유에 기초되어 있지만, 이것은 공정성에 문제가 있다. 무소속 후보자는 연령을 제한할 수 없지만, 정당에서 추천하는 후보자는 정년을 정할 필요가 있다. 정당들은 공익을 추구하는 기관이어서, 정당국고보조제도가 있어 보조금을 받고 있으므로 민주적으로 잘 운영되어야 한다. 그러나 당권을 잡으면, 정당은 독재가 가능한 피라미드 구조이어서, 인적 순환이 잘 되지 않아 독재적으로 운영될 수 있어, 이 문제 해결을 위해 정년이 필요하다. 정당이 추천하는 후보자의 정년은 국가 공무원에 근거하여 정하면 된다. 당선되면 임기만큼 정년이 연장되고, 무소속으로 출마는 언제나 가능하다.

이렇게 하면 정당을 구성하는 '원로, 의원, 당원, 국민'이 기본 4힘이 되어 균형과 조화를 추구하게 되어 정당들이 민주적으로 운영될 것이다. 일인 지배하의 피라미드 구조 정당들은 정권을 장악하기 위해 똘똘 뭉친 비민주적인 조직이어서 민주주의를 이끌어갈 자격이 없다. 자유진보민주주의를 지향하는 정당들은 원로가 있어야 민주적으로 운영될 수 있으므로 정년제를 추진해야 된다.

이 제도는 법으로 규정되지 않아도 정당들이 당규로 정하여 활용할 수 있다.

## * 대통령 선거제도

정당마다 후보 2명을 등록한다. 정당에 투표하고, 후보 2명 중 1명에 투표한다.

유효투표의 50%이상을 획득한 정당에서 많은 표를 얻은 후보가 당선된다.

50%이상 득표한 정당이 없을 경우 결선투표를 한다.

결선투표는 1위와 2위 정당, 각 후보 2명이 1차 투표와 동일한 방법으로 진행한다.

이것은 정당들에서 후보가 되기 위해 경쟁이 과열되는 것을 방지할 수 있고, 국민의 선택권을 넓히기 위한 제도이다.

## * 국회의원 선거제도

자유진보민주주의는 정치를 지배하는 기본 4힘의 균형과 조화를 위해 협의와 타협을 추구하므로 다당제를 선호한다. 사표를 최소화하는 선거제도가 가장 민주적이다.

4명을 선출하는 중선거구제를 기본으로 하고, 각 정당들은 4명을 등록한다.

투표방식 : 등록된 정당들 중의 하나에 투표하고, 후보 4명 중 1명에 투표한다.

당선인 결정 : 각 정당의 득표 비율에 따라 의석을 분배하고, 각 정당은 후보 개인의 득표 순위에 따라 당선자를 결정

한다. 각 당의 후보들 중에서 당선에 필요한 득표수 그 이상을 얻은 후보가 있을 경우에는 나머지 표를 자신이 지정한 후보에게 줄 수 있고, 많은 표를 얻은 후보가 당선된다. 이 제도는 많이 득표한 후보에게 유권자들이 다른 후보 선택권을 양도하는 것이므로 사표를 최소화하기 위한 제도이다. 선거유세 기간에 소신을 발표하도록 하면 뒷거래 의혹을 방지할 수 있을 것이다.

## * 비례대표 선거제도

투표자는 정당에 투표하고, 정당이 제출한 비례대표정원 전체 후보자들 중에서 마음에 드는 후보자에 투표한다. 정당 득표율에 따라 당선자를 배당받고, 평균득표수보다 더 많은 표를 얻어 당선되는 후보는 남는 표를 자신이 원하는 후보에게 줄 수 있다. 정당들의 자유 선택에 따라, 지역구와 비례대표에 동시 출마할 수 있다. 동시 출마를 금지할 수 있는 이론적 근거는 없다.

## * 투표 참여 의무와 선거 연령

선거는 자유진보민주주의를 위한 축제이자 투쟁이다. 누구나 투표에 참여하지 않을 자유가 있지만, 자유는 공짜가 아니다. 투쟁에 참가해서 자유진보민주주의가 유지되어야 자유를 즐기는 축제가 가능하다. 투표에 참가한 사람은 소비한 시간 만큼 손해를 보았고, 참가하지 않은 사람들은 그 만큼 득을 보았으므로, 이것은 불공정한 게임이어서, 일정 금액을 축제 찬조금으로 징수한다.

선거 연령을 15세, 12세로 낮추어야 한다. 어르신들 비율 증가에 맞춰 청소년들 비율 증가는 합당하다. 젊을수록 미래 지향적이기 때문이다.

## * 배심원제 확대 실시

자유진보는 '국민의, 국민에 의한, 국민을 위한, 국민과 함께하는 정부'를 추구하므로, '국민과 함께하는 배심원제도'를 지지한다.

국민에 의해 선출된 대표자들과 법에 의해 임명된 공무원들이 주어진 역할을 책임지고 수행하는 엘리트주의는 국가 간 경쟁이 심했던 시절에 절대 필요했던 제도이었다. 그러나 민주주의에서 엘리트주의에만 의존하면, 국민의 역할이 제한되어, 선거가 권력의 각축장이 되어, 민주주의가 추구해야 할 균형과 조화의 가치가 퇴색될 수 있다. 민주주의는 51대 49다. 소수가 전체를 지배할 수 있는 구조다. 다수의 입장에서는 불만스럽지만, 소수는 완충역할을 한다. 소수를 끌어드려야 선거에 이길 수 있다. 그러나 소수를 위한 정책이 인간의 본질에 반하여도, 전체 다수의 이상과 거리가 멀어도, 선거를 이기기 위해 지지하고 합리화시키는 선거제도의 약점이 노출되고 있는 것이 현실이다. 배심원제도는 선거의 당락을 떠나서, 인본주의 차원에서 지향해야 할 정책인지를 숙고해 볼 기회가 된다. 배심원들은 정치색이 있지만 정책과 제도에는 선호도가 다를 수 있다. 대립이 극심한 사안들에, 정치를 떠나 선거와 다른, 완충작용을 할 수 있을 것이다.

## * 벌금누진제도

벌금액은 재산세액을 기준으로 누진제를 적용한다. 벌금형은 신체에 부담을 주는 형벌이 아니어서, 모두에게 일정하게 부과하면, 재산이 많은 사람은 문제될 것이 없어 벌금형을 가볍게 생각하고, 재산이 적은 사람은 부담이 되어 법을 잘 지키려고 노력한다. 이것은 법치주의 기본 원리인 공정성에 위배된다. 공정성이 무너지면 법치주의가 무너지고 자유시장경제도 무너진다. 평등에 기초하여 벌금액을 일정하게 부과하는 것은 부자에게만 유리하므로, 소유한 자산에 기초하여 누진제로 부과하는 차별성이 더 공정하다.

교통 법규를 잘 지키는 사람들이 부자로 인식되는 사회가 정상이다. 잘 지키고 싶어도 뒤차가 뭐라고 하는 것 같아 신경 쓰인다. 교통사고가 당장 줄어들 것이다. 웬만하면 벌금형으로 처리하여 국고 수입을 늘리면 비용도 절감되어 일거양득이 되니 지지를 받을 것이다. 잘 지키면 신분이 노출이 될 일이 없으므로 누진제가 되어도 문제될 것이 없다. 상속이나 증여를 받을 경우에는 과거에 부과된 벌금액을 다시 정산한다. 믿는 데가 있어서 벌금형을 경시했다는 해석이 가능하기 때문이다.

## * 예외 규정의 확대

자연에는 순환이 있어 예외가 없다. 그러나 인간이 만든 법에는 예외가 있다. 그래서 "예외 없는 법은 없다."는 진리다. 인간의 법은 만들어지는 순간부터 고정이 되어, 순환이 없어, 문제들이 발생하게 되어 있어, 예외 규정을 만들어야 잘 유지될 수 있기 때문이다. 예외 규정이 많으면 본래의 취지가 퇴색된다는 주장은 집단이기주의에 근거한다. 본래의 취지는 다수를 위한 정의이어서 집단이기주의이므로, 소수를 위한 예외가 구비되어야 자유진보를 추구하는 민주주의가 성장할 수 있다. 다수를 위한 정의는 전체주의가 추구하는 집단이기주의이다.

기존의 정의는 다수의 집단이기주의 특성이 강하다. 그래서 예외규정을 넓게 활용할 필요가 있다. 현행 경제법들은 대기업의 기준에 주로 맞추어져 있어, 중소기업들이 힘들어지고 새로운 기업들이 생기기 어려워지므로, 예외 규정들을 단계별로 많이 만들어 중소기업들과 새로운 기업들에 선택적으로 적용할 필요가 있다.

## * 민노사정위원회가 노사갈등을 해결한다.

'노사정'만으로는 부족하다. 정부는 노사의 갈등을 중재할 수 있어도 해결할 수 없기 때문이다. 민이 배심원이 되어 노사 양쪽의 의견과 정부의 중재를 경청하고 어느 한쪽의 안을 수용하여 노사의 갈등을 해결하는 것이다.

기업이 존재하는 이유는 소비자인 민의 이익을 위해서다. 노사 갈등으로 인한 손실은 제품 가격에 반영되기 마련이므로 소비자인 민은 노사 갈등의 해결에 참여할 자격이 있다.

## * 개천에서 용이 난다.

자유진보는 자유가 평등보다 큰 상태를 계속 유지하고 있지만, 정지하지 않고 순환이 계속 이루질 수 있다. 왜냐하면, 자유와 현실이 평등과 이상보다 큰 상태가 유지되는 수축후반기 시스템의 범위 안에서, 내부를 구성하는 작은 시스템들이 돌아가며 폭발하면 순환이 정지되거나 무너지는 대폭발은 발생하지 않기 때문이다. 이것은 자연에서 원소들이 인력이 척력보다 크고 폭발력이 확산력보다 큰 수축후반기에 있지만 진동이 정지되지 않고 지속되고 있는 것과 같다.

자유진보는 작은 폭발이 계속 이루어져 변화가 많이 발생하므로 위로 오를 수 있는 사다리들이 많이 생기게 되고, 경쟁이 자유로워서 개천에서 용이 날 수 있다.

평등진보는 평등에 뿌리를 두고 이상을 추구하므로 폭발이 적어 변화가 적어 자력으로 오를 수 있는 사다리들이 많이 생길 수 없다. 평등진보가 뿌리를 내린 사회일수록 자유를 제한하는 규정이 많아 순환이 잘 이루어지지 않기 때문이다. 그래서 경제가 어려워져, 나눌 수 있는 파이가 작아지면, 많이 차지하기 위해 기득권세력들이 단합을 추구하게 된다. 개인의 능력보다는 조직에 대한 충성도가 우선이 되므로 자력으로 오를 수 있는 사다리들이 줄어들 수밖에 없고, 그래서 새로운 지배계급이 형성된다.

정치제도는 경제 사정에 따라 바뀔 수 있다. 경제가 어려워지면 권력을 가진 세력들이 단합하여 독재가 형성되고, 경제가 좋아지면 자유진보를 추구하는 중산층이 두텁게 형성되어 독재가 형성되기 어려워지므로 자유진보민주주의가 유지될 수 있다.

어떤 제도에서도 해결해야 할 문제들은 발생한다. 현재의 방법으로는 이것들을 해결하기 어려워 문제들이 생기는 것이므로, 해결하기 위해서는 새로운 방법을 찾을 필요가 있다. 새로운 방법을 찾는 것은 어렵고 힘든 일이므로, 찾으면 용이 된다. 용은 개천처럼 풍족하지 못한 환경에서 달련되어야 가능하다. 풍족한 환경에 길들여지면 용이 되기 위해 위험에 도전할 이유가 없다. 그래서 자유진보민주주의가 유지되기 위해서는 어렵고 힘든 환경에서 자라는 청소년들에게 용이 될 수 있는 희망을 갖게 배려할 수 있는 교육제도가 필요하다.

## * 대학입학시험제도

대학신입생선발을 위한 여러 제도들이 시행되어 왔지만 성공적이지 못했다. 신입생 선발의 공정성을 인정받을 수 있는 제도적 장치가 부족했기 때문이다.

우수한 학생들을 모아 경쟁시키면 더 우수한 학생들이 나올 수 있다. 스포츠 시스템에서 경쟁의 우수성이 잘 증명되고 있다. 그러나 우수한 학생들의 기준을 어떻게 정할 것이냐가 문제이다.

학생 수가 감소하여 운영이 어려운 대학들이 생기고 있지만, 좋은 대학에 들어가려는 경쟁은 여전히 치열하다. 공부를 열심히 하기 위해서 이지만, 기성 집단을 이루고 있는 조직에 편승하려는 욕심도 작용한다.

대학들은 국가와 사회 발전에 필요한 훌륭한 인재들로 성장할 수 있는 가능성이 있는 학생들을 선발하여 교육시킬 의무가 있지만, 인재의 기준은 다양하므로, 신입생을 선발하는 권한은 대학의 자유이다. 하지만, 대학들은 국가와 지방의 지원을 받고 있고 고등학교들이 교육시킨 학생들을 뽑으므로 선발권의 완전 자유를 주장하기는 어렵다.

그래서 신입생 선발을 위한 성적의 4원화가 필요하다. 국가는 전국을 하나로 취급하므로 이상에 기초한 '국가수능성적', 각 시도는 지역을 발전시켜야 하므로 현실에 기초하여 지역별로 실시하는 '지역수능성적', 교육 현장의 역할을 배려해야 하므로 평등에 기초한 '고등학교성적', 자유에 기초하여 각 대학이 실시하는 '대학입시성적', 이 4성적이 각각 25%씩 대학신입생선발을 위한 성적에 반영시킬 필요가 있다.

고등학교 학생들의 학업 성적은 대도시와 소도시에 차이가 있는 것이 현실이다. 하지만, 선발의 제일 목적은 장래 유망주를 선발하는 것이므로, 현재의 학업 성취도만으로 우열을 평가하게 되면, 외우는 공부에만 매달린 학생들이 대거 선발되고, 창의성이 있는 공부를 한 학생들은 낙방하게 되어, 입학 후에는 공부보다 편승에 만족하는 학생들이 많아 교육의 목적이 제대로 실현되기 어려울 수 있다. 초중고등학교 평등의 원칙이 필요하다.

지방자치가 부분적으로 이루어지고 있는 현실에서 국가수능성적에만 기준을 두는 것은 창의적인 교육을 실천할 수 있는 기회를 빼앗을 수 있다. 지역수능성적의 반영은 지방교육을 활성화시키는 정책이 될 수 있다.

여기서 문제는 대학의 선발시험이다. 대학은 정원의 25%를 완전 자율로 선발하고, 75%는 전체 성적을 합하여 선발한다. 75%는 정원의 1.5배 정도를 뽑아 공개적으로 추첨하는 방식도 고려해 볼 필요가 있다. 점수 몇 점으로 서열을 정하여 당락을 정하는 것보다는 인생의 출발이 작위만은 아니듯이 자연에는 무작위가 있기 때문이다.

주체들이 주어진 권한을 공정하고 설득력이 있게 행사할 수 있게 노력하면 미래지향적인 교육이 실현될 것이다.

## * 오픈 북 시험

국가가 주관하는 모든 시험들에 오픈 북 시험을 실시한다. 일상생활에서는 모든 것들을 활용하여 문제들을 해결하지만, 시험에서 머리로만 해결하는 관습은 정보의 홍수 시대에 적합하지 않은 제도다. 넓고 깊게 섭렵해야 할 시대다.

정보화 시대의 우수 학생은 시험에 잘 나오는 내용과 공식을 정확하게 많이 기억하는 학생이 아니고, 어디에 무엇이 있다는 것을 넓고 깊게 많이 알고, 활용할 줄 아는 학생이다.

창의력은 작아서 간과하기 쉽지만 진솔한 경험들과, 잘 알려진 기존의 지식정보들을 자신의 아이디어와 조합하여 보다 나은 새로운 방법을 추구하는 힘이다.

자유진보민주주의는 제도에 억매이지 않고 창의력에 중점을 두는 교육 속에서 성장할 수 있다. 오픈 북 시험은 일상에서 발생하는 문제들을 스스로 해결하는 능력을 길러줄 것이다

## * 변호사 시험

실험실습을 통해 기술을 습득하지 않아도 되는 변호사 시험에 사법대학원 이수를 필수조건으로 규정한 것은 엘리트주의에 치중되었다. 특수, 전문 분야를 담당할 변호사가 필요하므로 선발제도의 다원화가 필요하다. 변호사들의 실력은 의뢰인들이 평가하면 되므로 장벽을 높여야할 이유가 없다.

## * 의과대학 장학제도

의과대학을 마치고 의사가 되어도 전문의가 되고 군복무를 마치고 독립하여 개업하기 위해서는 14년 이상을 열심히 공부하고 노력해야 된다. 쉽지 않은 수련과정이다. 문제는 전공학과들에 인기도의 차이가 커서 기피하는 과들이 있는 것이다. 이유가 있겠지만, 국가적으로는 필수 인원의 확보가 필요하다.

필요한 인원을 확보하기 위하여 본과1학년부터 공무원으로 선발하여 전문의가 될 때까지 교육을 받게 하고, 국가가 발령하는 근무처에서 일정 기간 이상을 근무하는 조건으로 하는 장학제도를 만들 필요가 있다. 근무 기간을 마치면 20년이 넘게 되어 연금을 받을 수 있게 하고, 부전공을 가질 수 있게 하여 근무를 마친 뒤에 활용할 수 있게 한다.

## * 약자 배려

정의로운 소수와 약자를 배려하는 정책은 구호와 의지만으로는 이루어지기 어렵고, 자유시장경제가 잘 운영되어 경제가 튼튼해야 가능하다. 약자를 배려하는 것은 그 가족들을 배려하는 것과 같아서, 가족들의 생산성을 제고하는 기능이 있고, 평등을 지향하는 기초가 된다.

## * 자유진보는 종교의 자유를 지지한다.

종교는 이상을 추구하며 절대 확신하는 믿음을 갖는다. 철학은 현실에 기초하여 끊임없이 번뇌하며 균형과 조화를 추구한다. 확신하는 것은 종교다. 무신론은 신이 없다고 확신하므로 종교의 일종이다. 무신론은 자유의 극치이어서 통제를 받지 않으므로, 언제 어떻게 변할지 알 수 없다.

종교는 인류문명을 일으킨 주체다. 절대적 일신론이 없었다면, 중심을 형성할 수 있는 힘이 없어서, 인류문명은 이루어질 수 없었다. 종교가 분쟁의 원인이었던 것은 정치가 종교를 이용했기 때문이다. 자신들의 종교가 올바르다면 그 교리를 통해 다른 사람들을 교화하면 되지 분쟁을 일으켜야 할 이유는 없다. 그래서 자유진보는 종교의 자유를 지지하며 국교를 거부한다.

종교는 이상을 추구하고 정치는 현실을 추구하므로, 서로는 대립쌍이어서 공존한다. 그러나 어느 한쪽이 다른 쪽을 지배하거나 밀착하여 공조하는 것은 순환이 이루어지지 않아 위험하다. 종교 지도자들이 정치에 뛰어드는 것은 종교가 세속화되므로 비판을 받을 수 있다. 조직을 이루어 정치에 대립하는 것은 좋으나, 정치에 직접 참여하면 반대자들을 탄압하게 된다. 이것은 종교가 자신감을 잃은 행위이다. 자신감이 강한 종교는 반대자를 탄압하지 않고 포용하여 흡수할 때까지 사랑할 수 있어야 한다.

# < 참고 >

## 1. 진리는 입증될 수 없으나 부정될 수 없는 존재다.

자연을 구성하는 기본 단위들인 기본 시스템들은 너무 작은 존재들이어서 입증될 수 없지만, 인정하면 새로운 세계가 전개된다.

자연의 모든 것들은 자연의 축소판들인 기본 시스템들의 결합체들이고, 기본 시스템들은 자연을 지배하는 하나의 기본 원리인 순환법칙을 따라 수축과 팽창을 반복한다. 이것을 인정하면, 모든 자연현상들은 상식으로도 이해되게 설명될 수 있기 때문이다. 그래서 기본 시스템들은 입증될 수 없으나 부정될 수 없는 존재들이다.

모든 자연현상들은 기본 시스템들의 상호 작용에 의해 이루어진 결과들이다. 결과는 현상이어서 원인이 되는 '자연을 지배하는 하나의 기본 원리'를 밝혀낼 수 없다. 자연을 지배하는 하나의 기본 원리를 알지 못하면, 결과의 원인은 여러 가지가 유추될 수 있어, 결과는 하나의 기본 원리가 될 수 없다. 그러나 하나의 기본 원리를 알면, 모든 결과들의 원인은 하나의 기본 원리이므로, 모든 자연현상들은 하나의 기본 원리로 설명될 수 있다. 그러므로 자연을 지배하는 '하나의 기본 원리'는 입증될 수 없으나 부정될 수 없는 진리다.

최상의 기본 원리인 하나의 기본 원리는 입증될 수 없으나 부정될 수 없는 진리이므로, 여기에 기초하여 유추되는 모든 이론들은 입증될 수 없으나 부정될 수 없는 진리들이다. 그러나 최상의 기본 원리가 거짓으로 드러나면 여기에 기초한 하위 이론들은 모두가 거짓이 된다.

자연에 관한 모든 이론들은 하나의 기본 원리에 기초되어 있으므로 상통하는 특성들이 있어야 한다.

빛이 중력에 의해 휘어지는 현상을 설명하기 위해서는 중력이 빛을 어떻게 끌어당기는 지를 설명할 수 있는 하나의 기본 이론이 필요하다. 시공간 이론은 빛이 휘어지는 이유를 설명할 수 있으나 시공간의 밀도가 어떻게 변하는 지를 설명하지 못해 부정될 수 있으므로 미완성이다.

'시스템 이론의 순환법칙'은 빛의 휘어지는 이유를 우주 공간에 팽창하여 가득 차 있는 기본 시스템들인 '랑'들을 이용하여 설명할 수 있다. '랑'들은 기존의 이론으로는 존재가 밝혀질 수 없다. '랑'들은 모든 자연현상들에 관여하므로, '랑'들을 인정하지 않고는 어떤 자연현상도 바르게 설명될 수 없다. '랑'들의 존재를 유추한 '시스템 이론의 순환법칙'은 모든 자연현상들을 설명할 수 있는, 자연을 지배하는 '하나의 기본 원리'이어서 입증될 수 없으나 부정될 수 없는 진리다.

"전하가 같은 물체들은 서로 밀고, 전하가 다른 물체들은 서로 끌어당긴다." 이런 전자기력은 부정될 수 없는 자연현상들이다.

하지만, 자연의 본질은 좀 다르다. (−)와 (−)는 서로 밀고 (−)와 (+)는 서로 결합하지만, (+)와 (+)는 서로 끌어당긴다. 이래야 자연의 퍼즐들이 맞춰지기 때문이다.

(+)물체와 (+)물체가 상호 충돌하면, 초기에는 랑들아 작용하여 서로 밀게 되지만, 둘 사이의 랑들이 수축되어 인력이 증가하여 서로 끌어당겨 결합하여 질량이 증가하여, 물체의 원자들에 중성자들이 증가하므로, 폭발력이 증가하여 폭발하게 되어 서로 민다. 이것이 자연의 본질이다.

'중력, 전자기력, 강력, 약력'은 존재가 입증되지만, 개별적으로 작용할 수 있는 원리가 설명될 수 없으므로 부정될 수 있어서 기본 힘들이 아니다.

그래서 자연에서 입증되는 모든 것들은 자연현상들이므로, 진리는 입증될 수 없으나 부정될 수 없는 존재다.

## 2. '중력, 전자기력, 강력, 약력'은 기본 힘들이 아니다.

현대물리학은 몇 개의 기본 힘들이 상호 작용하여 모든 자연현상들을 발생시킨다는 과학철학을 갖고 있다. 현대물리학이 주장하는 기본 힘들은 '중력, 전자기력, 강력, 약력'이다.

그러나 현대물리학은 이 4힘이면 필요 충분한지, 다른 기본 힘이 더 필요한지, 분명하게 정의하지 못하고 있다. 이 4힘으로는 바르게 설명하지 못하고 있는 자연현상들이 많이 있기 때문이다. 이 4힘이 필요 충분한 기본 힘들이라면, 이 4힘의 상호 작용에 의해 모든 자연현상들이 발생할 것이므로, 이 4힘의 상호 작용을 지배하는 하나의 기본 원리가 있을 것이다. 그러므로 이 하나의 기본 원리를 찾는다면 모든 자연현상들에 대한 설명이 가능할 것이다. 그래서 이 하나의 기본 원리를 찾기 위해 많은 물리학자들이 노력하고 있지만, 찾지 못하고 있다. 언젠가는 찾아질 것이라고 기대한다면, 꿈에서 깨어나야 한다. 순환법칙에 의하면, '중력, 전자기력, 강력, 약력'은 다음과 같은 문제점들을 갖고 있어 기본 힘들이 아니고 자연현상들에 불과하기 때문이다.

# 중력은 있으나 강력은 없다.

현대물리학에 의하면, 중력과 강력(강한 상호작용)은 끌어당기는 힘이라는 공통성을 갖고 있다. 그러나 중력은 거시세계에서 작용하며 서로 가까울수록 강해지고 멀수록 약해지는 특성이 있고, 강력은 원자핵 속에서 작용하며 서로 가까울수록 약해지고 멀수록 강해지는 특성이 있다. 그래서 이 둘은 서로 다른 힘이라는 것이다.

중력은 거시세계에서 작용하므로 검증되지만, 강력은 원자핵 속에서만 작용하므로 검증되기가 어렵다. 그래도 현대물리학은 원자핵 속에 강력이 있다고 주장하지 않을 수 없다.

기존 물리학 이론들에 의하면, 원자핵은 전하가 중성인 중성자들과 전하가 (+)성인 양성자들의 집합체이므로, 양성자들의 (+)성이 서로 미는 전자기력의 반발력에 의해, 붕괴되어야 한다. 그런데 원자핵은 매우 안정된 상태에서 빠른 속도로 진동하고 있다. 이것은 중력과 전자기력 이외에 다른 기본 힘이 원자핵 속에 있다는 뜻이다. 그래서 양성자들이 갖고 있는 전자기력의 반발력보다 더 강한 힘이 원자핵 내에서 양성자들과 중성자들을 끌어당기고 있어야 한다는 필요성이 공감을 얻게 되었고, 이것이 강력을 기본 힘으로 등장시킨 것이다. 따라서 강력은 입증되었다기보다 부정될 수 없어 진리가 된 경우다. 그러나 시스템 이론의 순환법칙을 활용하면 강력은 필요 없는 존재이어서 부정된다. 모든 자연현상들은 불변이지만 그 자체가 진리는 아니다. 그래서 자연현상들을 진리로 인정하고 여기에 기초하여 새로운 이론을 전개하면, 이 새로운 이론은 거짓이 될 수 있다. 자연현상들은 불변이지만, 자연현상의 원인을 설명하는 이론은 과학철학이어서 틀릴 수 있기 때문이다.

현대 물리학의 강력 이론을 요약하면 다음과 같다.

[ 두 개의 양성자가 접근하면, 처음에는 같은 전하끼리는 서로 미는 전자기력에 의해 두 양성자 사이에 반발력이 발생하고, 접근시킬수록 반발력은 더 커진다. 그러다가 두 양성자 사이가 $10^{-13}$cm 정도에 도달하면, 반발력은 갑자기 사라지고, 반대로 서로 강하게 끌어당기는 힘이 발생한다. 이 힘이 강력이다. 강력은 두 양성자가 너무 가까워지면 약해진다. 그래서 두 양성자는 결합하여 하나로 되지 않는다.

강력은 원자핵 내에만 존재하며 전자기력보다 강하고 가까워질수록 약해지고 멀어질수록 강해진다. 그래서 양성자들과 중성자들은 서로 접근하면 강력이 약해져 자유롭게 활동하고, 멀어지면 강력이 강해져 서로 강하게 끌어당긴다. 따라서 양성자들과 중성자들은 전자기력에 의해 붕괴되지 않고 서로 강하게 결합하여 있어, 원자핵은 안전한 상태를 유지한다.]

그러나 순환법칙에 의하면, 강력은 기본 힘이 아니고 기본 4힘이 상호 작용하여 생기는 자연현상이다. 순환법칙은 강력을 다음과 같이 설명할 수 있기 때문이다.

[ 양성자 두 개를 접근시키면, 둘 사이의 량들은 수축되며 인력이 증가하여 주위의 량들을 끌어당겨 수축시킨다. 동시에, 둘 사이의 량들은 양쪽 양성자들이 끌어당기므로, 두 힘이 균형을 이룬 곳에 진공이 형성된다. 이 진공으로 주위 량들이 이동하며 팽창하여 두 양성자들의 접근에 저항하므로, 둘을 접근시키는 데 힘이 들게 된다. 계속 두 양성자를 접근시켜

더 가까워지면, 중간에서 수축된 량들은 인력이 증가하여 양성자들과 결합하므로, 인력최대점을 지나 수축후반기가 되면, 양성자들은 중성자로 전환되기 시작한다. 그래서 가장 커졌던 인력이 감소하고 가장 작아졌던 척력이 증가하기 시작하고, 두 양성자를 감싼 량들은 수축되어 인력이 증가한 상태이어서 서로 끌어당기게 되고, 이 끌어당김이 두 양성자의 접근을 돕게 되고, 양성자들은 량들과 결합하여 중성자들로 전환되어 서로 미는 힘이 약해져 근접하게 된다. 새로 생긴 두 중성자는 결합하지 않고 떨어져 있게 된다. 먼저 폭발력최대점에 도달한 중성자가 폭발하여 양성자로 되고, 양성자는 량들을 끌어당겨 중성자로 되므로, 중성자와 양성자가 교대로 폭발하며 밀기 때문이다.

핵 속의 양성자들과 중성자들이 교대로 폭발하고 있어도 핵이 붕괴되지 않는 까닭은 핵을 둘러싸고 있는 량들이 수축되어 인력최대점에 근접하여 외부의 량들을 강하게 끌어당기며 내부를 단단히 감싸고 있기 때문이다. 또, 핵 속의 양성자들은 많은 량들과 결합하여 수축되어 중성자들이 되어 폭발력최대점에 근접하여 있지만, 아직은 전체의 인력이 척력보다 큰 상태이기 때문이다. 핵 속의 양성자들과 중성자들은 근접하면, 폭발력이 가장 증가한 중성자가 폭발하므로 서로 미는 것과 같은 현상이 생기고, 멀어지면 수축된 량들이 핵을 둘러싸고 있어 이것을 뚫고 나가지 못해, 서로 끌어당기는 것과 같은 현상이 발생한다. 이것이 강력 현상이다.]

강력 현상은 수소 원자 속에서도 발생한다. 수소의 핵은 하나의 양성자로 이루어져 있지만, 하나의 양성자는 수많은 기본 시스템들로 구성되어 있고, 기본 시스템들은 일부는 양성자처럼 일부는 중성자처럼 상호 작용하여 교대로 폭발하기 때문이다.

순환법칙은 미시세계와 거시세계에서 동일하게 작용한다. 그러므로 강력 현상은 미시세계에서만 일어나는 것이 아니고, 우주 공간의 별들 사이에서도 일어난다. 초신성이 탄생하는 것은 중성자가 폭발하여 양성자가 되는 것과 같고, 블랙홀이 형성되는 것은 양성자가 중성자로 되는 과정과 같다.

달의 중력은 지구에 밀물과 썰물을 일으키지만, 지구의 중력은 달보다 훨씬 더 크다. 지구와 달이 충돌하지 않는 이유는 지구와 달 사이에 있는 공간의 랑들이 지구와 달에 끌리며 둘을 직선으로 잇는 중심선으로 이동하며 밀도가 증가하여 수축되고, 이 수축된 랑들은 인력이 증가하여 지구와 달을 끌어당기므로, 지구와 달은 보이지 않는 거대한 끈으로 연결되어 있어, 측면 인력이 생긴다. 동시에, 지구와 달의 중력이 균형을 이룬 곳에는 랑들이 양쪽으로 끌려 진공이 생기므로, 수축된 랑들이 이 진공으로 이동하여 팽창하며 폭발하여 접근에 저항하는 측면 척력이 생긴다. 측면 척력은 측면 인력에 의해 생기므로, 측면 인력보다 커질 수 없지만, 근접하면 커지므로, 인력이 큰 지구가 달을 끌어당기며 공전시킨다.

우주 공간에서 수많은 별들은 랑들을 서로 끌어당기므로,

랑들이 수축되어 인력이 증가하여 중력을 전달하고 있지만, 측면 인력과 측면 척력이 발생하여 서로 끌어당기고 밀고 있어, 중력이 큰 별들이 작은 별들을 공전시키고 있다.

중력은 어디에 있을까? 현대물리학은 미시세계에서 질량이 갖고 있는 중력은 너무 작아 무시되고 있다. 그러나 기본 시스템들 속 질량이 갖고 있는 인력이 중력이다.

그래서 중력은 존재가 입증될 수 없지만 부정될 수 없으므로 진리이고, 강력은 원자핵 속에 있다고 인정되지만 부정될 수 있으므로 거짓이다.

# 전자기력은 자연현상들 중의 하나다.

두 물체를 마찰시켜 떼어놓으면, 하나는 음전하로 다른 하나는 양전하로 대전되어 정전기가 발생하는 경우가 있다.

현대물리학은 두 물체의 원자들이 갖고 있던 전자들을 서로 주고받게 되어, 전자를 내어준 원자는 양전하를 띠게 되고, 전자를 받아들인 원자는 음전하를 띠게 되어 정전기가 발생한다고 한다. 원자들은 어떻게 전자를 주고받을까?

순환법칙에 의하면, 두 물체 A와 B가 마찰에 의해 A는 (+)전하로 B는 (−)전하로 대전되었다면, 마찰에 의해, 폭발이 발생하여, A는 원자들의 중성자들이 폭발하여 양성자들로 되어 양성자들이 증가하여 있고, B는 원자들의 양성자들이 A가 방출한 전자들을 흡수하여 중성자들로 되어 중성자들이 증가하여 있다.

A와 B가 서로 마찰되면, A와 B 사이의 량들은 압력을 받아 수축되어 인력이 증가하여 A원자들과 B원자들과 각각 결합한다. 이 결과로 볼 때, 두 물체의 원자들은 차이가 있다. A원자들은 B원자들보다 덜 수축된 상태에서 형성되어 양성자가 많아 인력이 강하고, 내핵과 외핵의 사이가 멀고, 외핵의 수가 적어, 진동이 느리다. B원자들은 A원들보다 더 수축된 상태에서 형성되어 중성자들이 많아 척력이 강하고, 내핵과 외핵의 사이가 가깝고, 외핵의 수가 많아 진동이 빠르다.

그래서 A와 B가 마찰되면, B원자들은 먼저 폭발하여 량들을 방출한다. 이 힘에 밀린 A원자들은 평상시보다 많은 량들과 결합하여, 평상시보다 강하게 폭발하게 되고, 이로 인해 생긴 양성자들은 량들을 많이 방출한 상태여서 중성자로 되기 어려워져 (+)전하를 오래 띠게 된다.

A가 강하게 폭발하므로, B원자들은 외핵들이 평상시보다 많은 량들과 결합하여 중성자들이 증가한 상태가 된다. 마찰이 끝나면, B의 원자들은 평상시보다 중성자들이 많아 폭발이 오래 지속되므로 (−)전하를 띠게 된다. 한꺼번에 폭발할 만큼 압축된 상태가 아니어서, 가장 압축된 중성자 하나가 폭발하면 다른 것을 압축시켜 연쇄적으로 폭발이 일어나기 때문에 폭발이 잠시 지속된다.

그러므로 (−)전하와 (+)전하가 갖고 있는 전하의 힘은 그 물체가 갖고 있는 독립적인 기본 힘이 아니고, 기본 시스템이 갖고 있는 기본 4힘의 상호 작용에 의하여 발생되는 일시적인 힘이다. 자석에 N극과 S극이 있는 까닭은 내부의 원자들이 수축과 팽창을 반복하는 순환 과정에 폭발력최대점에 근접하였을 때 자기력이 생겨 자기 결합하기 때문이다.

따라서 전기력과 자기력은 기본 4힘을 갖고 있는 기본 시스템들이 순환운동을 하는 과정에 발생되는 종속적인 힘들이므로 기본 힘들이 아니고 자연현상들이다.

# 약력은 폭발력이다.

원자량이 큰 방사성 원자들이 자연 붕괴되며 방사선을 방출하는 이유는 무엇일까? 현대이론물리학은 이 문제를 해결하기 위해 '약한 상호 작용' 즉 '약력'이란 힘이 필요했고, 이것을 기본 힘으로 설정했다. 약력이란 폭발력이 있기 때문에 방사성 원자들은 방사선을 방출한다는 것이다.

약력은 순환법칙의 폭발력과 비슷하지만 다르다. 약력은 독립적인 힘이고, 폭발력은 다른 기본 힘들과 공존하며 상호 작용하는 힘이기 때문이다. 약력은 존재가 인정되지만, 지속적으로 발생하는 이유가 설명될 수 없어, 부정될 수 있다.

결론은 자연현상들인 '중력, 전자기력, 강력, 약력'을 기본 힘들로 정의한 것이 잘못이어서, 여기에 기초한 20세기 물리학이론들이 모두 미완의 상태에 있다는 것이다. 그래서 이 잘못된 역학 체계를 바로 잡기 위한 새로운 방법론이 시스템 이론의 순환법칙이다.

## 3. 원자의 순환운동 과정

원자들 하나하나는 매우 빠른 속도로 끊임없이 진동한다. 어디에서 이런 힘이 계속 생기는 것일까? 기존의 이론으로는 설명되지 않는다. 우주 공간에 팽창하여 가득 차 있는 기본 시스템들인 랑들의 존재를 인정하면, 원자의 진동은 다음과 같이 설명된다.

(1) 확산력 〉 폭발력, 척력 = 인력 : 확산력최대점

원자가 차지한 공간이 가장 커진 때다. 확산력이 가장 크고 폭발력이 가장 작고, 척력과 인력이 같은 상태다. 이 상태가 반중성이고, 반중성자는 여기에 속한다.

확산력최대점은 원자핵 속의 중성자 하나가 폭발하여 에너지를 방출하는 힘에 의해 핵 주위의 랑들이 외부로 밀리며 외부의 랑들과 충돌하며 수축되어 인력이 증가하여 서로 결합하여 벽이 형성된 상태다. 원자가 최대로 팽창하여 차지한 공간의 크기가 가장 커진 때다. 벽 내부 공간에는 랑들의 밀도가 감소하여, 랑들이 팽창하여 가득 차 있다. 원자핵 속에서 폭발한 중성자는 반양성자로, 기존의 반양성자는 더 팽창하여 반중성자로, 기존의 반중성자는 수축되어 양성자로, 기존의 양성자는 수축되어 중성자로 전환된다.

확산력최대점의 원자는 외곽에 두꺼운 벽이 크게 형성되어

있고 크기가 가장 커진 상태이어서 위세가 당당해 보이지만, 외압을 조금만 받아도 내부 공간에 있는 팽창한 기본 시스템들이 수축되므로 수축되기 직전에 있다. 외곽의 벽은 량들이 수축되어 있어 (+)을 띠고 있지만, 내부는 인력과 척력이 같고 수축되기 직전의 상태이어서, 반중성 상태이다.

단주기율표의 8족 원소들(불활성 기체들)이 여기에 속한다. 확산력최대점의 원자들은 반중성자가 증가하여 폭발력이 가장 감소하여 있어 외압을 받으면 수축되어 인력이 증가하여 결합하기 쉬운 상태다. 불활성 기체들의 원자들은 반중성이어서 '양성자, 중성자, 반양성자, 반중성자'의 비율이 비슷하다. 그래서 중성자가 폭발하여 팽창하는 반양성자로 되면, 기존 반양성자는 척력이 강해 외부로 밀리며 더 팽창하여 반중성자로 되고, 기존 반중성자는 수축되어 양성자로 되고, 기존 양성자는 외압을 받아 더 수축되어 중성자로 된다. 이 중성자는 먼저 폭발한 중성자의 폭발이 정지되면 외압이 없어지므로 폭발하게 된다. 그래서 불활성기체들은 외압을 받아 다른 원자와 결합하여도, 외압이 사라지면, 중성자가 폭발하여 결합이 떨어지게 되고, 이런 현상이 연속되어, 결합이 이루어지지 않는다. 활성이 없는 것이 아니고, 척력과 인력이 같아 결합이 어렵고, 결합되어도 진동이 연속되어 즉시 떨어지게 된다.

(2) 확산력 = 인력, 척력 = 폭발력 : 수축전반중간점

확산력최대점에 있는 원자의 외부에서 수축되어 벽을 형성

하고 있는 량들은 내부의 폭발이 한계에 도달하면 내부로부터 압력을 받지 않아 폭발하여 팽창하게 된다. 이 폭발이 내부의 팽창된 량들을 압축시켜 인력을 증가시켜 원자핵과 결합하게 한다. 그래서 원자는 인력이 증가하며 수축되기 시작한다.

수축전반중간점에는 기본 4힘 중에서 대립적이지 않은 힘들의 세기가 같은 상태가 있다. 단주기율표의 1족 원소들이 여기에 속한다. 확산력은 인력을 증가시키는 상생성이 있어, 수축전반중간점의 원소들은 인력이 증가하며 수축되어 인력최대점에 도달한다.

(3) 인력 〉 척력, 확산력 = 폭발력 : 인력최대점

인력이 가장 증가한 상태이므로 (+)성이 가장 증가하여 있다. 양성자, 2족 원소들, 블랙홀은 여기에 속한다.

(4) 인력 = 폭발력, 확산력 = 척력 : 수축후반중간점

원자는 인력최대점을 지나면 인력이 감소하며 척력이 증가하다가 기본 4힘들 중에서 대립적이지 않은 힘들이 같아지는 상태가 있다. 이때가 수축후반중간점이다. 인력이 척력보다 큰 상태이어서 수축이 계속된다.

단주기율표의 3족 원소들이 여기에 속한다. 모든 원소들은 진동하고 있지만, 단주기율표의 8족 중의 어느 하나에 속한다. 모든 원소들은 수축후반기에 있으므로, 그 특성이 유지되는 범위 안에서, 진동한다.

(5) 폭발력 〉 확산력, 인력 = 척력 : 폭발력최대점

폭발력이 가장 증가한 때이므로 중성이 가장 증가하여 있다. 단주기율표의 4족 원소들이 여기에 속한다. 이 상태가 중성이므로, 중성자는 여기에 속한다.

탄소는 인력과 척력이 같은 상태이어서 다른 원자와 충돌하며 결합할 때 인력이 증가하면 플러스성(+)이 되고, 척력이 증가하면 마이너스성(−)이 된다.

(6) 폭발력 = 척력, 인력 = 확산력 : 팽창전반중간점

원자핵 속에서 수축이 가장 많이 된 중성자가 폭발하여 기본 시스템들이 방출되어 팽창하므로, 주위의 량들이 수축되며 외곽으로 밀리게 된다. 그래서 원자는 차지한 공간이 커지므로 팽창하기 시작한다.

원자는 폭발력최대점을 지나면 척력이 인력보다 더 커지기 시작하면서, 기본 4힘들 중에서 대립적이지 않은 힘들이 같아지는 상태가 있다. 이때가 팽창전반중간점이다.

단주기형 주기율표의 5족 원소들이 여기에 속한다.

(7) 척력 〉 인력, 폭발력 = 확산력 : 척력최대점

척력이 가장 증가한 때이므로 (−)성이 가장 증가하여 있고, 알칼리성이 가장 증가한 상태이다. 단주기율표의 6족 원소들이 여기에 속한다. 이 상태가 반양성(−)이므로, 반양성자는 여기에 속한다.

(8) 척력 = 확산력, 폭발력 = 인력 : 팽창후반중간점

원자는 척력최대점을 지나 팽창후반기 중간에 기본 4힘들 중에서 대립적이지 않은 힘들이 같아지는 상태가 있다. 이때가 팽창후반중간점이다. 단주기율표의 7족 원소들이 여기에 속한다.

원자는 척력이 인력보다 더 큰 상태이므로 계속 팽창하여 확산력최대점에 도달한다.

이러한 순서로 원자의 기본 4힘이 증감하므로, 원자의 핵과 주위의 량들이 교대로 수축과 팽창을 반복하게 된다. 이 현상이 원자의 진동이다.

## 4. 빛이 입자성과 파동성을 갖는 이유

빛은 기본 시스템들의 결합체이므로 물체 속에서 수축되어 있다가 외압을 받아 수축되었다가 폭발하면 방출되어 공간의 랑들과 충돌하며 이동하게 된다. 빛과 충돌한 랑들은 수축되고, 빛이 이동하여 뒤에 생기는 진공이 끌어당기는 힘에 끌려 폭발하게 된다. 이 폭발력이 빛을 밀게 되므로 빛은 계속 이동하게 된다. 빛은 처음 속도가 빠를수록 전면에서 수축되어 뒤의 진공으로 이동하는 랑들의 양이 많고 폭발력이 강하고 빨리 폭발하게 되므로 진동수가 증가한다. 빛은 랑들과 충돌하며 수축되어 인력이 증가하여 결합하여 같이 수축되었다가 랑들이 진공에 끌려 폭발하게 되어 같이 폭발하므로, 수축과 폭발이 반복된다. 이 횟수가 빛의 진동수다. 빛은 랑들과 충돌하여 수축할 때는 입자가 되므로 입자성이 있고, 폭발하여 팽창할 때는 파동이 되므로 파동성이 있다.

우주 공간의 랑들은 거의 완전한 탄성을 갖고 빛과 교대로 수축과 팽창을 반복한다. 그래서 빛은 빠른 속도로 오랫동안 이동할 수 있지만, 한계가 있어, 정지하여 팽창되어 공간의 랑이 된다. 랑들은 팽창한 기본 시스템들이고, 자연의 모든 것들은 기본 시스템들의 결합체이어서, 모든 것들은 동질성을 갖고 있어, 미시세계와 거시세계의 모든 현상들은 동질성이 있다. 빛, 공, 로켓 등도 랑들이 있어 날아 갈 수 있다.

## 5. 자기장에서 전기가 발생하는 이유

자석의 N극과 S극이 마주한 자기장에는 자기력선들이 N극에서 S극으로 향하여 가득 차 있다. 이런 자기장을 수직 이동하는 전선에는 유도전류가 흐르고, 전선의 이동 방향이 바뀌면 유도전류의 방향도 바뀐다. 순환법칙은 이 현상을 다음과 같이 설명한다.

자석의 원자들은 자화되어 자기 결합하여 직선을 이루어, 수축할 때는 오른손 자전하고 팽창할 때는 왼손 자전한다. 팽창할 때 왼손 자전하는 힘들이 공간의 량들을 밀며 회전시키므로, 공간의 량들은 자화되어 자기 결합하여 자기력선을 이루어 수축과 팽창을 반복하며 원자들처럼 자전한다.

자기장의 자기력선들은 교대로 반은 팽창하고 반은 수축한다. 수축하는 자기력선들의 량들이 오른손 자전하며 빠른 속도로 수축하므로 외부와 충돌하지 않아 영향을 주지 않는다. 팽창하는 자기력선들의 량들은 왼손 자전하며 빠른 속도로 팽창하므로 외부와 충돌하여 영향을 준다.

자기장에 수직 이동하는 전선이 자기력선들과 충돌하면, 팽창하는 자기력선들의 량들은 외손 자전하므로 전선에 충돌하여 전자들을 왼손 자전 방향으로 민다. 밀린 전선 속 전자들이 수축하였다가 팽창하는 힘이 전선을 따라 전달되어, 전자들이 이동하는 것 같이, 전류가 전선을 따라 흐른다.

## 6. '열, 자기, 전자, 빛, 량'의 차이점

열은 인력최대점에 근접한 기본 시스템이다. 열과 결합한 물체의 원자들은 인력이 증가하여 공간의 량들을 많이 끌어당겨 폭발력이 증가하여 열을 방출한다. 열은 인력이 커서 물체의 원자들과 잘 결합하므로 물체를 따라 이동한다. 물체에서 폭발하여 진공에 나온 열은 주위에 물체가 없어 이동하지 못하고 물체와 결합하므로 진공을 통과하기 어렵다.

자기는 폭발력최대점에 근접한 기본 시스템이다. 공간에 가득 차 있는 량들이 자석의 자기력에 의해 자화되어 자기 결합하여 선을 이루고 있는 것들이 자기력선들이다. 자기력선의 량들은 폭발력이 강해 전선과 충돌하면 폭발하여 팽창하며 왼손 자전하는 방향으로 전선 속 원자의 전자들을 이동시킨다.

전자는 척력최대점에 근접한 기본 시스템이다. 전자는 물체의 원자들이 주위의 량들과 결합하여 수축되었다가 폭발할 때 발생한다. 전자는 척력이 증가한 상태이어서 전선의 원자와 충돌하면 중성자를 강하게 폭발시켜 전자를 방출시키므로, 전자들은 전선을 따라 밀도가 높은 곳에서 낮은 곳으로 흐른다. 전자들은 흐름이 정지하면 폭발하는 힘이 강해 전선 밖으로 방출되어 량들이 된다. 전자들의 흐름이 전기다.

빛은 빠른 속도로 진동하는 기본 시스템이다. 빛들을 포함하여 모든 전자기파들은 원자들이 폭발하여 생기므로, 폭발력의 세기에 따라 특성에 차이가 있다.

인체의 뇌에서는 원자들이 상호 작용하여 폭발력이 약해 진동이 느린 뇌파들이 발생하고, 은하계의 중심에 있는 중성자성에서는 원자들이 극도로 수축되어 질량이 극도로 증가하여 폭발력이 강해 진동 속도가 빠른 중성미자들이 발생한다.

랑은 '열, 자기, 전자, 빛'이 힘을 잃고 팽창하여 공간에 가득 차 있는 확산력최대점의 기본 시스템이다. 랑들은 확산력최대점에 근접하여 있어 수축되면 인력이 증가하여 주위의 랑들을 끌어당겨 수축시켜 블랙홀을 형성하는 특성이 있다. 모든 자연현상들은 동질성을 갖고 있으므로 블랙홀은 미시세계도 있고, 시스템들이 순환하는 과정에 인력이 가장 증가한 상태가 블랙홀이다. 랑들은 팽창하여 우주 공간에 가득 차 있어 모든 자연현상들에 관여한다. 그러므로 자연현상들을 설명하기 위해서는 랑들의 역할을 알아야 한다.

원자들은 양성자가 주위의 랑들을 끌어당겨 질량이 증가하며 수축되어 중성자로 전환되고, 중성자는 반양성자로, 반양성자는 반중성자로, 반중성자는 양성자로 되는 진동을 한다. 이 과정에 원자들은 기본 4힘의 세기에 따라 '열, 자기, 전자, 빛'이 발생한다.

# 7. Seoul is Soul.

대한민국의 수도 '서울'의 뜻은 무엇일까? 고려 시대 가요로 알려진 '서경별곡'에 있는 '셔경(西京)이 셔울히 마르는'라는 가사의 '셔울'이 '서울이다. 고구려의 수도였던 '평양'이 고려 시대에 서경(西京)으로 이름이 바뀌었지만, 이 지역 사람들은 여전히 '평양'을 '서울'이라 불렀다는 증거다.

'서울'의 어원은 '소를 잡아다 울타리를 치고 가두어 기르는 곳'이란 뜻인 '소 울'이다. "갈피(calf)를 못 잡다." 즉 "송아지도 못 잡고 어찌할 바를 모른다."라는 말과 상통한다. 한국어와 영어는 뿌리가 같은 단어들이 많이 있다. 두 언어의 인연은 지금으로부터 5천년 이전으로 올라간다.

[ 지금으로부터 1만여 년 전에 빙하기가 끝나고 지구의 기온이 상승하면서, 중앙아시아의 아랄 해로 흐르는 아무 다리아와 시르 다리아 두 강 일대에 거대한 초원이 형성되었다. 이곳 초원으로 초식 동물들이 모여들면서, 그 뒤를 따라 서쪽과 동쪽에서 많은 종족들이 모여들었다. 서쪽에서 모여든 종족들이 모여 아리아 인의 기원이 되었고, 동쪽에서 모여든 종족들이 모여 수메르 인의 기원이 되었다. 아프리카에서 모여든 종족들도 있었고, 일부가 흑룡강 유역을 거쳐 일본으로 이주하여 아이누 인이 되었고, 일부는 중국의 사천성 일대로 이주하

여 삼성퇴 문화를 일구고 있었다가 사라졌다.

『성경』에 나오는 아담과 이브의 첫째 아들 '가인(Cain)'과 단군신화의 '환인(桓因)'은 서방계 아리아 인이었고, 둘째 아들 '아벨(Abel)'은 흑인계 아프리카 인이었고, 셋째 아들 '셋(Seth)'은 동방계 수메르 인이었고, 이집트 건국 신화에 나오는 이집트 왕의 동생 '세트(Seth)'과 뿌리가 같다. 신화는 역사를 압축시킨 것이어서, 압축을 풀면 역사가 밝혀진다.

아랄 해 일대의 겨울은 춥고 다양한 종족들이 모여들면서 충돌이 심해져, 초원에서 겨울을 지내기에는 위험이 많았다. 그래서 당시 수메르 인과 아리아 인은 여름 동안에 초원에서 수확한 곡식들과 잡은 소와 송아지 등을 끌고, 산 속 양지바른 계곡 넓고 호젓한 곳에 모여 공동생활을 하며 겨울을 지냈다. 거기에는 겨울 양식인 소들을 기르는 울이 있어서, 여기가 '소 울'이다. 제사장이 집단을 지배하는 실권을 갖고 있던 시절이어서 '소 울'은 종교와 정치의 중심지였다. 큰 집단을 이루어야 경쟁에서 살아남을 수 있었기에, 거대 집단을 이루어 유지하기 위한 제도와 종교가 집단원시문명을 일구는 동력이 되었다. 그 결과로 '소울(soul)'은 집단의 중심지가 되었고 죽어서 뼈를 묻는 곳이 되어 영어에 '영혼, 정신'이란 뜻이 있고, 한국어에 수도를 뜻하는 말로 남게 되었다.

영어와 한국어의 어휘들 중에는 '섹시(sexy)'와 '색시'같이 소리와 뜻이 둘 다 비슷한 것들이, 다음과 같이, 200여 개 이상 있다. 이것들 하나하나는 우연이나 억지와 다름없지만, 우연과 억지의 이 같은 연속을 설명하기 위해서는 잃어버린 역사가 있다고 보지 않을 수 없다. 아스라하니 먼 옛날에 한 지역에서 하나의 언어권을 형성하고 있었던 종족이 나뉘어 이동하여 한국과 영국으로 각각 이주한 역사가 있었다.

영어가 인도유럽어족에 속한다고 해서, 이 단어들 모두가 인도유럽어족의 뿌리인 아리아 어에서 기원했다고 보기는 어렵다. 수메르 어에서 기원한 것들도 있을 것이다. 한국과 영국에 북방형 고인돌들이 있다는 것은 수메르 인들이 한국과 영국으로도 이동했다는 증거가 되고, 그들의 어휘들이 완전히 소멸되었다고 보기는 어렵기 때문이다. 그렇다고 이 어휘들 중에서 다른 인도유럽어족의 언어에 없는 어휘들은 수메르 어라고 단정하기는 어렵다. 원주지는 지역이 매우 넓어 원주지 아리아 어에 방언들이 있었을 것이고, 그 방언들이 한국과 영어 속에 남아 있을 수 있기 때문이다.

많은 세월이 흘렀지만 한국어와 영어에 이런 어휘들이 보존될 수 있었던 까닭은 지리적인 영향이 가장 컸을 것이다. 아랄 지역에서 제일 먼저 이동한 종족들은 뒤에 이동한 종족들에 밀리고 밀려 유라시아 대륙의 동쪽 끝 반도와 서쪽 끝 섬으로 이주하여, 외부와의 접촉이 비교적 적었기 때문에, 언어의 원형이 잘 유지되었다고 볼 수 있다. 이 어휘들은 선사시대에 만들어진 것들이다. 많은 세월이 흘렀지만 대부분의 어휘들은 지금도 왕성하게 사용되고 있다. 일부는 뜻이 현실과 어울리지 않아 잘 사용되지 않고 있는 것들도 있다.

# 상고시대, 영한사전

agitate (선동하다, 시끄럽게 논하다) : '아귀다툼'과 같다.

ail (앓다) : '앓다'와 같다.

all right (좋아, 훌륭히) : '옳다'와 같다.

all up (엉망이 되어) : '어렵쇼'의 '어렵'과 같다.

anonym (익명) : 안온임, 오지 않은 이

argle bargle (입씨름, 하찮은 일로 논쟁하다) : '아근바근', '와글와글, 바글바글'과 어원이 같다.

arm (팔) : '한 아름'의 '아름'과 같다.

axe (도끼) : '억세다'의 '억세'와 같다.

baboon (원숭이의 일종) : '바보'와 같다.

back (뒤) : '바꾸다'의 '바꾸'와 같다.

bag (가방) : '바구니'와 같다.

balk (말 따위가 갑자기 멈추어 안 가려고 용쓰다, 장해) : '발칵 뒤집히다'의 '발칵'과 같다.

ball (무도회), ballad (민요), ballet (발레) : '발랄하다'의 '발랄'과 어원이 같다. '발랄하다'는 활기 있게 춤추는 모습에서 유래되었다고 볼 수 있다.

ban (금지, 결혼 예고, 소집된 가신단) : '반대하다'의 '반'은 '금지', '반포하다'의 '반'은 '봉건시대에 국왕 등이 가신에게 내린 소집 포고', '양반, 반열'의 '반'은 '포고에 의해 소집된 가신의 군대'와 뜻이 통한다. 영어의 'ban'이 갖고 있는 3개의 서로 다른 뜻들이 한국어의 '반'에 그대로 있다는 것은 매우 흥미 있는 일이다. 한국어의 '반'과 영어의 '반'이 갖고 있는 3개의 뜻은 한자의 '반(反) · 반(頒) · 반(班)'과 같다.

banquet (향연, 대접하다) : '반기다, 반갑다'와 같다.

bar (빗장, 창문 따위의 살, 방해하다) : '창문에 발을 치다'의 '발'과 같다.

bare (낡은) : '바래다'의 '바래'와 같다.

barley (보리) : '보리'와 같다.

barn (헛간, 곡식 창고) : '방'과 같다.

bath (목욕, 목욕하다) bathe (씻다) : '벗다'와 같다.

battle (전쟁) : '빼앗다, 빼틀다'의 명령형 '빼트러, 빼틀레'와 어원이 같다. 전쟁은 빼앗기 위해 시작되었다.

be coil (돌돌 감다) : '비꼬다'와 같다.

be quit (물러나다) : '비켜라'와 같다.

be root (뿌리를 내리다) : '비롯하다'와 같다.

bee (벌) : '벌'과 같다.

belly (복부) : '밸이 꼴리다'의 '밸'과 같다.

beverage (음료, 마실 것) : '배부르게'와 어원이 같다고 볼 수 있다. '배부르게 마시는 것'이란 뜻이다.

bill (청구서, 계산서) : '빌리다'의 '빌'과 같다.

bitter (쓰다) : '뱉다'의 명령형 '뱉어'와 같다. 쓰니까 뱉다.

bloat (부풀다) : '부르트다'와 어원이 같다.

blow (불다) : '불다'와 어원이 같다.

boggle (놀라 펄쩍 뛰다, 움찔하다) : '보글보글 끓다'의 '보글'과 어원이 같다.

borrow (차용하다) : '빌려'와 어원이 같다.

bottom (기초) : '바탕'과 어원이 같다.

bowel (창자) : '배알이 뒤틀리다'의 '배알'과 어원이 같다. belly(복부)와 맥이 통한다.

broker (중개인) : '부라퀴'(자기에게 이로운 일이면 기를 쓰고 덤비는 사람)와 어원이 같다.

bull (황소) : '뿔'과 어원이 같다. 뿔이 있는 소는 황소다.

bump (충돌, 부딪치다) : '붐비다'와 어원이 같다.

buoy (부표) : '부표'의 '부'와 어원이 같다.

busy run (빨리 달리다) : '부지런하다'의 '부지런', '바지런하다'의 '바지런'과 어원이 같다.

butcher (정육점) : '푸줏간'의 '푸줏'과 어원이 같다.

calf (송아지) : '갈피를 못 잡다'의 뜻은 '송아지도 못 잡고 어찌 할 줄을 모르다'이다. '갈피'는 'calf'와 어원이 같다.

calm (조용한) : '감감하다, 캄캄하다, 깜깜하다'와 같다.

can (통) : 칸, 방한 칸

ceiling (천장) : 시렁

center (중심부) : 센터, 힘이 센터

charge (지우다, 맡기다) : '차지하다'의 '차지'와 어원이 같다.

charm (매력) : '마음씨가 참하다'의 '참'과 어원이 같다.

chateau (저택) : '저택'과 어원이 같다.

chimere (영국 성공회 주교가 입는 헐겁고 소매가 없는 제의) : '치마'와 어원이 같다.

chum (친구, 밑밥을 주어 물고기를 낚다) : '신참 · 고참'의 '참'은 '친구'란 뜻의 'chum'과 같고, '새참'의 '참'은 '밑밥을 주어 물고기를 낚다'란 뜻의 'chum'과 어원이 같다.

col (안부) : '골짜기'의 '골'과 어원이 같다.

comate (동료, 친구, 한패) : co(함께) + mate(친구)로서 '고맙다'와 어원이 같다고 볼 수 있다. 따라서 '고맙다'라는 말은 '우리는 친구'라는 뜻이다.

cook (요리하다) : '국'과 어원이 같다.

corn (그 지방의 주요 곡물, 옥수수) : '콩'과 어원이 같다. 이것은 콩이 동쪽으로 이동한 아리아 인들의 주요 곡물이었다는 뜻이다.

corvee (강제 노역, 봉건 시대에 영주가 공익사업을 위해 백성들에게 부과한 부역) : "죽을 고비를 넘겼다."라는 말은 "강제 노역의 어려운 시련을 넘겼다."는 뜻이다. '고비 사막'의 '고비'도 'corvee'와 어원이 같다.

couple (한 쌍) : '켤레'와 어원이 같다.

court (안뜰, 궁정, 법정) : '곳'과 어원이 같다. '곳'은 '아메리카'와 '아스카'의 '카'와 어원이 같다.

cow (암소) '소'와 같다. c는 'ㅅ'로도 발음된다.

cream (크림, 유지) : '기름'과 어원이 같다.

curb (재갈, 고삐, 구속) : 소나 말의 '고삐'와 어원이 같다.

curve (곡선, 구부러지다) : '구부리다'의 '구부'와 어원이 같다.

dale (골짜기) : '들'과 어원이 같다고 볼 수 있다. 물이 풍부한 강 유역의 골짜기에서 농사가 시작되었기 때문에 'dale'은 한국어에서 '들'로 전의되었다고 볼 수 있다. 'valley(골짜기, 유역)'와 '벌'이 어원이 같다고 보는 것도 같은 이유다.

dam (둑) : '담'과 같다.

dam block : 담벼락

dancing (춤추다) : '덩실덩실'과 같다.

dangle (매달리다) : '댕그랑거리다.'의 '댕그랑'과 어원이 같다.

dare (감히…하다) : '되레 대들다'의 '되레'와 어원이 같다.

doctor (박사, 박식하다) : '똑똑하다'의 '똑똑'과 어원이 같다.

dough (굽기 전의 빵 반죽) : '떡'과 어원이 같다.

duck (오리) : '닭'과 어원이 같다고 볼 수 있다. 아랄 해 일대에 오리는 많았지만 닭은 없어서, 동쪽으로 이동한 초기의 아리아 인들은 닭을 오리와 구별하지 않고 '닭[duck]'이라고 불렀다고 볼 수 있다. 뒷날 구별하여 부르게 되면서도, 닭을 닭[duck]이라고 계속 부른 것이다.

dual (이중의) : '둘'과 어원이 같다.

dull (우둔한) : 새끼를 못 낳는 암소 '둘소'의 '둘'과 같다.

dung (동물의 배설물) : '똥'과 같다.

early (일찍) : '이른'과 어원이 같다.
eat (먹다) : '익다'와 어원이 같다.
evil (나쁜, 사악) : '에비'와 어원이 같다.
fan (부채) : '팽이'의 '팽'과 어원이 같다고 볼 수 있다.
form (모양) : '품, 품새'와 어원이 같다.
fragile (깨지기 쉬운), fragment (파편) : '지푸라기(짚 푸라기)'의 '푸라기'와 어원이 같다.
fuse (녹이다) : '퍼지다'와 어원이 같다.
gabble (마구 지껄이다) : '까블다'와 어원이 같다.
gag (익살, 농담, 속임수, 토하다) : '개구쟁이'의 '개구'와 어원이 같다. '토하다'란 뜻 'gag'는 '게우다'와 어원이 같다.
gangly (호리호리한) : '깡마른'의 '깡', '깡그리'와 어원이 같다.
giant (거인, 위대한) : '자랑스럽다'의 '자랑'과 어원이 같다.
gingerly (조심스럽게) : 생강[ginger]의 매운 맛에 놀라 '진저리나다', '진저리치다'라는 말이 생겼다.
give (주다) : '기부하다'와 어원이 같다.
glut (실컷 먹이다), glutton(대식가) : '그릇'과 어원이 같다.
go (가다) : '가다'의 '가'와 어원이 같다.
god (신) : '갓'과 어원이 같다. 신에게 제사를 지내던 사람이 쓰던 모자에서 유래되었다. '갓'의 고어는 '갇'이다. '굿을 하다'의 '굿'도 'god'과 어원이 같다고 볼 수 있다.
goose (기러기) : '구수하다'의 '구수'와 어원이 같다고 볼 수 있다. 기러기 고기 맛이 좋았던 것에서 '구수하다'라는 말이 유래되었다고 볼 수 있다.

great look (위대한 모습) : '거룩하다'의 '거룩'과 어원이 같다.

harass (괴롭히다) : '하라'와 어원이 같다. '하라하라'라고 자꾸 명령하며 괴롭게 한데서 기원했다고 볼 수 있다.

harm (손해, 손상) : '허름', '흠'과 어원이 같다. '허름하다'는 흠이 있는 물건이어서 싼 가격이라는 뜻이다.

hazard (위험, 장애물) : '해자(垓字)'와 어원이 같다. 해자란 말인 'moat'은 '못'과 어원이 같다. 아랄 시절부터 주거지 주위에 해자를 파고 장애물을 설치했다고 볼 수 있다. 따라서 '해자'는 한자에서 기원한 것이 아니다.

heal (고치다, 조정하다) : '헤아리다'의 '헤알'과 어원이 같다.

huddle (아무렇게나) : '허드렛물'의 '허드레'와 어원이 같다.

humble (겸손한, 천하게, 지위가 낮은) : '함부로 대하다'의 '함부로'와 어원이 같다. 그러므로 '함부로 대하다'라는 말의 원뜻은 '지위가 낮은 사람으로 대하다'라는 뜻이다.

hush (조용히 하다) : '허수아비'의 '허수'와 어원이 같다.

jacket (재킷) : 조끼

jam (꽉 채워짐) : '짬에 끼다'이 '짬'과 어원이 같다.

jar (병, 항아리) : 물건을 담는 '자루'와 어원이 같다. 'bag'은 '바구니', 'sack'은 '소쿠리', 'jar'는 '자루', 'pot'는 '보따리'다. jar의 원래 뜻은 천으로 만든 주머니였으나 토기가 사용되면서 영어에서는 병이나 항아리를 이르는 말로 되었고, 한국어에서는 처음의 뜻이 그대로 보존되어 있다고 볼 수 있다.

jaw (턱, 잔소리하다), jaw jaw (길게 이야기하다) : '쩨쩨하다'의 '쩨쩨'와 어원이 같다.

jeopardize (...을 위태롭게 하다) : '자빠지다, 자빠뜨리다'와 어원이 같다.

jerk (갑자기 잡아당김) : '쩍 달라붙다'의 '쩍'과 어원이 같다.

jolt (거칠게 흔들다, 급격한 충격) : '쫄딱 망하다'의 '쫄딱'과 어원이 같다. '쫄딱'에는 '예기치 못한 일로, 급격한 충격으로'라는 뜻이 담겨 있다.

joy (기쁨) : '좋다'와 어원이 같다.

jugular (경정맥, 상대방의 최대 약점) jugulate (…의 목을 따서 죽이다) : '죽이다, 죽을래'와 어원이 같다.

jujube (대추) : '수줍어하다'의 '수줍어'와 어원이 같다. 얼굴이 붉게 변하는 것을, 대추가 익어 붉게 되는 것에 빗대어, '수줍어'라고 말한 것이 어원이라고 볼 수 있다.

jut (돌기, 돌출하다) : '쭉 튀어나오다'의 '쭉'과 어원이 같다고 볼 수 있다.

knock (두드리다) : '크낙새'의 '크낙'과 어원이 같다. 크낙새는 나무를 딱딱 두들기는 즉, 노크하는 새란 뜻이다. 동쪽으로 이동한 아리아 인들은 k를 발음했다고 볼 수 있다.

leaf (잎) : '잎'과 어원이 같다.

lip (입술) : '입술'의 '입'과 어원이 같다. 'leaf'의 'f'는 '잎'의 'ㅍ'과 같고, 'lip'의 'p'는 '입'의 'ㅂ'과 같다.

loosen (느슨하게 하다) : '느슨하다'의 '느슨'과 어원이 같다.

lore (민족이나 지방 등에 전통적으로 축적된 지식이나 전설) : 문자가 발달하지 못했던 시절에는 종족의 역사를 외워서 입으로 전 할 수밖에 없었다. 이 시절 전문적으로 역사를 외워 전승하던 사람들이 국가적인 행사 때 외웠던 역사를 노래하듯이 불렀기 때문에 한국어에 노래라는 말이 생겼고, 이렇게 노래로 전승되던 역사를 '로레'라고 했기 때문에 영어에 'lore'라는 말이 있게 된 것이다.

loyal (충실한) : '노란 알'과 어원이 같다. royal

mall (쇼핑몰) : 'mall'은 '마을'과 어원이 같다. 고대에 문물교환 장소가 '마을'의 시작이다. 도시의 상가 밀집 거리도 mall이다.

mangle (짓이기다) : '망그러트리다'의 '망그러'와 어원이 같다.

many (많은) : '많이'와 어원이 같다.

mare (암말) : '말'과 어원이 같다. mare는 초기에 암수를 총칭하는 어휘였다고 볼 수 있다.

marriage (결혼하다) : '머리언즈다'와 어원이 같다. 결혼하면 여자들이 머리를 얹은 관습이 아랄 시절부터 있었다고 볼 수 있다.

mash (갈아 으깨다) : '맷돌'의 '맷'과 어원이 같다.

massacre (대학살) : mass(집단, 다량)와 sacra(sacrifice, 산제물을 신에게 바치던 의식)의 복합어로서, 그 의식이 역겨웠기 때문에, 한국어에서 '메스껍다'라는 말로 전의되었다고 볼 수 있다.

match (대등하다) : '마치..같다'의 '마치'와 어원이 같다.

mature (성숙한, 익은) : '맛들다, 맛드러'와 어원이 같다.

mean (비천한, 부끄러운) : '미안하다'의 '미안'과 어원이 같다.

medal (메달) : '매달다'와 어원이 같다.

merge (…을 혼합하다) : '멀겋다, 묽다'와 어원이 같다.

misery (처량함, 불평하는 사람) : '머저리'와 어원이 같다.

moat (해자, 해자를 파다) : '연못'의 '못'과 어원이 같다. 아랄 시절에 '못'과 '해자'라는 어휘들이 있었다고 볼 수 있다. '못'에는 한자가 없고 해자에는 있는 것으로 볼 때, 못은 수메르 어였고, 해자는 아리아 어였다고 볼 수 있다.

morose (시무룩한) : '모르쇠'와 어원이 같다.

mourn (슬퍼하다, 한탄하다) : '멍하니'의 '멍'과 어원이 같다.

mug (컵, 서투른 사람) : '먹어', '마구'와 어원이 같다. 컵이란 뜻인 'mug'는 '먹다, 먹어'와 어원이 같고, 서투른 사람이란 뜻인 'mug'는 '마구 달리다'의 '마구'와 어원이 같다고 볼 수 있다. 'ban, chum, mug'가 각각 갖고 있는 서로 다른 뜻들이 한국어에 그대로 있다는 것을 우연으로 설명하기는 어렵다.

nature (자연) : '그대로 나투레'와 '나투레'와 어원이 같다. peace(피하세), battle(빼틀레), bitter(배터) 등과 뿌리가 같다.

neighbour (이웃사람) : '녀보'가 변한 '여보'와 어원이 같다.

no (아니오) : '노하다'의 '노'와 어원이 같다.

obscene (외설한, 음란한) : '업신여기다'의 '업신'과 어원이 같다. '업신여기다'의 뜻은 '젠체하며 남을 보잘것없게 여기다'이다. 따라서 '업신여기다'라는 말에는 신분 계급 사회에서 순수 혈통이 아니고, '하위 계급과의 음란한 행위로 태어난 사람으로 여기다'라는 뜻이 포함되어 있다고 볼 수 있다.

obsolete (쓸데없는) : '없애다. 없애레'와 어원이 같다.

ortho (올바른, 곧은) : 옳소

pale (창백한) : 얼굴이 '파래지다'의 '파래'와 어원이 같다.

palm (손바닥, 장 뼘) : '뼘'과 어원이 같다.

peace (평화) : '피하다'·'피하세'와 어원이 같다. 싸우지 말고 서로 피하자는 뜻이다.

peculiar (이상한) : '별꼴이야'와 어원이 같다. 이 어휘를 통해 아랄 지역에서 이동하기 전부터 점성술이 있었고, 별을 보고 점을 치는 행위에 대해 사람들이 거부감을 갖고 있었다는 것을 알 수 있다.

pommel (..을 호되게 때리다) : '파멸'과 어원이 같다.

pot (항아리) : '보따리'와 어원이 같다고 볼 수 있다.

row (배를 젓다) : '노를 젓다'의 '노'와 어원이 같다.

royal (왕의, 위엄 있는) : royal의 어원은 '노란 알'이고, 그 뜻은 '노른자위와 같이 중요한 알'이라고 할 수 있다. '훌륭하다'의 '훌륭'은 'whole royal'과 어원이 같다고 볼 수 있다.

sack (부대) : '소쿠리'와 어원이 같다.

sag (축 처지다, 시들해지다) : '사그러들다, 삭다'와 같다.

saint (성인) : '상투'와 어원이 같다. 지난날에 상투는 결혼한 남자들의 상징이었지만, 아주 먼 옛날에는 지배 계급 남자들인 성인의 상징이었다고 볼 수 있다.

salon (응접실) : '사랑방'의 '사랑'과 어원이 같다. '사랑하다'의 '사랑'과 'salon'은 어원이 같다고 볼 수 있다. 이것은 'salon'의 기원이 밀회를 위한 장소였다는 뜻이다.

seed (종자) : '씨'와 어원이 같다.

servant (하인, 고용인) : '서방님'의 '서방'과 어원이 같다. 데릴사위 제도와 연관이 있는 어휘이다.

sexy (성적인) : '색시 같이 예쁜'의 '색시'와 어원이 같다.

shame (수치심, 창피 주다) : '시샘, 샘하다'의 '샘'과 어원이 같다.

shelter (피난처, 은신처) : '쉴 터'와 어원이 같다.

shoot (쏘다) : '쏘다'와 어원이 같다.

shovel (삽) : '삽'과 어원이 같다.

silage (생목초) : '시래기 국'의 '시래기'와 어원이 같다. silage는 현재는 사이로에 저장한 목초를 이르는 말이지만, 4천여 년 전에도 말린 건초나 야채를 시래기(silage)라고 했다고 볼 수 있다.

Sir (님, 선생, 각하) : '씨'와 어원이 같다.

slag (광석을 용해할 때 생기는 찌꺼기, 슬래그) : '쓰레기'와 어원이 같다. 상고 시대에도 생활 쓰레기는 있었다. 패총이 그 예이다.

slaughter (도살하다) : '쓰러트리다'와 어원이 같다.

slow (천천히) : '슬슬하다'의 '슬'과 같다.

soak (스며들다) : '쏙 빨아들이다'의 '쏙'과 어원이 같다.

soar (솟구치다) : '쏘아 올리다'의 '쏘아'와 어원이 같다.

some (약간) : '좀'과 어원이 같다.

son (아들) : '선하다'라는 말에 '장난이 심하고 극성스럽다'라는 뜻이 있다. 여기서의 '선'은 'son'과 어원이 같다. 즉, 사내 아이 같다는 뜻이다.

song (노래) : '아리송하다'의 '송'과 어원이 같다. '아리송하다'의 원뜻은 아스라하니 먼 옛날부터 전해 오는 '아리아 인의 노래(아리송)'처럼 내용을 분명히 알 수 없어서 분간하기 어렵다는 뜻이다.

soot (검댕, 매연) : '숯'과 어원이 같다.

soothe (달래다, 비위를 맞추다) : '수다 떨다'의 '수다'와 어원이 같다. 수다 떠는 이유는 달래고 비위를 맞추기 위해서다.

sore (아픈, 쓰라린) : '쓰리다'와 어원이 같다.

sorrow (슬픔) : '서러워'와 어원이 같다.

soul (영혼, 정신) : 수도를 뜻하는 '서울'과 어원이 같다.

sour (신, 발효하여 시큼한) : '술'과 어원이 같다.

sudden (갑작스러운, 돌연한) : '서둘다'와 어원이 같다.

sullen (음산한, 음울한) : '썰렁하다'와 어원이 같다.

sum (합계) : '셈하다'의 '셈'과 어원이 같다.

sun (태양) : '모습이 선하다'의 '선'과 어원이 같다. 해처럼 밝다는 뜻이다.

supple (유연한) : '사뿐사뿐 걷다'의 '사뿐'과 어원이 같다.

swell (팽창하다) : '수월하다'의 '수월'과 어원이 같다. 옛날에 바위를 쪼갤 때, 바위틈에 나무를 박아 넣고 그 위에 물을 부으면 생기는 나무의 팽창력을 이용하였던 데서 이 말이 유래되었다고 볼 수 있다.

tack (음식물) : 'hard tack(건빵)'의 'tack', tuck(영 속어, 음식물, 과자)은 '한턱내다'의 '턱'과 어원이 같다.

tan (햇볕에 타다) : '타다'와 어원이 같다.

tan (가죽을 무두질하다) : '탄탄하다'와 어원이 같다. 가죽을 무두질해서 탄탄하게 하다.

tangle (엉키게 하다, 얽힘) : '덩굴'과 어원이 같다.

think (생각하다) : '생각하다'의 '생각'과 어원이 같다.

through (…을 빠져나가서,…의 구석구석에) : '두루'와 어원이 같다.

thunder (천둥) : '천둥'과 어원이 같다.

time (시간) : '할 틈이 없다'의 '틈'과 어원이 같다.

too (역시, 또) : '또'와 어원이 같다.

topple (..을 쓰러뜨리다) : '토벌'과 어원이 같다.

torrent (급류) : '도랑'과 어원이 같다.

total (전체의) : '통틀어'와 어원이 같다.

touch (건드리다) : '다치다'와 어원이 같다.

tour (순회, 근무 기간) : '세살 터울'의 '터울'과 어원이 같다.

tumble (혼란) : '가시덤불'의 '덤불'과 어원이 같다.

un (부정) : 부정을 나타내는 접두어 '안'과 어원이 같다.

universe (우주) : 운이나 보세.

untrue (거짓의) : '엉터리'와 어원이 같다.

vault (도약하다) : '펄쩍 뛰다'의 '펄적'과 어원이 같다.

veto (거부권) : '파투내다'의 '파투'와 어원이 같다.

village (마을, 촌락) : '부락'과 어원이 같다.

vulgar (상스러운) : '발가벗다'의 '발가'와 어원이 같다.

vulnerable (상처받기 쉬운, 취약한) : '불낼라'와 어원이 같다. 불낼까 두렵다는 '불낼라'가 'vulnerable'로 되었다고 볼 수 있다.

wall (벽) : '울타리'의 '울'과 어원이 같다.

we (우리) : '우리'와 어원이 같다.

weak (약하다) : '유약하다'의 '유약'과 어원이 같다.

weird, weirdie, weirdy (기묘한) : '왜 이러지'와 어원이 같다.

what (무엇) : 소리와 뜻이 '무엇'과 비슷하다.

when (언제) : 소리와 뜻이 '언제'와 비슷하다.

which (어찌) : 소리와 뜻이 '어찌'와 비슷하다.

whole (전체) : '홀랑, 홀딱'의 '홀'과 어원이 같다.

whore (창녀) : '후레자식'의 '후레'와 어원이 같다.

why (왜) : 소리와 뜻이 '왜'와 같다.

wide (넓은, 광대한) : '위대하다'의 '위대'와 어원이 같다.

wither (시들다, 말라죽다) : '위태하다'의 '위태'와 어원이 같다. '위태하다'는 가뭄이 심해 밭에 심어 놓은 농작물들이 말라 죽을 지경이 되었다는 뜻이다.

womb (자궁) : '음부'와 어원이 같다.

wonder (놀라운, 경이로운) : '원대하다'의 '원대'와 어원이 같다.

wrong (잘못, 부당한 대우) : '우롱하다'의 '우롱'과 어원이 같다.

yes (예) : '예'와 어원이 같다.

zip (기운차게 나아가다, …에게 활력을 주다) : '불을 지피다'의 '지피'와 어원이 같다.

# 8. 고대 한국어의 보고 '일본서기'

'일본서기(日本書紀)'는 일본의 신화시대에서 7세기까지의 일본 역사가 기록된 책이다. 서기 720년에 일본에서 편찬되었으며 전체 30권 중 권1,2,3에는 일본으로 이주한 신(神)들의 계보, 천손강림신화, 제1대 신무 천황이 야마토 지역을 정벌하고 즉위하기까지의 역사가 기록되어 있다.

여기에 기록된 특이한 사항들은 신들의 이름이나 지명 등에 쓰인 한문의 읽는 소리를 전해져 내려오는 소리대로 읽을 수 있게, 다른 한자들로 읽는 소리를 기록한 것들이 있다. 일본은 이 기록에 근거하여 원래의 소리로 읽어 온 전통이 있어, 지금도 원래의 소리대로 읽고 있다.

이 소리들 속에 고대 한국어인, 수메르 인과 아리아 인의 언어에서 기원하였다고 할 수 있는 어휘들이 담겨 있다. 언어의 유전자들이 지워지지 않고 핵심이 남아 전해지고 있는 것이다. 다음은 이런 어휘들이 남아 있는 신들의 이름들이다.

## * 미코토 [尊,命]

'일본서기'에 기록된 신(神)들의 이름에는 미코토[尊, 命]라는 존칭이 붙어 있다. 더없이 귀함을 존(尊)이라 하고, 그 밖에는 명(命)이라 하며, 둘 다 '미코토'라고 읽는다는 기록이 있다.

'미코토'라는 말은 조로아스터 교(Zoroaster敎)에서 선(善)과 빛을 지배하는 최고의 신(神)인 '아후라 마즈다(Ahura Mazda)'의 '마즈다'와 기원이 같다고 볼 수 있고, 영어로 '님'이란 말인 '미스터(mister)'나 '대가'라는 말인 '마스터'(master)와도 의미가 상통한다. 그래서 '미코토'는 인도유럽어족인 아리아 어에서 기원했다고 볼 수 있다.

## * 아마테라스오오미카미 [天照大神]

아마테라스오오미카미는 일본 황실의 조상신이다.

'아마테'의 '아'는 아리아 인의 원주지인 아랄 해에서 기원했고, 아리아 인을 뜻하며, 위대한이라는 뜻으로도 쓰였다. '마'는 '많은'과 어원이 같다. '테'는 한국어의 '터'와 같다. 그래서 '아마테'는 '알[卵]이 많은 곳'이 원뜻이고, 난생신화와 어울려 '위대한 곳'으로 전의되었고, 신화적으로는 신들이 살았던 천상의 낙원을, 역사적으로는 아리아 인들의 고향을, 현실적으로는 아리아 인들의 중심지를, 미래적으로는 아리아 인들의 이상향을 뜻하는 말이었다고 볼 수 있다.

'라'는 이집트의 태양신 '라'(Ra, Re), '로마'(Roma)의 '로', '신라'(新羅)의 '라', '고구려(高句麗)'의 '려'와 어원이 같다. 태양신 '라'는 수메르 인과 아리아 인들이 섬겼던 신이다.

'쓰'는 소유격인 한국어의 'ㅅ', 영어의 ''s'와 같다.

'오오미'의 앞에 있는 '오'는 한자로 어(御)에 해당하는 존칭이고, '오미'는 한국어의 '어미'[母]다. 그러므로 '오오미'는 위대한 어머니라는 뜻이다.

'카미'는 한국어의 '곰'[熊]과 어원이 같으며, 일본어로 신(神)이라는 뜻이다. 곰을 섬기던 종족이 남긴 언어의 자취다.

그러므로 아마테라스오오미카미[天照大神]의 뜻은 '아마테의 태양신이신 위대한 어미신[母神]'이다. 여신을 최고의 조상신으로 모시는 것은 수메르 인의 관습에서 유래되었던 것으로 볼 수 있다.

## * 마사카아카쓰카치하야히아메노오시호미미노미코토 [正哉吾勝勝速日天忍穗耳尊]

'마사카아카쓰카치하야히아메노오시호미미노미코토'는 '아마테라스오오미카미'의 아들이며, '다카미무스히노미코토'의 딸과 결혼하여 황손 '아마쓰히코히코호노니니기노미코토'를 낳았고, 이 황손을 일본으로 이주시켰다.

이 긴 이름이 고대 한국어라고 할 수 있는 충분한 근거가 있다. 먼저, 이 이름을 풀이하면, '(정의로운 군신)마사(Mars)께서 (싸움마다 승리할 수 있도록)나와 항상 같이 하기를 비오니 이루어 주소서 참 이삭귀 미코토'라는 뜻이 된다.

'마사카[正哉]'의 원형은 '마스(Mars)가'다. 이것을 한자의 뜻을 참고하여 의역하면 '정의로운 군신 · 마스(Mars)'께서가 된다. '마사카'의 '마사'는 로마 신화의 군신인 '마르스'(Mars), 신라 임금의 칭호인 '마수간'(麻袖干)의 '마수'와 어원이 같다.

'아[吾]'는 '나'를 뜻한다.

'카쓰카치하야히[勝勝速日]'는 '같이같이하여히'이다. 싸움마다 승리할 수 있도록 항상 같이하도록 해 달라는 뜻이다.

'아메ㄴ[天]'는 영어의 '아멘'(Amen)과 어원이 같다. 간청한 대로 이루어 주기를 간절히 기원한다는 뜻이다.

'노'는 일본어의 소유격이다.

'오시호미미'[忍穗耳]의 '忍穗耳'(인수이)를 한국의 한자음으로 읽으면 '참을 인'(忍), '이삭 수'(穗), '귀 이(耳)'이다. 따라서 '忍穗耳'(인수이)는 이두로 '참 이삭귀'가 된다. '이삭귀'는 『성경』에 나오는 이삭(Isaac)과 어원이 같다. 지나친 비약 같지만, 가능성을 입증할 수 있는 자료들이 충분하다.

## * 히코나기사타케우가야후키아에즈노 미코토 [彦波瀲武鸕鷀草葺不合尊]

일본의 초대 천황인 신무천황(神武天皇)의 부친의 시호다. 이 시호를 띄어쓰기하면 '히코 나기사 타케우가야 후키아에즈노 미코토'가 된다.

'히코'는 일본어로 '태양의 아들'이고, '나기사'는 한국어로 '태어나시다'다. '타케우가야'는 한국의 낙동강 유역에 있었던 고대 국가인 '대가야(大伽倻)'이다. '후기아에즈'는 이 지역에 지금도 있는 지명인 함안(咸安)으로 해석된다. '노'는 소유격, '미코토'는 존칭이다.

그러므로 이 시호의 뜻은 '태양의 아들이 나신 곳 대가야 함안의 미코토'가 된다. 일본 초대 천황의 부친이 '대가야 함안 출신'이란 사실이 기록되어 남아 있는 것이다.

'타케우 가야'의 어원은 '덕 가야(Duck Gaya)'이고, 이것을 한자로 음역한 것이 대가야(大伽倻)라고 볼 수 있다. 한자가 사용되기 이전에도 대가야(大伽倻)의 기원이었던 국명이 있었을 것이고, '오리'인 아리아 어 'duck'은 아리아 인을 상징하는 '새'이고, '가야'는 이들이 이주지에서 사용한 국명이어서, '덕 가야'라는 이름이 일찍부터 국명으로 사용되었다고 볼 수 있다.

신무천황의 부친의 시호에 부친의 출생지가 분명하게 기록되어 있다는 것은 그 시절에는 고국과의 관계를 돈독히 하려는 의지가 있었다는 뜻이다. 그러나 신라가 서기 676년에 삼국을 통일하자 위협을 느낀 일본은 한반도와의 관계를 단절하고, 천손 강림 신화를 만들어 한반도에서 이주했다는 사실을 숨기는 역사 왜곡을 시도했다. 이것은 자신들의 지위를 격상시켜 지배의 정당성을 강화시키며 내부 결속을 다지며 단속하기 위한 수단이었다고 볼 수 있다.

서기 720년에 편찬된 '일본서기'는 이런 시도의 시작이었다. 하지만, 옛날부터 전해져 오는 선조의 시호를 마음대로 바꿀 수 없는 일이었고, 이 소리들은 일본어나 한국어로 해석되지 않았기 때문에 지금까지 온전히 전해질 수 있었다고 볼 수 있다.

이 시호에서 특이한 점은 어순이 '주어+동사+목적어(SVO)' 형인 것이다. SVO는 아리아 어의 어순이므로, 대가야는 고조선의 후예들이 세운 나라였다고 할 수 있다.

한국어를 통해 상고시대에 있었던 종족 이동의 세계사가 밝혀진다. 세계 4대 고대문명인 '이집트 문명, 메소포타미아 문명, 인더스 문명, 황하 문명'의 탄생에 불을 지핀 종족들은 중앙아시아의 아랄 해(Aral Sea) 일대에서 성장하여 이들 지역으로 이주한 수메르 인들이었다. 황하 문명을 일구었던 수메르 인들의 주축이 한반도로 이주하여 쓰리랑이 되었다. 인도유럽어족에 속하는 아리라 어를 사용한 아리아 인의 일부가 황하를 거쳐 한반도로 이주하여 아리랑이 되었다. 그래서 "아리 아리랑 쓰리 쓰리랑 아라리가 났네."라는 노래가 전해지고 있다.

한반도에 이동했던, 수메르 인들의 일부가 일본으로 이주하여 '사무라이'가 되었고, 아리아 인들의 일부가 일본으로 이주하여 천황의 뿌리가 되었다. 믿기 어렵지만, 잃어버려 몰랐던 것뿐이다.

(자세한 내용은 한국순환학회 홈페이지 (www.soon.or.kr), 자료실, '역사의 키워드 아리랑과 알파벳' 제4장 고대 한국어의 보고 '일본서기'참조)

## 9. 현대문명, 시스템 힐링

과학은 1초 앞을 예측할 수 없다. 지구를 날려버릴 강력한 빛의 폭풍이 1초 앞에서 날아오고 있어도 하늘은 맑고 푸르게 보일뿐이다. 폭발은 상대적이어서 지구가 언제 대폭발하여 붕괴될지, 과학은 예측할 수 없다. 지진은 내부 요인에 의해서 발생하는 것이 아니고, 외부에서 끌어당기는 반중력이 강해지면 발생하는 것이어서 예측이 어렵다. 태양계도 외부에서 끌어당기는 강력한 반중력에 의해 언제든지 폭발될 수 있다.

이렇게 미래는 예측될 수 없지만, 어쩔 수 없는 일이어서 하늘에 맞기고, 현대문명을 발전을 추구하며 굴러가고 있다.

'종교, 과학, 철학, 문학' 이 모든 인간 행위들이 이루어 놓은 전통에는 뿌리가 있다. 바탕은 자연이지만, 거의 모든 전통의 역사적 뿌리는 피라미드 구조에 기초한 왕권제도다. 경쟁에서 살아남기 위해 필요했던 제도이지만, 이 제도를 이끌고 있는 엘리트주의는 자기우상화로 진행하게 되고, 결국은 폭발하게 된다. 자연은 순환하므로, 이것은 피할 수 없는 자연 법칙이다.

과거에는 폭발이 주는 장점도 많았다. 하지만, 이제는 아니다. 앞으로의 폭발에서, 핵전쟁은 피할 수 없는 현실이 되기 때문이다. 우발적인 핵폭발도 발생할 수 있다. 후쿠시

마 원전 사고의 뒤처리가 쉽지 않다. 원자력 발전소는 핵폭탄과 별 차이가 없다. 사용후핵연료 처리문제가 쉽지 않기 때문이다. 선대에 편리하고 유익했던 결과들이 남긴 쓰레기들이 다음 세대에 부담을 주고 있어 문제들이 되고 있다.

이렇게 되고 있는 근본 원인은 왕권제도에 기초한 엘리트주의가 흐름을 주도하고 경쟁을 부추기고 있기 때문이다.

시스템 이론의 순환법칙에 의하면, 전체와 부분은 동질성을 갖고 있는 시스템들이므로, 누구나 다 자신의 시스템을 주도하는 엘리트들이다. 그래서 전체와 부분들이 상통하는 올바른 방향으로의 균형과 조화가 필요하다.

1등만을 기억하는 사회, 강자를 따라다니며 편승하여 생존하려는 집단이기주의, 승자의 자기우상화, 독점의 정당성, 이런 전통으로부터의 탈피가 우선이다.

누구를 위한 사회주의, 전제주의, 전체주의, 민주주의인가? 누구를 위한 특허제도인가? 누구를 위한 유행인가? 누구를 위한 올림픽인가? 사물인터넷, 인공지능, 가상현실, 전자화폐 등등 이렇게 발달된 모든 것들이 모두에게 필요한 존재들일까? 누구를 위한 것들일까?

이러한 것들은 엘리트주의에 기초하여 25%를 살리기 위한 본능적인 잠재된 전략이다. 그러나 나머지 75%의 반발이 만만치 않아 모두가 다칠 우려가 있다. 미래세대를 위한 처절한 반성이 필요한 시기이다.

현대문명을 이끌고 있는 화석연료는 한계가 있다. 화석연료가 소진된 미래에 대한 상상은 과학의 몫이다. 과거는 문학의 몫이, 현실은 철학의 몫이, 사후는 종교의 몫이 강하지만, 모든 것들은 상호 연관된 시스템들이므로, 해결을 위한 동참이 필요하다. 화석연료가 소진된 이후의 세계는, 석유가 식량생산과 유통에 기여한 공로로 볼 때, 식량부족이 발생하게 되므로 철저한 준비가 필요하다.

균형과 조화를 추구해야 할 시대가 올 것이다. 많은 사람들이 사회주의를 꿈꾸는 이유다. 그러나 사회주의는 소수 엘리트들이 지배하는 전체주의 · 전제주의로 가는 과정이어서 불안하다. 소수 엘리트들과 그들을 따르는 지지자들은 양반과 평민이 되겠지만, 나머지들은 상놈과 종으로 회귀되는 구도이다. 자유와 현실에 기초한 자유진보민주주의가 추구하는 다원주의는 성공할 수 있을까? 자연의 구조에 바탕을 두고 있으므로 지혜를 모으면 성공할 수 있다.

미래를 대비하기 위하여, 척력적 낙관론, 인력적 비관론, 확산력적 무관론에서 벗어나, 현실의 철학에 기초한, 폭발력적 정(正)관론이 필요한 시기다. 사회가 전문화되어 부분들에 집착하면서 전체를 잃어가고 있다. 전체가 잘못되면 부분들도 잘못된다. 그래서 상통을 위한 토론 문화가 발전해야 된다. 시스템 힐링은 모든 문제들을 해결하기 위한 토론 문화의 발전에 기여할 수 있게 되길 기원한다.

"자연은 시스템이다."

2020년 11월 11일 초판 1쇄 발행

지은이 : 오광길

펴낸 곳 : 도서출판 씨와알

펴낸이 : 오홍석

주소 : 서울특별시 관악구 호암로 22길 50(신림동)
(우) 08819

전화 : (02) 885-0777, (02) 883-9251

팩스 : (02) 883-9252

등록 : 제2008-43호, 2008년 7월 22일

값 : 15,000원

ISBN 978-89-87517-05-6

파본은 바꾸어 드립니다.